社区交往空间设计
理论与实践

陈 烨 著

中国广播影视出版社

图书在版编目（CIP）数据

社区交往空间设计理论与实践 / 陈烨著. —— 北京：
中国广播影视出版社, 2024. 7. —— ISBN 978-7-5043
-9247-3

Ⅰ. TU984.12

中国国家版本馆CIP数据核字第2024H4E896号

社区交往空间设计理论与实践

陈烨 著

责任编辑	王 萱　胡欣怡
封面设计	徽 墨
责任校对	张 哲
出版发行	中国广播影视出版社
电　话	010－86093580　010－86093583
社　址	北京市西城区真武庙二条9号
邮　编	100045
网　址	www. crtp. com. cn
电子信箱	crtp8@ sina. com
经　销	全国各地新华书店
印　刷	三河市金兆印刷装订有限公司
开　本	710 mm × 1000 mm　1/16
字　数	260（千）字
印　张	15.25
版　次	2024年7月第1版　2024年7月第1次印刷
书　号	ISBN　978-7-5043-9247-3
定　价	78.00元

前言／PREFACE

　　在城市化迅速发展的今天，社区交往空间的设计已经成为塑造城市人居环境的关键要素。《社区交往空间设计理论与实践》一书汇聚了关于社区规划结构与公共生活、环境景观、绿地规划、健身设施、儿童活动场地、老年空间环境，以及各类社区服务项目的丰富理论与实践经验。本书旨在探讨如何通过科学的设计原则和实际案例，为居住者提供更优质、更健康、更具社交性的生活环境。

　　社区设计不仅是对物理空间的规划，更是对社会关系和文化认同的体现。我们深入剖析了社区规划结构的空间逻辑，探讨了如何通过公共空间的创新设计激活社区结构，促进居民更紧密地互动。在居住环境景观设计方面，我们着重考虑了空间构成体系和设计方法，力求打造具有美感和实用性的社区景观。

　　绿地规划、健身设施、儿童活动场地及老年空间的设计理念，也在本书中得以详尽展示。我们关注如何通过合理的植物配置和环境规划提升居住区的整体绿意，以及如何创新设计健身设施和儿童活动场地，满足多样化的社区需求。在老年空间设计方面，强调了健康理念的引导，以创造一个贴心、温馨、适合老年人居住的环境。

　　最后，我们深入研究了各类社区服务项目的设计原则，包括未成年人、残疾人、文化体育和公共安全服务。通过综合考虑社区的多样性需求，致力于打造更加智能、人性化、安全的社区服务体系。

　　通过本书，我们希望读者能够深刻理解社区交往空间设计的重要性，并能够在实际工作中应用其中的理论和实践经验，为城市社区的可持续发展贡献力量。

陈　烨

2024 年 1 月

目录/CONTENTS

第一章　社区规划结构与公共生活

第一节　社区城市设计原则

一、城市设计的概念发展

（一）城市设计的本质内涵

城市设计的概念一直是一个复杂而富有争议的问题，不同学者对其有着多种理解。乔·巴纳特等学者认为城市设计不仅是设计者笔下的图表和模型，更是城市行政过程的一部分。这侧重将城市设计作为一项综合城市行政的活动，涉及规划和实践两个层面。另外，有学者将城市设计看作放大的建筑设计，即通过建筑设计的手法来影响城市的整体形态[1]。这种观点将城市设计与建筑紧密联系，强调城市的形成是建筑设计的放大和扩展。

王建国院士则着眼于城市设计对城市环境的设计和组织，将其定义为针对特定城市建设目标进行的空间和环境设计[2]。他认为城市设计不仅是规划的一部分，更是对城市整体空间和环境进行艺术和生活格调的塑造。吴良镛院士的观点强调城市设计不仅涉及详细规划，还广泛涉及城市总体规划、分区规划，并包含了城市社会、经济、生态环境等多方面的因素[3]。他认为城市设计的目标在于建立良好的形体秩序或有机秩序。

王世福教授强调城市设计的广泛涉及范围，他认为城市设计的目标是建构理想和优秀的城市空间环境，维护和创造城市空间特色和品质。他着重于城市设计通过专业性的工作方法，对整体空间的社会和心理属性进行认识和规划，以创造具有地方感、人情味和多元化的城市空间品质[4]。

[1] 王建国. 21 世纪初中国城市设计发展再探 [J]. 城市规划学刊，2012（1）：1-8.
[2] 王建国. 城市设计第二版 [M]. 南京：东南大学出版社，2004：8-9.
[3] 吴良镛. 历史文化名城的规划结构、旧城更新与城市设计 [J]. 城市设计，1983（6）：1-12.
[4] 王世福. 面向实施的城市设计 [M]. 北京：建筑工业出版社，2005：2-3.

在不同学科的视角下，城市设计被理解为一项既综合城市行政过程又紧密联系建筑设计的活动。这既包括规划和设计，更涉及对城市整体空间、环境和社会属性的塑造。城市设计的本质内涵在于通过对城市各个方面的合理处理和艺术安排，创造出具有特色和品质的城市环境。因此，城市设计不仅是形体的组织，更是对城市社会、文化和经济的整体认识和塑造。

（二）城市设计概念的新发展

1. 注重生态维度的城市设计

工业文明时代的城市化快速发展给中国城市空间带来一系列问题，当前我国正面临生态文明建设的关键时期，强调在提升居民生活质量的同时，加强城市和农村环境的质量，注重内涵和可持续发展。

（1）从生态文明建设角度看城市设计

从生态文明建设的角度来看，城市设计的核心价值在于全面考虑人与自然的和谐共生。城市设计应当体现自然环境与人工环境的共生结合，引入绿色基础设施（GI）的概念。GI 的提出早在 1999 年，被定义为一个由水道、绿道、湿地公园、森林、农场等组成的维护生态环境和提高生活质量的互联网络[1]。在中国，绿色基础设施的概念尚未形成一致共识，但其关注生态、社会、经济协调可持续发展的理念在城市设计中得到广泛应用。

（2）绿色城市设计的崛起

城市设计经历了从解决环境质量问题到考虑更多与自然环境相关问题的转变，形成了新一代的整体环境保护优先的城市设计思想和方法，即绿色城市设计。这一理念要求在城市物理环境方面更多地考虑人类定居点与自然栖息地之间的协调，更加关注保护自然环境和提高城市效率。在城市空间建设方面，绿色城市设计主张减少不必要的资源浪费，形成能够适应城市功能动态变化的空间模式。在微观层面上，提倡应用绿色建筑模式，使用节能保温材料，严格执行建筑节能设计标准。

（3）低碳城市和海绵城市的发展

在"低碳城市"概念的提出和推动下，中国探索以低碳经济为发展模式，市民以低碳生活为理念的城市。为响应国家规划、推动产业升级，2011—2015 年提

---

[1] 贾铠针. 生态文明建设视野下城市设计中绿色基础设施策略探讨 [A]// 中国城市规划学会、沈阳市人民政府. 规划 60 年：成就与挑战——2016 中国城市规划年会论文集（06 城市设计与详细规划）[C]// 中国城市规划学会、沈阳市人民政府：中国城市规划学会，2016：12-14.

出了建设低碳工业经济，将节能低碳融入日常生活[1]。同时，中国提出构建"海绵城市"，通过建设具有"海绵"特性的城市空间环境，吸水、蓄水、渗水、净水，以应对环境变化和自然灾害[2]。这种新型城市理念将生态维度融入城市设计，为绿色城市建设、低碳城市发展、智慧城市形成提供了创新的实践路径。

在新时代的发展背景下，注重生态维度的城市设计成为推动城市可持续发展的有力手段。通过整合生态、社会、经济等因素，城市设计在塑造可持续城市未来中扮演着重要角色。

2.注重历史维度的城市设计

现代化的快速发展导致城市原有的风貌、传统和文化逐渐消失，城市设计不应割裂与过去的联系。在倡导文化自信、特色传承、以人为本和可持续发展的今天，更应注重对文化传统的保留和城市文脉的塑造，体现人文关怀，推进特色城市建设[3]。通过城市文脉的追溯，将其核心内容融入城市设计的各个环节，对塑造城市空间的思乡记忆和现代精神具有重要意义。

（1）"文脉"的概念与发展

"文脉"最初源自语言学，狭义解释为"一种文化语境"，即各种要素之间的对话和内在联系。在20世纪70年代初，美国现代主义建筑师柯林·罗提出了"拼贴城市"理念，主张使用文脉主义对策解决城市空间问题，通过拼贴方法重新连接城市空间。此后，"织补城市"的概念应运而生，强调将城市旧区作为有机整体，采用统一设计思想，尊重历史，维护社会生活的稳定。这一理念在世界范围内得到广泛实践。

（2）织补城市与城市双修

"织补城市"理念强调对城市生活结构的织补，不仅涉及建筑、环境和景观的修复，更关注生活结构的整体性。自2000年以来，织补城市理念发展迅猛，被多个国家作为旧城改造的重要战略。"城市双修"理念强调"生态修复与城市修复"，通过生态修复提高城市生态环境质量，同时对城市基础设施进行科学合理的再升级。这一理念在探索和保护城市历史文化元素的基础上，全面系统地修复和改善城市功能[4]。

在注重历史维度的城市设计中，文脉、织补城市和城市双修理念为保护历史文

[1] 胡雪飞，李倚可.新时代背景下关于城市双修的相关研究[J].城市建设理论研究（电子版），2018（20）：21.
[2] 住建部.海绵城市建设技术指南——低影响开发雨水系统构建（试行）[S].北京：住房城乡建设部，2014.
[3] 操小晋.基于城市文脉的城市设计研究[J].城市，2018（4）：28-33.
[4] 胡雪飞，李倚可.新时代背景下关于城市双修的相关研究[J].城市建设理论研究（电子版），2018（20）：21.

化元素、弘扬城市传统、改善城市功能提供了有效的方法。通过系统性的设计和修复，城市可以在现代发展中保留自身独特的历史面貌，实现文脉的传承和延续。

3. 新的数据环境下的城市设计

历史上，城市设计一直受到多个学科的影响，包括量子力学、生物学、神经学和胚胎学，这些学科强调整体性。加州大学伯克利分校的 C. 亚历山大于 1987年发表《城市设计新理论》[1]，试图重新解释城市形态的整体发展。数字技术的快速发展使城市设计迎来了新的时代，尤其是在人工智能领域的应用。近年来，数字技术的成熟使我们能够对城市的整体形态和设计进行重构。

（1）人工智能与城市设计

人工智能技术在城市规划中的应用主要集中在城市发展规划和城市空间的机器学习和深度学习上，通过大规模挖掘城市数据，显著提高了对城市的认识[2]。王建国院士提出了城市设计发展的四大范型命题，其中第四代是基于人机交互的数字化城市设计。数字城市设计通过多尺度设计对象、数字量化设计方法和人机交互设计过程，旨在重构整体性形态理论，将数字技术方法和工具转化为核心特征的城市设计[3]。

（2）数字城市设计的特点和挑战

数字城市设计具有多尺度设计对象、数字量化设计方法和人机交互设计过程等特点。这种设计方法不仅关注城市形态的外观，更试图深入揭示城市的更深层次和更复杂的作用机制。随着人工智能和数字技术的成熟，基于人机交互的数字城市设计成为研究的热点。

（3）数字城市设计的创新价值

王建国院士认为，数字城市设计包含了四种创新价值。首先，数字技术深刻改变了我们对世界物理形式和社会结构的认知，成为一种新的世界认知、知识体系和方法建构。其次，数字技术改变了传统的公众参与和研究方式。再次，数字技术改变了城市设计成果的表达和内涵，使数据库成为大型城市设计成果的一种新形式。最后，数字城市设计是一种可以通过法定规划来实现的真正的城市设计，具有颠覆性技术的扩展特点。

在新的数据环境下，数字城市设计的发展标志着城市设计理论和实践的进步。通过数字技术的综合应用，我们能够更科学地构建城市空间和土地属性，实

[1] C. 亚历山大. 城市设计新理论 [M]. 黄瑞茂, 译. 台北：六合出版社, 1997：2-3.

[2] 吴志强. 人工智能辅助城市规划 [J]. 时代建筑, 2018（1）：6-11.

[3] 王建国. 基于人机互动的数字化城市设计——城市设计第四代范型刍议（1）[J]. 国际城市规划, 2018（1）：1-6.

现规划与市场的功能结合，深入理解城市形态的复杂机制。

二、社区规划的重要性

（一）社区规划的概念与范畴

1.社区规划的概念

社区规划是城市设计不可或缺的组成部分，其根本目标在于通过系统性的规划来打造小型社会单元，使其具备社会凝聚力、文化认同和宜居性。与传统的单一建筑设计不同，社区规划关注的是整体社会组织和居住环境的有机结合。

在社区规划中，首要考虑的是如何创造一个有机的社会结构，使居民之间建立起紧密的联系和相互依存的关系。这不仅是建筑物的布局问题，更是关于社区内各种要素的协调与整合。社区规划注重打破传统的城市规划思维，将居住者的需求和期望融入规划的各个环节。

文化认同是社区规划的另一个重要维度。社区不仅是一组居住在同一地域的个体，更是一个文化共同体，一个具有独特历史和传统的群体。在社区规划中，必须充分尊重并保护当地的历史文化遗产，同时创造空间，使得新的文化元素能够融入社区，促进文化的多样性和共融性。

宜居性是社区规划的核心理念之一。社区规划旨在打造一个让居民生活舒适、便利的空间，其中包括但不限于公园绿地、便捷交通、文化娱乐设施等。通过科学合理的规划，可以最大限度地提高居民的生活质量，使他们在社区中找到归属感和幸福感。

最后，社区规划还需综合考虑土地利用、交通规划、公共设施配置等多个方面。通过有效的规划，社区内部的各种要素能够有机结合，形成一个和谐、有序的社会生态系统。

2.社区规划的范畴

社区规划的范畴涵盖多个关键方面，其中包括土地利用、交通规划，以及公共设施配置等多个层面。这些方面相互密切关联，共同构成了社区的基础设施和功能布局，对社区居民的日常生活产生深远的影响。

首先，土地利用是社区规划中至关重要的方面。通过科学、合理的土地利用规划，社区可以实现各类用地的合理配置，确保在有限的土地资源下最大化地满足社区居民的需求。合理的土地利用不仅能够创造出宜居的居住环境，还能提供充足的公共空间，促进社交活动和文化交流。

其次，交通规划是社区规划中不可忽视的一环。合理的交通规划能够确保社区内外交通系统的畅通有序，为居民提供高效、便捷的交通服务。优质的交通规划不仅有助于缓解拥堵、提高交通效益，还能够鼓励居民选择更为环保和健康的出行方式，如步行和骑行。

最后，公共设施配置也是社区规划中极为关键的一环。社区内的公共设施，如学校、医疗机构、文化娱乐设施等，直接影响着居民的生活质量。合理配置公共设施不仅能够满足日常需求，还有助于提高社区的整体文化水平和教育水平。

（二）社区规划与城市可持续性

1.社区规划的可持续性目标

社区规划在城市可持续性中担任着至关重要的角色，旨在通过科学合理的规划实现多方面的可持续性目标，以推动城市的全面、平衡、长远发展。这些可持续性目标涉及减少资源浪费、提高居民生活质量、促进社会平等多个方面，共同构筑一个更加宜居和具有未来发展潜力的城市生态。

首先，社区规划的可持续性目标之一是在土地利用方面实现可持续。通过科学的土地规划，社区可以最大化地减少土地的浪费和不当使用。合理的土地利用不仅可以确保社区内各功能区的合理布局，还有助于节约耕地、保护生态环境，从而为城市的可持续发展奠定基础。

其次，交通规划是社区规划中另一个至关重要的可持续性目标。通过优化交通网络、提倡绿色出行，社区规划可以减少交通拥堵、降低能源消耗，促使更多人选择步行、骑行或乘坐公共交通工具，从而实现交通系统的可持续性发展。

再次，社区规划也致力于提升公共设施的可持续性。通过合理配置公共设施，如学校、医疗机构、文化娱乐设施等，社区可以更好地满足居民的需求，提高社区的整体生活质量。在公共设施的建设和运营中，考虑能源利用效率、环保设计等因素，进一步推动社区可持续性的实现。

最后，社区规划还关注社会平等的可持续性。通过在规划中考虑社区内各层次的需求，避免社会不平等现象的进一步扩大，规划者可以促进社会资源的公平分配，确保每个社区成员都能够享受到城市发展带来的机会和福祉。

在整体上，社区规划的可持续性目标是一项综合性的工程，要求规划者在规划过程中充分考虑经济、社会、环境等多个方面的因素，追求全方位的可持续性发展。这样的规划不仅能够为当前社区居民提供更好的生活环境，更能够为后代留下一个更为可持续的城市遗产。通过积极追求这些可持续性目标，社区规划将为城市的发展注入新的活力，助力构建更加和谐、宜居的城市社区。

2.综合考虑经济、社会和环境需求

社区规划作为城市设计的关键组成部分，其核心目标之一是综合考虑经济、社会和环境的需求，以实现城市的整体可持续性目标。这一综合性的考虑涉及多方面，包括土地规划、绿化设计和交通系统规划等，从而确保经济繁荣、社会和谐，同时也对环境产生最小冲击。

在土地规划方面，社区规划应该以可持续发展为导向，通过科学合理的土地利用规划，最大化地减少土地资源的浪费和滥用。合理的土地规划可以确保社区内各功能区的合理布局，避免过度开发对自然环境造成不可逆转的影响。通过合理划定住宅区、商业区、公共服务区等功能区域，实现土地的多元化利用，既促进了经济发展，也提高了社区的环境质量。

绿化设计是社区规划中环境需求的关键考虑因素。通过合理布局和设计绿地、公园和景观带，社区可以改善空气质量，提高生态系统的韧性。绿色空间的设置不仅美化了社区环境，还为居民提供了休闲娱乐的场所，促进了社会的和谐与凝聚。同时，合理设计的绿化系统有助于生态平衡的维持，减少城市热岛效应，提供生态服务，保护生物多样性。

交通系统规划是经济和社会需求相结合的重要方面。通过科学规划交通网络，推动公共交通工具的发展，减少对个体汽车的依赖，社区可以降低交通拥堵、减少尾气排放，同时提高居民出行的便捷性。建设步行和骑行道路，鼓励绿色出行方式，既有助于经济的可持续发展，又改善了社会层面的健康和生活质量。

（三）社区规划的社会影响

1.社区规划与生活品质

社区规划是直接关系到居民生活品质的关键要素。通过科学合理的社区规划，可以塑造出有利于提升生活品质的城市环境。其中，合理规划公共服务设施是关乎社区生活便利性和居住舒适度的重要方面。通过规划医疗机构、学校、文化设施等公共服务设施的布局，社区可以提供更加便捷和全面的服务，满足居民的多样化需求，从而提高整体生活品质。

文化娱乐场所的规划也是社区生活品质的关键点。通过规划公示、图书馆、活动中心等场所，社区可以为居民提供丰富多彩的文化娱乐选择。这不仅增添了居民的生活乐趣，也促进了社区居民之间的交流与互动，形成了更加和谐的社会关系。文化娱乐场所的规划不仅提升了社区的文化氛围，也为居民提供了精神享受的场所，对提升整体生活品质具有积极的作用。

社区绿化空间的规划对生活品质同样至关重要。通过合理规划公园、绿地、步行道等绿化设施，社区可以提供宜人的自然环境，改善居民的生活环境。绿化空间的规划有助于改善空气质量、缓解城市热岛效应、提高生态系统的韧性。居民在绿意盎然的环境中，可以享受到更为舒适宜人的居住体验，有助于身心健康的提升。

2.社区规划与社会凝聚力

社区规划对社会凝聚力的增强具有深远的影响。一项良好的社区规划不仅关注物理空间的布局，更注重人与人之间的联系和社交网络的建立，从而促进社区内的社会凝聚力。以下是社区规划如何有助于提高社会凝聚力的一些重要方面：

首先，规划合理的社区空间布局是社会凝聚力的关键。社区规划应该考虑到居民的日常需求，确保社区内各类设施的便利性和可及性。例如，规划合理的公园、广场、休闲设施等，为居民提供休息和娱乐的场所，有助于居民之间形成更为紧密的联系。合理规划的社区空间可以成为居民集会、互动的场所，为社会凝聚力的培养创造良好条件。

其次，共享设施的规划也是提高社会凝聚力的重要途径。规划社区内的共享设施，如健身房、图书馆、社区中心等，不仅为居民提供了共同的学习、健身、社交场所，同时也鼓励了居民之间的互动和交流。共享设施的规划能够促使社区居民共同参与各类活动，增进对彼此的了解，从而形成更加牢固的社会凝聚力。

再次，社区规划应该注重社区活动场所的规划。定期的社区活动可以促使居民积极参与，增加居民之间的交流机会，建立友好关系。规划适宜的场地用于社区集会、庆典和文化活动，有助于强化社区认同感，加深居民对社区的归属感，从而提升社会凝聚力。

最后，社区规划要注重多元文化的融合。在一个多元文化的社区中，规划应该鼓励不同文化群体之间的互动和共享。为不同文化群体提供场所、举办多元文化的活动，可以促使社区居民更好地理解和尊重彼此的差异，形成包容性更强的社会凝聚力。

3.社区规划与文化传承

社区规划在其设计与执行中应充分考虑文化传承的方面。这不仅涉及对历史遗产的保护，还包括对传统风俗习惯的维护，以及促进文化活动的发展。以下是社区规划如何促进文化传承与发展的关键方面：

首先，社区规划应注重历史建筑的保护。历史建筑是社区文化的载体，承载着丰富的历史信息和文化内涵。通过合理规划和保护历史建筑，社区可以保留独特的建筑风格和历史氛围，让居民在日常生活中感受到文化的渗透。此外，对历史建筑的修复和再利用，社区规划可以在保护文化传承的同时实现建筑资源的可持续利用，为社区增色不少。

其次，社区规划需要关注传统风俗习惯的维护。社区作为一个小型社会单元，往往拥有自己独特的文化氛围和传统习俗。在规划过程中，要充分考虑居民的文化需求，鼓励保留和传承传统的节庆活动、习俗传统等。通过提供场所和资源，社区可以成为居民共同参与、传承文化的平台，促使文化传统代代相传。

最后，社区规划还应当注重文化活动中心的规划。为了促进文化传承与发展，社区设计可以考虑设计文化活动中心，为居民提供参与艺术、传统表演等活动的场所。这种活动中心不仅可以丰富居民的文化生活，还有助于培养社区内的艺术人才，推动文化创意产业的发展。通过这样的设计，社区可以更好地承担起文化传承的责任，为居民提供更广泛的文化体验。

第二节　社区规划结构的空间逻辑

一、空间逻辑的定义与要素

社区规划中的空间逻辑是指对社区内部空间组织、结构和关系的理性规划和设计，以创造具有合理性和效益性的空间布局。空间逻辑在社区规划中具有重要的定义和要素，深刻影响着社区的可持续发展。

（一）空间逻辑的定义

空间逻辑在社区规划中扮演着至关重要的角色，它是一种组织性的思维方式，旨在深入理解和规划社区内各个空间元素之间的关系，以最大限度地提高空间效益并满足居民的需求。这种思维方式不仅关注单一的空间结构，还着眼于整体的社区目标，是系统性思考的体现。

在社区规划中，空间逻辑的定义体现了对空间组织的追求，强调通过合理的规划和设计，使得社区内的各个空间元素能够协调有序地存在。这种有机的空间结构使社区不仅是一堆孤立的建筑物，更是一个相互关联、有机连接的整体。

空间逻辑的核心在于厘清社区内部各个空间元素的相互关系。这不仅包括了不同功能区域的布局，还考虑了它们之间的相互影响和协同作用。例如：商业区的布局应与居住区域相协调，以满足日常需求；而公共设施和绿化空间的合理组织也是为了提高整个社区的环境质量。

关键的思考点在于如何实现社区整体目标。这需要将空间逻辑融入社区规划的方方面面，包括但不限于居住区域的紧凑布局、商业与服务区的合理分布、公共设施和绿化空间的协调等。整个过程需要从宏观到微观，综合考虑各种因素，以确保社区的可持续发展和居民的综合福祉。

空间逻辑的核心概念是系统性思考。这种思考方式不仅局限于单一的规划要素，还包括了社区的整体目标、居民的需求，以及环境的可持续性。通过系统性思考，规划者能够更全面地理解社区内的复杂关系，从而制订出更具实际效益的规划方案。

在这一思维框架下，空间逻辑的实现需要社区规划者具备跨学科的知识和综合的规划技能。不同功能区域的相互作用需要通过全面的社会、文化、经济等方面的调查和分析来理解。这也意味着规划者需要时刻保持对新技术、新理念的敏感度，以不断优化社区规划的空间逻辑。

（二）空间逻辑的要素

空间逻辑的要素包括社区内部的各种空间元素，它们相互交织、相互影响，构成社区整体的空间结构。主要要素包括：

1.居住区域

居住区域是社区规划中至关重要的组成部分，其设计和布局直接关系到居民的生活质量和社区的整体宜居性。在空间逻辑中，对居住区域的规划需要全面考虑多个方面，以实现社区的整体目标。

首先，居住区域的紧凑性是空间逻辑中的重要考量因素之一。紧凑的居住布局可以提高土地利用效率，减少城市用地浪费，从而促进可持续发展。紧凑的居住区域还有利于形成紧密的社交网络，促进居民之间的互动与合作。通过规划紧凑而有序的居住区域，社区可以更好地实现资源共享，提高整体社会效益。

其次，居住区域的宜居性是社区规划的核心目标之一。宜居性不仅包括住宅建筑的外部设计和内部布局，还涉及配套的基础设施和服务设施。例如，社区内应当规划绿化空间、公园和休闲设施，以提供居民休闲娱乐的场所。同时，规划合理的交通系统，确保居民便捷出行，也是宜居性的重要方面。通过考虑这些因素，社区可以打造舒适、安全、便利的居住环境，提高居民的生活质量。

最后，居住区域与其他功能区的连接也是空间逻辑的关键考虑因素。社区内的不同功能区域应当形成有机的联系，以确保居民可以便利地访问到商业区、教育区、文化娱乐区等。这需要合理规划步行和骑行路径、公共交通线路，使不同区域之间的距离变得更加容易跨越。通过有效连接，社区可以创造出更为便利和有活力的生活环境。

2.商业与服务区

商业与服务区的布局在社区规划中具有重要的地位，其设计应当充分考虑便捷的商业交流和服务分布，以满足社区居民的各类需求，提高居民的便利度。

首先，商业与服务区的便捷性是其设计的核心目标之一。商业区域的布局应当合理，使其能够覆盖社区内各个居住区域，确保每个居民都能方便地访问到商业设施和服务设施。这需要考虑到商业区域的空间分布，规划易于到达的位置，使得商业活动和服务设施紧密嵌入社区生活，方便居民随时获取所需商品和服务。

其次，商业与服务区的多样性也是关键因素。社区内的商业区域不仅应当包含传统的零售店铺，还应当考虑到服务业、文化娱乐等多方面的需求。通过多样性的商业和服务设施，社区可以满足居民不同的生活需求，创造出更加繁荣和充满活力的社区环境。

再次，商业与服务区的设计还应当关注可持续性的考量。可持续性包括对资源的有效利用和对环境的友好性。规划商业与服务区时，应当考虑到节能、环保、低碳的设计理念，通过科技手段提高商业设施和服务设施的效率，减少对环境的负担。

最后，商业与服务区应当与其他社区功能区域形成有机连接。商业区域与居住区域、文化娱乐区、教育区等相互关联，形成一个便于居民活动的整体空间。这需要在规划中充分考虑步行、骑行和公共交通等多种交通方式，以确保不同区域之间的联系流畅。

3.公共设施与绿化空间

公共设施和绿化空间在社区规划中具有重要的作用，它们直接影响着社区居民的生活品质。在空间逻辑的考量下，公共设施和绿化空间的分布均衡以及相互衔接成为关键因素，以提升社区的整体环境品质。

首先，公共设施的分布均衡是确保社区功能完善的基础。在规划中，需要合理配置医疗机构、教育设施、社区服务中心等公共设施，以满足居民在医疗、教育、社会服务等方面的需求。这有助于提高社区的整体服务水平，使居民能够便捷地获取各类公共服务，提高其生活品质。

其次，绿化空间的合理规划对社区居民的生活质量和身心健康有积极的影响。在社区中设置公园、绿地、行道树等绿化空间，可以为居民提供休闲娱乐的场所，改善空气质量，促进社区的自然生态系统。这些绿化空间不仅美化了社区环境，还为居民提供了愉悦的生活体验。

再次，公共设施和绿化空间的相互衔接是营造社区协调和谐空间的重要手段。通过将公共设施与绿化空间有机结合，形成一个统一的社区空间系统，可以促使不同功能区域之间实现有机衔接，提升社区整体的可达性和流动性。这也有助于增强社区的社会凝聚力，创造共享的社区文化。

最后，对公共设施和绿化空间的规划还应考虑可持续性。在资源利用和环境保护方面，规划者可以采用节能、环保、可再生能源等策略，以确保社区的可持续发展。此外，科技手段的应用，如智能化管理系统，也可以提高公共设施的利用效率和绿化空间的生态效益。

4. 交通网络

社区的交通网络被认为是连接各个空间要素的关键纽带，涵盖道路、步道、自行车道等多个方面。在社区规划的空间逻辑中，对交通网络的畅通性和便捷性的考虑至关重要，这有助于确保居民的出行能够高效、便利。

首先，道路网络的规划应当注重交通的畅通性。合理设计主干道和支路，以适应不同居住区域的需求，减少交通拥堵。考虑到多样化的出行方式，包括汽车、自行车和步行，交通网络的设计需要具备多元化，为不同居民提供灵活的交通选择。此外，要考虑到道路宽度、交叉口设计、停车设施等因素，以优化交通流动性。

其次，步道和自行车道在社区交通网络中具有重要作用。步行和骑行作为环保、健康的出行方式，应该被纳入社区规划的考虑。规划者需要确保步道和自行车道的贯通性，使其贯穿社区各个区域，并连接到主要的居住区和商业服务区。通过提供安全、便捷的步行和自行车通道，可以鼓励居民采用更为环保和健康的出行方式。

在考虑交通网络时，社区规划还需要关注公共交通系统的建设。优化公共交通路线，提高公共交通的便捷性和覆盖范围，可以减少个体汽车出行，降低交通拥堵和环境污染。社区中的公共交通站点应该与其他空间要素有机结合，以提高整体的交通系统效益。

最后，社区交通网络的规划要考虑未来的可持续性。随着科技的发展和城市人口的增加，规划者需要预测社区未来的交通需求，并相应地调整交通网络的设计。引入智能交通管理系统、推动电动出行工具的发展，都是社区交通网络可持续发展的一部分。

二、社区规划结构中的空间关系

社区规划结构中的空间关系是指不同空间要素之间的相互联系和作用。这些关系直接影响着社区内部的运行效率和居民的生活质量。

（一）居住区域与商业区的空间关系

1.商业区布局的合理性

在社区规划中，居住区域与商业区的关系是影响居民生活便利性的关键因素。商业区的布局应合理，与居住区域相互渗透，以提高社区居民的购物和服务便捷性。

（1）商业区分布

商业区的合理分布是社区规划中至关重要的一环，直接关系到居民的生活便利性和社区的整体发展。商业区的分布需要充分考虑周边居住密集区域，以确保商业设施能够满足居民的多样化需求，并覆盖范围广泛。这一过程涉及细致入微的市场调研和对居住区域人口结构的深入分析，旨在明晰商业区最佳的布局和位置。

首先，市场调研是商业区规划中的基础步骤之一。通过深入了解居民的消费习惯、购物需求、文化偏好等方面的信息，规划者能够准确把握商业区所需的基本元素。这可能包括不同年龄层次和收入水平的居民群体的需求差异，以及对特定商品和服务的偏好。通过市场调研，商业区的设施可以更好地满足居民的实际需求，提高商业区的吸引力。

其次，居住区域的人口结构分析是商业区规划的重要依据。了解居民的年龄、职业、家庭结构等特征，可以帮助规划者确定商业设施的类型和规模。例如，在家庭密集的区域，可能需要更多的超市、儿童活动中心等；而在年轻人聚集的区域，可能需要更多的咖啡馆、健身中心等。通过深入分析人口结构，商业区可以更好地适应当地居民的生活方式，提供有针对性的商品和服务。

综合考虑市场调研和人口结构分析的结果，规划者可以确定商业区的最佳位置。这可能涉及商业设施的集中布局，也可能需要考虑分散布局以更好地服务不同居民群体。合理的商业区分布不仅提高了社区居民的生活品质，还有助于促进商业的繁荣和社区的可持续发展。

（2）商业设施类型

在居住区域周边，商业设施的类型应当多样化，以满足不同居民群体的多元化需求。这种多元化体现在提供各类基础生活服务的商业设施，包括但不限于超市、便利店、餐饮服务和医疗机构。通过合理设置这些商业设施，社区规划者旨在确保居民能够方便获取各类生活服务、促进社区的发展和提高居民的生活品质。

首先，超市是商业区域中不可或缺的重要组成部分。超市不仅提供居民日常所需的食品和生活用品，还为社区创造了就业机会。超市的种类和规模应当充分考虑居民人口规模和购物需求，确保商品品种齐全，价格合理。

其次，便利店的设置具有特殊的意义，尤其是在社区居民生活节奏较快或者需要临时购物的情况下。便利店通常提供生活必需品，而其便捷的位置和灵活的营业时间使居民能够在任何时间满足急需。

餐饮服务也是商业设施中的重要一环。合理规划餐饮服务类型，包括中式、西式、快餐等，可以满足不同居民口味的需求，丰富社区居民的饮食选择。此外，餐饮服务的设立还有助于增强社区的交往氛围，提高居民的生活满意度。

最后，医疗机构的设置对社区居民的生活质量至关重要。社区医疗服务的合理规划包括诊所、药房等，以便居民在社区内就能够方便获取基本医疗服务，减少因就医需求而导致的不便和时间浪费。

2.商业区与居住区域的交互性

为促进社区的活力，商业区与居住区域应有良好的交互性。这不仅包括便捷的步行通道，还要考虑交通工具的便捷性，以确保居民能够方便地在两者之间流动。

（1）步行通道设计

步行通道的设计需要考虑到人流量大的区域，确保其宽敞、安全、有遮蔽设施，使居民在各个季节和不同天气条件下都能愉快地步行。

（2）交通工具的便捷性

商业区与居住区域的连接还涉及交通工具的便捷性。公共交通站点的布局需贴近商业区，同时考虑私家车辆的停车设施，以方便社区居民的出行。

（二）公共设施与绿化空间的协调关系

1.公共设施的空间布局

公共设施包括学校、医院、文化中心等，它们的空间布局对社区整体环境和居民服务至关重要。需要考虑各类设施的分布，以满足居民的不同需求。

（1）学校布局

学校的布局应考虑到居住区域的学龄人口分布，确保学校位置合理，便利学生通勤。同时，学校周边的交通设施也需要充分考虑，以保障学生的安全。

（2）医疗设施布局

医疗设施的布局需要综合考虑社区居民的年龄结构和医疗服务需求，使医院、诊所等设施分布均衡，能够覆盖社区内不同区域。

2.绿化空间的宜居景观

绿化空间在社区规划中起到了美化环境、提高居住舒适度的重要作用。其空间布局应兼顾美学、生态和社交功能，创造出宜居的景观。

（1）公共绿地设计

社区中的公共绿地应分布合理，不仅提供居民休闲娱乐的场所，还要具备生态功能，促进空气质量的改善。

（2）私人绿化空间

除公共绿地外，私人住宅区域的绿化空间也需得到重视。小区内的花园、庭院等私人绿地能够提高居住质量，使社区更加宜居。

（三）交通网络与居住区域的连接关系

1.道路布局的合理性

社区的道路布局是社区规划中至关重要的一环，直接关系到居民的出行便利性和社区交通的高效运行。在这方面，主干道的设计是尤为重要的考虑因素。社区内的主干道应当经过合理设计，以容纳大量车流。这涉及道路宽度、车道数量等方面的规划，旨在确保主干道具备足够的通行能力，适应社区的交通需求。除了考虑机动车交通，主干道还需充分考虑行人和非机动车的通行需求，因此需要设置宽敞且安全的人行道和非机动车道。这样的设计可以提高多种交通方式的可达性，促进社区内居民选择更为健康和环保的出行方式。

社区内部道路网的设计同样至关重要。除了主干道，小区道路的布局也应合理规划，以减少交通拥堵，提高车辆通行效率。合理的小区道路布局需要考虑到社区内的居住密度、建筑分布，以及公共设施的位置等因素。通过设计合理的交叉口、设置交通标志和划定车道，可以有效减少交通阻塞点，提升社区内部的交通流畅度。

一个综合而合理的道路布局能够有效提高社区内部的可达性，为居民提供更为便利的出行条件。这种规划不仅考虑了汽车交通，更注重了步行和骑行等环保出行方式的可行性。

2.公共交通设施的设置

社区规划中的公共交通设施的设置是确保社区内居民出行便利的重要方面。

首先，公共交通的主要节点即公交站点的布局至关重要。这需要全面考虑社区内人口密度、居住区域分布以及主要出行需求等因素。合理设置公交站点，使其覆盖整个社区，特别是集中在人口密度较高的区域，可以有效提高公共交通的可及性。站点的选择应结合社区内居民的居住分布，以确保站点位置对所有居民都具有便利性，从而促进公共交通的广泛使用。

其次，在社区规划中，非机动车和步行交通设施也是不可忽视的考虑因素。为鼓励低碳出行方式，社区应当提供完善的自行车道和步行通道网络。自行车道的设计需要考虑到安全性和便捷性，以鼓励居民选择自行车作为日常交通工具。步行通道的设置则应确保其贯穿整个社区，连接居住区域与主要公共设施，创造一个友好的步行环境。此外，社区内的自行车停车设施也需合理设置，以方便居民在目的地停放自行车，促进自行车的实际使用。

第三节　社区规划结构与空间控制

一、空间控制的定义与应用

（一）空间控制的定义

1.空间控制的概念

空间控制是社区规划中的核心概念，代表着对社区内部空间进行有序、有效管理和利用的过程。这一概念的核心在于通过规划和设计手段，实现社区内部空间的合理配置和最优化利用。社区规划者通过对土地利用、建筑高度、用地比例、绿地率等多方面的综合管理，旨在确保社区在有限的空间内能够满足多元化的需求，进而提高居民的生活质量。

在社区规划中，土地利用是空间控制的首要考虑因素之一。社区规划者需要根据土地的性质、地形地貌等因素，科学划分社区内的不同区域，明确各区域的功能定位，如商业区、居住区、绿化区等。通过合理的土地利用规划，社区可以实现各功能区域的有机组合，提高社区整体的空间利用效率。

建筑高度和用地比例是空间控制中需要精心考虑的要素。规划者需要根据社区的整体规模和发展定位，确定不同区域的建筑高度，以避免高密度建筑带来的空间拥挤和环境问题。同时，合理的用地比例规划可以确保社区内部各功能区域的相对均衡，使空间得到更加充分和合理的利用。

绿地率是空间控制中关注环境和居民生活质量的重要指标。通过合理规划绿地，社区不仅可以增加居民的休闲娱乐空间，还能够改善社区环境，提高空气质量。绿地的设置需要考虑到社区整体布局和居民的分布，以确保绿地在社区内部得到均衡分布，满足居民对自然环境的需求。

2.空间控制的重要性

空间控制的重要性在于其对社区整体发展的引导和塑造起到关键性的作用。通过有序的管理和规划，社区能够有效避免无序扩张、资源浪费以及环境破坏等问题，从而使社区空间在可持续发展的同时更好地适应居民的生活和工作需求。

首先，空间控制有助于引导社区有序发展。社区规划者通过对土地利用、建筑高度、用地比例等因素的合理规划，能够有效引导社区的有序扩张，避免无计划、无组织地发展。这有助于确保社区内部各个功能区域的合理布局，提高整体空间利用效率，使社区发展更加均衡和可控。

其次，空间控制能够防止资源浪费。社区内部的有序规划可以避免土地和建筑物的过度使用或浪费，确保资源得到有效利用。通过科学的空间设计，规划者可以最大限度地发挥社区内部空间的潜力，减少浪费，提高社区资源利用效率，从而推动社区的可持续发展。

再次，空间控制对环境的保护和改善也具有显著的作用。通过规划合理的绿地、保留自然景观和水体等方式，社区能够最大限度地保护自然生态系统，减少对环境的侵害。合理控制建筑密度和高度还能够避免过度开发导致的空气和水质污染问题。因此，空间控制为社区创造了更清新、宜人的生态环境，有助于提升居民的生活质量。

最后，空间控制能够更好地满足居民的生活和工作需求。通过规划商业区、居住区、公共设施区等不同功能区域的合理布局，社区能够为居民提供更便捷的购物、娱乐和服务设施，提高居民的生活便利性。同时，科学的空间设计还能够促使社区内形成更多的社交和文化交流空间，增进居民之间的联系，使社区更加融洽、有温度。

（二）空间控制的应用

1. 土地利用规划

（1）制订详细规划

土地利用规划是空间控制的核心环节之一。社区通过制订详细的土地利用规划，合理划分不同区域的功能，如商业区、居住区、绿化区等，以确保社区功能的互补和相互支持。这有助于避免混杂发展，提高社区整体的效益。

（2）多功能区域的创新布局

空间控制还可以通过对多功能区域的创新布局，实现更灵活的土地利用。例如，将商业和居住区域进行融合，以促进商业的繁荣和居民的便利。

2. 建筑高度和密度的控制

（1）防止过度拥挤

通过对建筑高度和密度的控制，可以有效防止社区内部的过度拥挤。合理地控制能够保障居民的舒适度，防止高密度建筑导致的交通问题和资源紧张。

（2）创造宜居环境

空间控制对建筑的高度和密度的合理规划有助于创造宜居的环境，确保居民在舒适的社区内生活。通过合理分布建筑、提高绿地率，可以改善居住环境、促进社区的可持续发展。

3. 交通网络与公共设施布局

（1）提高社区内部可达性

通过对交通网络的规划，社区内部的不同功能区域能够更好地连接，提高社区内部的可达性。合理的道路布局和公共交通线路设计有助于降低交通拥堵，提高交通效率。

（2）公共设施的便利布局

空间控制还包括对公共设施的布局规划。例如，学校、医院、公园等公共设施的合理分布，能够满足居民的日常需求，提高社区的整体服务水平。

二、社区规划中的空间限制与解放

（一）空间限制的因素

1. 地形地貌的影响

地形地貌在社区规划中扮演着至关重要的角色，它是空间限制的首要因素之一。不同地区的地形地貌差异对土地利用和规划带来的影响是复杂且多样的。山地、河流、平原等自然地理特征的存在可能导致土地利用的不均性和规划的局限性，社区规划者需要进行细致的分析和制定相应的应对策略，以避免资源浪费和生态破坏。

首先，山地地形可能对社区规划带来挑战。山地区域通常具有较为陡峭的地势和复杂的地貌特征，这使土地的平整利用变得更为困难。社区规划者需要考虑如何在山地地区进行合理的道路规划、建筑布局，以最大限度地减少对自然环境的侵害。此外，山地区域可能存在地质风险，规划者需要注意避免在地质不稳定区域建设，以确保居民的生命安全。

其次，河流的存在也对社区规划提出了一系列要求。河流可能对土地的分割和连接造成限制，社区规划者需要合理规划桥梁和交通网络，以确保社区内不同区域的互联互通。此外，河流通常伴随着自然生态系统，规划者需要保留并合理利用河流周边的绿地，以维护生态平衡。

最后，平原地区虽然地势较为平缓，但其土地利用也需要科学规划。平原地区通常适宜农业和城市建设，但过度的城市扩张可能导致土地过度开发，影响生态平衡。社区规划者需要考虑如何在平原地区合理划分不同功能区域，确保农田、城市和绿地的协调发展，减缓城市化对生态环境的冲击。

在地形地貌的影响下，社区规划者需要借助现代技术手段进行详细地形分析，以制订科学合理的社区规划。通过综合考虑山地、河流、平原等地理特征，规划者可以制订出更符合自然条件的、可持续发展的社区规划方案，实现土地的有效利用和社区的可持续发展。这不仅有助于规划者更好地应对地形地貌带来的挑战，也为居民提供了更安全、宜居的居住环境。

2. 环保要求的制约

环保要求在社区规划中扮演着日益重要的角色，成为另一重要的限制因素。随着环境保护意识的提高和法规对社区规划的不断加强，社区规划者必须在满足居民需求的同时，合理考虑和遵守环保要求，确保社区建设不对生态环境造成过度影响。

首先，社区规划中的环保要求涉及水体的保护。合理规划和管理水资源，以及保护河流、湖泊等水域，是社区规划中的重要任务。规划者需要制订措施，防止水体污染，确保水质清洁，同时保护水体周边的湿地和生态系统，以维护水域生态平衡。

其次，环保要求对空气质量的保护提出了严格的要求。社区规划需要考虑如何降低空气污染源的排放，合理设置工业区、居住区的位置，以减少对空气质量的不良影响。绿化空间的合理规划也是改善空气质量的一项有效措施，植被能够吸收空气中的有害物质，提高社区的空气质量。

最后，土壤的保护也是社区规划中环保要求的重要方面。规划者需要避免过度开发和不当利用土地导致的土壤污染问题，确保土地的可持续利用。合理规划工业区、垃圾处理区等可能对土壤产生影响的区域，采取相应的防护和修复措施，以保障土壤质量和生态平衡。

3.法律法规的约束

法律法规在社区规划中扮演着至关重要的角色，成为社区规划者不可忽视的空间限制因素。法律法规涉及土地使用、建筑高度、密度等多个方面，直接塑造了社区的发展方向和规模，规划者必须深入了解并切实遵守这些条例，以确保规划的合法性和可行性。

首先，土地使用法规是社区规划的基础。法规规定了不同区域的土地用途，如商业区、居住区、工业区等，以及各种用地的条件和限制。社区规划者需要根据法规中的土地分类，科学划分社区内部不同区域的功能，确保土地利用的合理性和效益性。

其次，建筑高度和密度的法规约定对社区规划具有直接的指导作用。这些法规通常规定了建筑的最大高度和最大容积率等，旨在避免过度拥挤和城市化对生态环境的破坏。社区规划者需要在规划过程中考虑这些法规的要求，合理安排建筑的布局和高度，以维护社区的宜居性和可持续性。

最后，环保法规和社区规划的紧密关系也不可忽视。法规规定了社区建设和发展过程中对环境的保护要求，包括空气、水、土壤等多个方面。社区规划者需要确保规划方案符合相关环保法规，采取措施降低对环境的不良影响，推动绿色、可持续的社区发展。

（二）空间解放的策略

1.科技手段的应用

（1）地形、地貌分析

为了应对地形、地貌的限制，社区规划可以运用先进的科技手段，如地理信息系统（GIS）和遥感技术，对地形、地貌进行精细化分析。通过详尽的地貌数据，规划者能够更准确地评估土地的适宜性，找到最合适的开发方式，以克服地形限制。

（2）绿色建筑标准制定

为提高建筑利用率的同时保障环保要求，社区规划需要制定绿色建筑标准。这些标准包括建筑能效、可再生能源利用、废弃物管理等，通过引导社区建设朝着环保和可持续发展的方向发展，实现空间的解放。

2.建筑更新和交通网络优化

（1）更新老旧建筑

社区规划中，对老旧建筑的更新是解放空间的关键策略之一。通过更新老旧建筑，可以有效利用有限的土地资源，提高土地的使用效率。同时，更新还能够使社区保持现代化，满足居民对更高品质生活的需求。

（2）优化交通网络

空间解放的策略还需涉及交通网络的优化。通过规划合理的交通路线、提高交通效率，可以减缓交通拥堵，改善居民的出行体验，同时促进社区内部空间的更加灵活和高效利用。

三、空间控制对社区居民的影响

（一）生活质量的提升

1.舒适的居住环境

舒适的居住环境是社区规划中空间控制的一个核心目标。通过有效实施空间控制，社区居民得以享受更为宜人和令人满意的生活环境。合理规划社区内部空间涉及多个方面，其中住宅区域的设计与布局是关键要素之一。

在确保住宅区域布局合理的前提下，规划者需要考虑到建筑高度的适宜性。合理的建筑高度不仅关乎社区的外观美观，更直接影响到居民的居住体验。通过科学的规划手段，规划者可以确保建筑的高度与周围环境相协调，不会引起视觉上的压迫感，使居住者在社区内部得到更为开阔和舒适的感受。

良好的采光和通风条件是舒适居住环境的重要组成部分。在空间控制的框架下，规划者应注重确保住宅区域的每个单元都能够获得足够的自然光线。通过合理设置建筑之间的距离和高度，以及合理配置窗户的位置和面积，社区内每个居民都能够充分享受自然光的照射，减少对人体生理和心理的负面影响。同时，通过合理规划绿化带和公共休闲空间，可以确保社区内部的通风良好，提高空气质量，使居民在居住中感受到清新宜人的环境。

提高居住的舒适感还需要考虑到社区内部的交通布局。通过合理规划道路和步行区域，减少交通噪声和交通拥堵，规划者可以为居民打造一个宁静、便利的居住环境。此外，合理规划社区内的商业区和公共设施，确保其与居住区域的融合，为居民提供便捷的生活服务，也是提高居住舒适度的重要因素。

2.便利设施与服务的充足供给

确保便利设施与服务的充足供给是社区规划中空间控制的一个至关重要的方面。在规划社区内部空间时，商业区和公共设施的布局与居住区域的相互渗透是关键考虑因素之一。这种融合的布局不仅是为了创造一个有机、完整的社区结构，更是为居民提供了更便利的购物、娱乐和服务设施，从而全面提升他们的生活便利性，进而提高整体的生活质量。

商业区的规划与居住区密切相关。通过合理的商业区布局，规划者可以确保商业设施与居民居住区域之间的距离适中，以便居民能够方便快捷地满足日常生活的各类需求。购物中心、超市、小吃街等商业设施的合理分布可以为社区居民提供多样性的消费选择，满足不同层次和需求的购物需求。此外，商业区的规划还应考虑到交通便捷性，以保证居民在出行时更加便利，从而提高整个社区的交通效率。

公共设施的充足供给同样是提升居民生活便利性的关键因素。社区规划者需要考虑到医疗、教育、文化等方面的公共服务设施的布局。医院、学校、图书馆等区域的合理设置可以使社区居民更加方便地享受到高质量的公共服务。例如，规划医疗设施时需确保覆盖整个社区，以保障居民在紧急情况下能够及时就医；而在教育方面，学校的合理分布可以降低学生的通勤压力，提高教育资源的利用效率。

（二）社交与文化活动的促进

1.社交空间的设置

社交空间的合理设置是社区规划中至关重要的一环，涉及空间控制的关键方面。在社区内部空间的规划中，特别强调社交空间的设计，通过合理规划为居民提供公共广场、社区活动中心等场所，以促进社区居民之间的交流与合作。这样的规划不仅有助于构建更加紧密的社区关系，还显著提升了居民的社交体验。

公共广场在社交空间中扮演着重要的角色。通过科学规划社区内的公共广场，规划者旨在为居民创造一个共享的、开放的空间，使其得以轻松聚集。这些广场不仅可以用于社区活动，如文艺表演、市集等，也可以成为居民日常社交的场所。公共广场的合理设置不仅促进了居民之间的面对面交流，还增强了社区的凝聚力。

社区活动中心则是另一个至关重要的社交空间。通过合理规划社区活动中心，规划者为居民提供了参与各类社交、文化、娱乐活动的场所。这些空间可以举办社区会议、培训班、文化展览等活动，为居民提供更多的社交机会，有利于社区成员更深入地了解彼此。社区活动中心的规划还为居民提供了发挥个人兴趣爱好的空间，丰富了社区的文化内涵。

通过社交空间的合理规划，社区不仅提供了具体的场地和设施，更创造了一种鼓励社交的氛围。这种社交空间的设置有助于打破居民之间的隔阂，建立更为紧密的人际关系网络。同时，在这些社交空间中的交流与合作也有助于解决社区内部问题，共同推动社区的可持续发展。

2.文化活动场所的规划

在社区规划中，空间控制的策略可以涵盖文化活动场所的规划，旨在为居民提供丰富的文化体验。通过合理设置艺术展览馆、图书馆等文化设施，社区规划者为居民创造了参与文化活动的机会，进而促进了文化的传承与发展，使整个社区更具活力。

一方面，文化活动场所的规划与空间控制密切相关，它不仅涉及特定建筑的布局与设计，还需要考虑这些场所与周边环境的相互关系。艺术展览馆作为文化活动场所的一种，其规划要充分考虑展览空间的布局，以便展示不同类型的艺术作品。合理的展览馆设计应兼顾展览空间的多样性，满足不同艺术形式的展示需求，从绘画到雕塑、从传统艺术到现代艺术。同时，展览馆的位置也需考虑到社区居民的便利性，使其能够轻松参与文化活动。

另一方面，图书馆作为文化活动场所同样需要合理规划。图书馆的布局不仅要考虑书籍的摆放和分类，还需要为居民提供安静的阅读空间和多功能的文化交流区域。在空间控制的策略下，图书馆的规划要注重环境的舒适性，通过绿植、自然光线等元素，创造出有利于学习和交流的氛围。此外，图书馆的位置应该便于社区居民到达，为他们提供方便的学习和阅读场所。

文化活动场所的规划不仅为社区居民提供了参与文化活动的机会，更有助于推动社区文化的传承与发展。艺术展览馆和图书馆等文化设施的存在，不仅丰富了社区的文化内涵，也为居民提供了一个学习、交流、享受艺术的空间。通过这些文化活动场所的规划，不仅能够提高居民的文化修养，还为社区打造了一个更加宜居和具有活力的环境，更是对社区文化繁荣的积极促进。

（三）健康与环境的改善

1. 增加绿化空间

在社区规划中，通过有效的空间控制，增加绿化空间是一项重要的策略，旨在为社区居民提供更多的户外休闲场所。合理设置公园、花园等绿化空间，不仅美化了社区环境，还为居民提供了健康的休闲选择，促进了身心健康。

绿化空间的增加是社区规划中的关键举措之一。公园作为重要的绿化空间，其规划应该考虑到社区的整体布局和居民的分布情况。合理设置公园可以为居民提供开放的空间，用于散步、晨练、休憩等活动。公园中可以规划种植各类植物，创造出丰富的自然景观，提升居民的生活品质。此外，公园还可以设计多功能的休闲设施，如健身区、儿童游乐区等，满足不同居民群体的需求。

花园作为绿化空间的另一形式，可以在社区内的不同角落进行布局。在住宅区域，可以规划小型花园，为居民打造私密的休闲空间；在商业区周边，可以设置花坛、绿化带，提升商业区的整体环境。花园的规划既可以满足居民的欣赏需求，也能为社区创造更为宜人的生活氛围。

绿化空间的合理增加不仅使社区环境更加宜人，还对居民的身心健康产生积极影响。绿色植物释放出的氧气有助于改善空气质量，提供清新的空气环境。同时，绿化空间为居民提供了户外活动的场所，促使他们更多地参与户外运动和休闲活动，有益于身体健康。此外，与自然环境的亲近也对心理健康产生积极影响，减轻生活压力，提升居民的生活幸福感。

2. 控制建筑密度

在社区规划中，合理控制建筑密度是空间控制的一个关键方面。通过规划适当的建筑密度，可以有效避免高密度建筑带来的空气质量下降和社区环境恶化问题，从而改善居民的生活环境，提高整体的生活质量。

建筑密度是指在单位面积上建筑物的数量，是衡量城市空间利用程度的一个重要指标。合理的建筑密度规划应该充分考虑社区的整体结构、人口密度和居住需求。首先，规划者需要明确社区的发展目标和居住人口规模，进而确定适宜的建筑密度水平。低密度建筑可能更适用于郊区居住区，而高密度建筑可能更适用于城市中心区域。其次，规划者还需要考虑建筑类型和高度，以确保不同类型的建筑在空间上协调一致，不会造成过度拥挤或阻挡阳光和空气的流通。

通过合理控制建筑密度，社区可以避免一系列问题。首先，高密度建筑容易导致空气质量下降，因为建筑物之间的空间狭窄，难以实现良好的通风。其次，过高的建筑密度可能导致社区环境噪声增加、交通拥堵等问题，影响居民的居住体验。最后，高密度建筑可能导致社区绿化空间减少，进而影响居民的休闲和娱乐场所。

在实际的社区规划中，控制建筑密度需要综合考虑社区的整体发展定位、居民的需求和环境保护等因素。通过科学的规划手段，规划者可以采用建筑布局优化、合理的绿地设置等手段，以实现建筑密度的合理控制。通过这样的规划，社区可以达到人居环境的良好平衡，提高整体生活质量，使居民在舒适宜居的环境中生活。

第四节 激活社区结构的公共空间

一、公共空间的概念与范畴

（一）公共空间的概念与广度

1. 公共空间的概念

公共空间是社区内供居民集体使用和共享的多维区域，不仅涉及物理空间，还包括社会互动、文化传承、公共服务等多个层面。它在社区中扮演着至关重要的角色，是社区共同体的核心，具有多重功能，为居民提供丰富而多样化的体验。

从物理空间的角度看，公共空间包括街道、广场、公园等。这些地方不仅是人们日常活动的场所，更是社区居民共享的环境资源。合理规划和设计这些空间，可以打造出宜人的环境，提供舒适的休憩场所和美好的生活体验。

然而，公共空间不仅是物理上的存在，更是社会互动的平台。它促进邻里之间的联系，形成社区凝聚力，使居民更加融入社区生活。通过社区活动中心等设施的设置，人们更容易参与集体活动，促进社区内部的交流与合作。

除了社会互动，公共空间还是文化传承的关键载体。通过艺术展览、文化活动等形式，公共空间传递着社区的历史和文化底蕴。墙体彩绘、雕塑等艺术元素的融入，使公共空间不仅是生活场所，更成为文化的传播媒介，为社区注入了独特的精神内涵。

最后，公共空间还涉及公共服务的提供。通过规划商业区和社区中心，确保这些区域的布局与居住区域相互渗透，使居民能够便利地获得购物、娱乐和服务设施，从而提升了生活的便利性，使生活质量得到提升。

2.公共空间的广度

公共空间的广度远超过了传统的物理概念，它已经演化成一个包括多个方面的复杂网络，涵盖了社区中人们共同参与的各个层面。在这个多元化的社区空间网络中，公共空间不仅是建筑和街道，更包括了社区组织的活动场所、数字社交平台等多个维度，形成了一个丰富而复杂的社区生态系统。

物理空间方面，传统的公共空间包括街道、广场、公园等。这些地方是人们日常生活的场所，提供了休憩、娱乐和社交的机会。然而，随着社会的发展，公共空间的定义已经超越了传统的建筑物和街道，扩展到了更广泛的社区活动场所。

社区组织的活动场所成为公共空间的一部分。社区活动中心、图书馆、文化艺术中心等设施为居民提供了参与各种文化、教育和社交活动的机会。这些场所不仅满足了个体需求，还有助于增进社区居民之间的联系，形成更加紧密的社区关系。

数字社交平台的兴起也将公共空间的范畴拓展到了虚拟世界。通过社交媒体、在线社区等数字平台，人们可以进行远程社交、分享生活经验，促进社区居民之间的虚拟互动。这种数字化的公共空间不受地理位置的限制，为社区的广泛参与提供了新的途径。

这一多维度的社区空间网络不仅满足了居民多样化的需求，还促进了社区的发展。在这个广度极大的公共空间定义下，社区不再局限于物理空间，而是成为一个更加丰富和多元的社会体系。

（二）街道、广场、公园等不同类型公共空间的特征

1.街道的特征

街道作为社区交通的主要通道，其设计不仅需要满足车辆的流通需求，更应注重行人友好性，以创造更宜居的社区环境。街道设计的特征包括以下几个方面。

首先，宽敞的人行道是街道设计的重要特征之一。足够宽阔的人行道有助于行人的舒适行走，减少人与车辆之间的冲突，提高行人的安全感。合理设置的人行道不仅要考虑宽度，还需要考虑人行道的平整度和便捷性，以确保行人能够轻

松、安全地穿行于街道。

其次，设置自行车道是街道设计的另一个重要方面。随着骑行文化的兴起和交通绿色化的需求，为自行车提供独立的通行道是必要的。自行车道的设置有助于促进环保交通方式的使用，减缓交通拥堵，并提升居民的出行体验。

最后，引入绿化带是街道设计中增添美感和改善环境的有效手段。在街道两侧或中央设置绿化带，可以种植树木、花卉等，不仅美化了街道环境，还提供了阴凉和休憩的空间。绿化带的存在有助于改善空气质量，吸收污染物质，为居民创造更健康的生活环境。

2.广场的特征

广场作为社区的核心公共空间，其设计需要兼顾开放性、容纳性和多功能性，以满足居民集会、文艺表演、文化展览等多种需求。广场设计的特征包括以下几个方面。

首先，广场的空间要求开阔。开阔的空间设计有助于容纳更多的人群，同时提供足够的活动场地，使广场成为社区居民大规模集会的理想场所。广场的开放性还能够提供更好的视野，增强居民的舒适感和安全感。

其次，广场应具备良好容纳人群的能力。这包括合理规划座椅、休息区域、步道等，以提供居民丰富的休憩选择。合理设置的座椅和休息区域有助于提高广场的活跃度，使人们更愿意在此停留，促进社区居民的互动与交流。

最后，广场需要设置丰富的功能区域。这可以包括文艺表演区、文化展览区、儿童游乐区等。文艺表演区域提供了展示和欣赏文艺活动的场所；文化展览区域为社区居民提供了参与文化活动的机会；儿童游乐区域则考虑到了家庭居民的需求，使广场适合各个年龄层的居民。

3.公园的特征

公园作为社区绿色空间的核心，其设计应注重绿化和景观，以满足居民休憩和娱乐的需求。公园的特征主要包括以下几个方面。

首先，公园的绿化设计是其突出的特征之一。通过合理规划植被，包括草坪、花坛、乔木等，可以打造清新宜人的环境，为居民提供一个亲近自然的休憩场所。绿化不仅美化了公园，还有助于改善周边环境，提高社区的整体景观品质。

其次，公园应设有丰富的功能区域。休闲区、儿童游乐设施、健身角等功能区域的合理规划使公园成为一个多元化的场所，以适应不同居民的需求。休闲区提供了供人们放松的空间；儿童游乐设施则考虑到家庭的需求；健身角则促进居民的身体健康。

最后，公园景观的设计也需要注重创造愉悦的环境氛围。如人工湖泊、喷泉、雕塑等艺术元素的融入，使公园成为一个具有艺术气息的场所，提升了居民在公园中的文化体验。

二、社会互动与文化传承

（一）社区凝聚力的形成

1.公共空间作为社会互动平台

公共空间在社区中充当着重要的社会互动平台的角色。这一空间的存在不仅是物理层面上的街道、广场、公园等区域，更是邻里居民进行社交、互动、庆祝等活动的场所，为社区居民提供了交流的平台，促进了社区内部的凝聚力和联系。

在公共空间中，邻里居民可以轻松地进行交流和社交活动。街道、广场等场所成为邻里间人们互相了解的重要场合。这种社交不仅是形式化的社区聚会，也包括日常生活中的随机相遇和闲聊。这些交流活动有助于拉近居民之间的距离，加深彼此的了解，形成更为密切的邻里关系。

公共空间的活动性质也为社区的庆祝活动提供了理想的场所。节日庆典、社区活动等可以在广场或公园等公共空间中举行，为居民提供共同参与的机会。这些集体性的庆祝活动不仅丰富了社区文化，还加强了社区的凝聚力，使得居民在共同体验中建立起更为深厚的情感联结。

社区凝聚力的形成与社会互动的频繁性密不可分。通过在公共空间中的交往，居民建立了紧密的社区联系。这种联系不仅表现为邻里之间的友谊，还体现在对社区整体的认同感和归属感上。公共空间的社会互动成为促进这种联系的媒介，推动着社区凝聚力的逐渐形成。

2.设施与社区活动中心的作用

社区活动中心等设施在社会互动和凝聚力形成中发挥着至关重要的作用。这些设施不仅是提供场地和设备支持的场所，更是通过组织多样化的集体活动，如庆祝活动、文艺演出、志愿者活动等，引导和鼓励居民的参与，从而加深了彼此之间的联系，激发了社区的凝聚力。

首先，社区活动中心等设施为居民提供了一个共同参与的场所。这些设施通常拥有多功能的活动空间，适合举办各类社区集体活动。无论是庆祝节日还是组织文艺演出，这些场所为居民提供了一个共享的平台，使他们能够聚集在一起，共同参与并共享活动的乐趣。

其次，这些设施通过多样性的活动形式，满足了不同居民群体的需求。社区居民在参与各种文艺、文化、庆祝等活动的同时，能够找到与自己兴趣相符的社区组织，形成兴趣小组，加深彼此的了解，促进交流。这种多元化的社区活动也为不同年龄层的居民提供了更广泛的参与机会，有助于打破社区中的群体壁垒，形成更为融洽的社区关系。

最后，社区活动中心通过组织志愿者活动，鼓励居民参与社区服务，培养了居民的社会责任感和奉献精神。志愿者活动既服务于社区，也拉近了志愿者之间的关系。这种共同投入社区建设的行为不仅增强了社区的凝聚力，也提升了整个社区的社会责任感。

（二）文化传承的载体

1. 艺术展览与文化活动

公共空间在文化传承方面充当了重要的角色，其中艺术展览和文化活动是促进社区历史和文化底蕴传递的有效手段。通过定期举办艺术展览和多样化的文化活动，公共空间成为社区文化传承的生动舞台。

首先，艺术展览作为文化传承的一种形式，通过展示本地的文化艺术品，传递着社区的历史和独特文化。这种形式的活动不仅为当地艺术家提供了展示作品的机会，也为社区居民带来了身临其境的文化体验。例如，绘画、雕塑、摄影等多种艺术形式的展览能够展现社区多元的文化面貌，使居民更加了解和热爱本地的文化特色。

其次，文化活动在不同形式中传承着社区的文化传统。这可能包括传统的庆祝活动、宗教仪式、民间艺术表演等。通过这些文化活动，社区居民可以亲身参与并感受到传统文化的魅力，进而将这些价值观和传统习俗传递给后代。这样的活动不仅使社区保持文化的延续性，同时也丰富了居民的日常生活，提升了社区整体的文化底蕴。

在未来的规划中，应注重公共空间的多功能性，鼓励并支持艺术展览和文化活动的举办。通过这些活动，社区居民将更深刻地理解和认同自己的文化身份，共同建设一个丰富、多元且充满活力的社区文化空间。这不仅是文化传承的需要，也是构建更为紧密的社区关系和提高居民生活满意度的关键路径。

2.艺术元素的融入

公共空间中的艺术元素，如墙体艺术、雕塑等，不仅为社区增添了美感，更成为文化传承的具体表现形式。将这些艺术元素融入社区建筑和景观设计中，为居民提供了在日常生活中接触文化独特魅力的机会。

首先，墙体艺术作为一种独特的表达方式，可以在建筑外墙上展示社区的文化内涵。通过艺术家的巧妙创作，墙体艺术不仅美化了建筑外观，还传达了社区独特的历史、传统和价值观。这种形式的文化表达是对社区身份的有力诠释，为居民提供了更深层次的文化认同感。

其次，雕塑等三维的艺术元素也在社区中得到了广泛应用。雕塑作为立体的艺术形式，可以通过雕琢、铸造等技艺，将社区的文化符号、传统形态具象化。这样的雕塑作品不仅是社区景观的一部分，更是居民在公共空间中与文化互动的具体体现。例如，在公园、广场等场所设置具有代表性的雕塑，既起到装饰作用，同时也提供了一个文化交流和学习的场所。

在公共空间规划和设计中，应重视艺术元素的融入，注重与社区文化特色的契合。这不仅为居民提供了欣赏和学习的机会，也使公共空间成为文化传承的载体。通过美学、历史感知等方面的艺术表达，社区居民能够更深刻地感受到自身文化的独特之处，促进社区居民的文化认同并引起共鸣。

三、城市凝聚力与可持续性

（一）吸引力的公共空间

吸引力的公共空间在城市规划和设计中扮演着关键的角色，它成为居民聚集的核心地带，不仅是日常活动的场所，更是城市共同体凝聚的象征。通过巧妙的设计和规划，创造宜人、开放的公共空间，能够吸引不同背景的居民积极参与社区生活。

首先，吸引力的公共空间要关注人们的感官体验。这包括景观设计、照明、材料选择等方面的因素。例如，通过精心设计的花园、雕塑、水景等，营造出宜人的自然环境，使居民在公共空间中感受到舒适和愉悦。合理的照明设计则能够延长空间的使用时间，提高夜间活动的吸引力。选择具有环保性质的材料，也有助于创造可持续的吸引力。

其次，多功能性是吸引力的公共空间的重要特征。一个兼具娱乐、文化、休闲等多重功能的公共空间，能够满足不同居民群体的需求，增加了空间的使用率。例如，设置多功能广场，可以满足举办各类活动的需求，从而吸引更多的人群参与，促进社区多元化发展。

最后，吸引力的公共空间需要考虑社区的文化特色。通过融入当地的历史、传统和艺术元素，使公共空间更贴近居民的文化认同，从而增强居民对空间的归属感。例如，在公共空间中设置具有地方特色的艺术装置或文化展示，既丰富了空间内涵，又促进了居民对社区文化的认同感。

在设计和规划过程中，与社区居民充分沟通，了解他们的需求和期望，是打造吸引力公共空间的关键一步。通过社区参与和反馈，可以更好地调整设计方案，确保公共空间真正符合居民的期望，从而提高其吸引力，促进社区的繁荣和发展。

（二）共同体感的建立

共同体感是城市凝聚力的关键要素，体现为居民对城市的认同和强烈的归属感。通过巧妙地设计社区广场、社交区域以及其他公共空间，可以有效地创造一种共同体感，从而激发城市居民更积极地投入社区事务，促进邻里之间的互动和合作，进而提高城市凝聚力。

首先，社区广场作为集体聚会和交流的场所，具有重要的社会功能。其设计应注重开放性和多功能性，使得广场成为居民欢聚的中心。透过规划多样性的活动和娱乐设施，如户外表演区、儿童游乐场等，可以吸引不同年龄层次的居民，创造出共同感。

其次，社交区域的设置也是共同体感建立的重要环节。这包括社区中心、图书馆、咖啡馆等公共场所的规划和设计。通过提供舒适、宜人的环境，以及各种社交活动的场所，可以促使居民更加频繁地互动和交流。这不仅加深了居民之间的了解，也有助于形成更加紧密的社区联系。

最后，共同体感的建立还需要关注居民参与社区事务的机会。通过推动社区志愿者活动、邻里集会等，鼓励居民参与社区的决策和管理，使其感受到对社区的责任感和参与感。

第二章　社区环境景观设计

第一节　居住环境景观设计基础

一、景观设计的基本原则

（一）尊重自然

1. 自然地貌和植被的保护

景观设计的尊重自然原则在对自然地貌和植被的保护方面发挥着关键作用。设计师需要通过深入研究当地的生态系统，制订合适的植被管理计划，以最低程度的干预来呈现和保护自然地貌和植被。

首先，尊重自然的原则要求景观设计师仔细了解当地的生态环境，包括土壤类型、水文条件、气候特点等。通过了解植被的适应性和生态位，可以选择适宜生长的本地植物种类，减少外来植物的引入，防止生态系统的破坏。

其次，保护植被需要考虑植物的生长周期和自然繁殖机制。合理设置植被的保护区，保留自然更新的机会，避免过度采伐和破坏。通过科学的植被管理，可以实现植被的自然更新，保持景观的长久稳定。

在景观设计中，还需关注当地濒危物种的保护。通过识别和保护当地濒危的动植物物种，设计者可以在规划中划定相应的保护区域，确保不对这些珍稀物种造成威胁。这有助于保护地方性生态的多样性和完整性。

2. 合理的植被配置与水体规划

在景观设计的框架下，合理的植被配置和水体规划是实现尊重自然原则的关键手段。这些设计元素不仅美化了居住环境，还为居民提供了最佳的生活体验。

首先，合理的植被配置是景观设计中的重要环节。通过深入了解当地的植被特征和生态环境，设计者可以选择适应性强、生长适宜的本地植物，实现合理植被的配置。在居住区域的布局中，可以通过设置绿化带、庭院、花坛等不同形式的植被区域，形成自然的屏障，有效减缓风速，降低环境温度。这样的植被配置不仅为居民创造了清新宜人的居住环境，还有助于改善当地的生态系统，提高空气质量。

其次，水体规划是另一个关键因素。通过在景观设计中引入水体，如人工湖、喷泉、小溪等，可以增加景观的层次感，为居住区域增添宜人的自然氛围。水体的存在不仅能够提高周围环境的湿度、改善空气质量，还有助于建立生态系统、吸引和维持各类动植物的生存。此外，水体的反光效应和水面上的倒影也为景观设计增添了独特的艺术美感。

合理的植被配置和水体规划相辅相成，共同构建了一个和谐、宜人的居住环境。这样的景观设计不仅满足了居民对美好生活的期待，还在遵守自然原则的基础上促进了生态平衡的维护。

（二）可持续性

1.环保材料和设计理念

在景观设计中，可持续性原则要求设计者在材料选择和设计理念上充分考虑生态环保。采用环保材料和贯彻绿色设计理念是推动社区走向可持续发展的重要举措。

首先，环保材料的选择对减少生态足迹至关重要。景观设计中应优先考虑使用可回收材料、低碳排放材料等环保材料。这样的材料不仅有助于减少资源的消耗，还能减少对环境的负面影响。例如，采用可回收的建筑材料可以减少对自然资源的开采，降低对生态系统的压力。低碳排放材料的使用有助于减缓气候变化，为社区打造一个更环保的生活空间。

其次，绿色设计理念应当贯彻于整个景观设计的过程中。通过引入绿化、节水、能源利用等策略，设计者可以最大限度地减少对生态系统的冲击。例如，在景观规划中，可以合理布局绿化带，引入自然植被，增加植被的覆盖面积，提高空气质量。在水体规划中，可以采用节水灌溉系统，减少水资源的浪费。在能源利用方面，可以设计太阳能灯光系统、利用可再生能源等，减少对传统能源的依赖。

通过环保材料的选择和贯彻绿色设计理念，景观设计不仅可以提升社区的整体品质，还能为可持续发展贡献力量。这种环保理念的实践不仅使社区居民享受到更为宜人的生活环境，还有助于推动整个社会迈向更加环保和可持续的未来。

2.生态系统的建立和保护

在可持续性的考虑下，生态系统的建立和保护是景观设计的重要目标。通过采用一系列手段，如增加植被的多样性、引入适宜的植物物种以及创建人工湿地，可以促进当地生态系统的恢复和发展，提高社区的生态韧性，并减轻人类对自然的影响。

首先，增加植被的多样性是建立健康生态系统的重要步骤。景观设计可以通过引入各种植物，包括乔木、灌木、草本植物等，以形成丰富多样的植被结构。这不仅有助于提高生态系统的稳定性，还为当地的生物多样性提供了适宜的栖息地。不同类型的植被可以支持不同种类的野生动植物，形成良好的生态平衡。

其次，引入适宜的植物物种是重要的生态系统建设手段。根据当地的气候、土壤条件等因素，选择适应性强、生长健康的植物，有助于提高植物的生存率，促进植被的覆盖和繁荣。这样的植物选择不仅可以美化社区环境，还具有防风、防尘等功能，能够改善居住者的生活质量。

最后，创建人工湿地是景观设计中的一项重要举措，有助于水资源的管理和保护。人工湿地可以有效净化雨水和废水，提高水质，同时为水生生物提供良好的生存环境。通过合理规划和设计水体，景观设计可以促进水资源的循环利用，减轻城市排水系统的压力。

（三）整体性

1.区域设计元素的协调

在景观设计中，整体性原则要求各区域的设计元素相互协调，以形成一个有机统一的居住空间。这种协调涉及统一的设计语言、色彩搭配和景观元素的巧妙结合，旨在打造一个整体感强烈、和谐统一的社区环境。整体性设计不仅关注单一区域的美感，更关注在整个社区层面的和谐一致，以确保居民在整个社区范围内都能够感受到一种连贯的设计理念。

首先，通过采用统一的设计语言，景观设计可以在整个社区中传递一种独特的风格和氛围。这可能涉及建筑风格、景观元素的选择等方面的一致性。例如，如果社区采用现代主义建筑风格，那么在景观设计中可以选择相应的现代主义元素，如简洁的线条、几何形状等，以确保整体设计风格的协调一致。

其次，色彩搭配在整体性设计中起着关键的作用。通过合理搭配色彩，可以在社区中营造出一种和谐的视觉效果。颜色的选择需要考虑到当地气候、文化特点，以及居民的审美偏好。通过在不同区域中使用相似或互补的色彩，景观设计可以打破单调感，形成一个统一而多样的整体。

最后，景观元素的有机结合也是整体性设计的重要组成部分。这包括植物配置、雕塑、水体等景观元素的融合。通过在整个社区中有序地布置这些元素，可以创造出一种流畅而统一的视觉体验。例如，在公共广场设置艺术雕塑、绿植和水景，使这些元素相互呼应，形成一个和谐的整体景观。

2. 社区个性的打造

在景观设计中，整体性并非排除了社区个性的存在。相反，它强调在保持整体和谐的基础上，注重社区个性的打造。每个社区都拥有独特的文化、历史和地域特色，因此景观设计的任务就是巧妙地融入这些元素，为社区赋予独特的个性，使之成为居民心目中独一无二的家园。

首先，社区个性化的打造需要深入了解和挖掘当地的历史和文化特色。通过研究社区的历史、了解传统的建筑风格和地方性的文化符号，以及社区的发展演变过程，设计者能够更好地捕捉社区的独特韵味。例如，在景观设计中可以融入当地传统的建筑元素，或者通过艺术装置展现社区的历史变迁，以营造一种具有深厚文化底蕴的环境。

其次，地域特色是打造社区个性的重要组成部分。不同地域的自然景观、植被类型、气候条件都会影响社区的特色。景观设计可以通过合理的植被选择、地形布局等手段，使自然环境成为社区独特之处。例如，在南方的社区可以引入热带植物，营造绿草如茵的景象，而北方的社区则可以通过设计冰雪景观突出寒冷气候的特征。

最后，社区个性的打造也需要注重居民的参与和反馈。通过开展社区居民座谈、征集意见等方式，设计者可以更好地了解居民的期望和喜好，将他们的需求融入设计中。这种参与式的设计过程不仅能够增加社区居民的归属感，也有助于打破单一设计的僵局，创造出更具个性化的社区环境。

（四）人性化

1. 合理的户外活动空间布局

合理的户外活动空间布局是景观设计中人性化原则的具体体现。为满足居民的休闲、社交和健身等多样化需求，设计者应科学而周到地规划户外活动空间。这一过程包括对公共广场、花园、儿童游乐区等不同区域的合理布局，以及考虑不同年龄层次居民的需求。

首先，公共广场作为重要的户外活动场所，其布局需要充分考虑人流量和功能分区。设计者可以通过合理的空间分隔，创造出适宜集会、演出、市集等多种社交活动的区域。在广场的中央可以设置绿化或雕塑，既增加了视觉美感，又提供了休憩场所。

其次，花园作为户外休闲的重要场地，其布局需注重植被的选择和空间层次感的营造。通过引入不同种类的植物、设置小径和座椅区域，设计者可以创造出适合散步、阅读和休息的宜人环境。同时，花园的设计应当充分考虑季节变化，使之四季宜人。

最后，儿童游乐区的布局需要根据儿童的年龄特点和游戏需求进行精心设计。分为不同功能区域，如攀爬区、滑梯区、沙池区等，以满足儿童在户外玩耍和学习的需求。同时，安全性是儿童游乐区设计的重要考虑因素，应当采用安全材料和科学的设计手法，确保儿童的健康和安全。

在户外活动空间的合理布局中，设计者应当充分考虑不同年龄层次的居民需求，创造出一个多功能、宜人的户外环境。通过这种人性化的设计，社区居民可以在户外空间中得到满足，促进社区居民之间的互动和交流。

2. 人行道的便捷设计

人行道的便捷设计是景观规划中关注社区可步行性的重要方面。通过合理设置人行道，考虑到诸如交叉口、无障碍通行设施、适宜的道路宽度等多重因素，可以提高行人步行的便利性，从而鼓励居民更多选择步行，减少对机动车的依赖，进而减缓交通压力。

首先，人行道的设计应考虑社区的整体交通流线，通过合理设置行人道路网，确保其覆盖社区的关键区域。合适的道路宽度和人行道连接的便利性将直接影响行人出行的顺畅度。在设置交叉口时，要考虑到人行道的连续性，采用斑马线、过街通道等方式提高行人过马路的安全性和便捷性。

其次，无障碍通行设施的设计是人行道便捷性的重要组成部分。通过设置坡道、无障碍通道、触发式交通信号灯等设施，确保人行道对老年人、残障人士等群体的友好性。这有助于社区建立一个包容性的步行环境，使所有居民都能够轻松、畅通地出行。

最后，人行道的绿化和景观设计也是提高其便捷性的关键因素。通过在人行道两侧设置绿化带、小品景观，提供舒适的步行环境，同时引导行人的视线，增强步行的愉悦感。合理设置座椅、亭子等休憩设施，使人行道不仅是通行的路径，更是社区居民休闲和社交的场所。

通过这些人性化设计和便捷性考虑，社区的人行道将更符合居民的实际需求，提高可步行性，促使社区居民更加愿意选择步行作为日常出行方式。这对改善社区交通状况、提升居民生活质量具有积极的影响。

3.室外座椅和公共休闲区的设置

室外座椅和公共休闲区的设置在景观设计中扮演着重要的角色，为创造舒适的居住体验提供了支持。这一设计考虑不仅能够提升社区的整体形象，同时也为居民提供了多功能的休闲场所，促进了社交、阅读、休憩等活动，从而提高了生活满意度和社区凝聚力。

首先，合理设置室外座椅是提高居住体验的一项重要策略。在公共空间中布置舒适、多样化的座椅，如长椅、躺椅、园艺座等，为居民提供灵活的休息选择。这些座椅应当考虑到人体工学，保证坐姿舒适，同时在设计上注重美感，融入景观元素，增强空间的艺术性。

其次，公共休闲区的设置要充分考虑功能的多样性。除了座椅，休闲区还可以包括小品景观、户外雕塑、水景等元素，以丰富空间层次，提供不同类型的休闲选择。设置防晒设施，如凉亭、遮阳伞，可以使居民在户外休息的同时避免紫外线的直接暴晒。

再次，绿植在休闲区域的设置也是必不可少的。植物的引入不仅可以增加空气湿度、改善微气候，还能为休息区域增光添彩，创造更为宜人的环境。合理的绿植配置不仅提高了景观的观赏性，也有助于提升居住者的心理愉悦感。

最后，公共休闲区的设计要考虑到社区居民的多样性需求。通过举办社区活动、文化演出等，使公共休闲区成为社区凝聚力的重要场所。同时，引入具有互动性的设计元素，如游戏设施、露天广场等，激发居民参与积极性，增进邻里之间的交流。

二、居住环境的景观特征

（一）自然地貌的融入

1.地形与路径规划

在景观设计的过程中，充分融入自然地貌是确保居住环境与周边自然相辅相成的重要考量。特别是在山地区域，设计者需要深入了解社区的地形特征，以精心规划路径和设置植被，以创造出富有动态感、和谐、融合的景观。

首先，设计者应当深入研究社区的地形，理解山地区域的地貌特点。了解山川河流、高低起伏等地形信息，为景观设计提供基础数据。这项调研工作不仅包括地形的自然属性，还需考虑地形对风、阳光照射等方面的影响，为后续的路径规划提供科学依据。

其次，巧妙的路径规划是使居民在山地区域中欣赏美丽山景的关键。通过合理设置步道、观景平台等路径，使居民可以便捷而安全地穿越山地，同时最大限度地享受自然的美景。路径的设计不仅要符合人体工程学原理，还要融入地形的特色，形成具有艺术性的步行体验。

再次，植被的设置也是关键的设计元素。根据山地区域的特点，选择适应当地气候和土壤的植物，将其巧妙地融入景观中。在路径两旁或周围设置绿化带，既可以修饰环境，又能为居民提供清新的空气，构建起与山地相协调的生态体系。

最后，这样的景观设计不仅考虑了地形对路径的影响，也使居民能够更加亲近自然，体验到山地地貌的变化。这样的自然地貌融入不仅美化了社区，也提升了居住者的生活质量，为可持续的社区规划打下了坚实基础。

2.水系与景观连接

在自然地貌的景观设计中，水系的合理利用是设计的重要方面。水域如河流、湖泊等可以成为景观设计中引人注目的元素，通过巧妙设置水体，使其与自然地貌相互连接，形成一幅流动的画面。特别在山地区域，对水系的合理规划能够为景观增色，提升整体层次感。

首先，水系的引入可以为景观设计增添生机与动感。在山地区域，设计者可以通过设置涓涓细流或小型瀑布等水体元素，将地形高差与水流相结合，形成独特的景观特色。这种流水的动感既可以吸引居民的注意，又为整个社区创造了一种宜人的氛围。

其次，水体的设置不仅是为了美观，还可以改善当地的生态环境。水体在山地区域的流动不仅能够为植物提供水源，还有助于湿度的调节，改善周边的气候。合理设置水域可以促进植被的生长，形成生态系统，为居民提供更为宜人的居住环境。

最后，水体与地形的巧妙连接也是设计的重点。通过合理的路径规划和植被配置，使水体与周边的地形特色融为一体。设计者可以考虑在水域周围设置休闲区域，如水边散步道、休闲平台等，使居民可以近距离感受水体的魅力，提升社区的整体互动性。

（二）气候条件的调整

1.炎热地区的绿化和水体设计

在炎热地区的景观设计中，应采取一系列措施以提供凉爽的户外空间，有效缓解高温环境对居民的影响。以下是在炎热地区进行绿化和水体设计的方案。

首先，绿化是缓解高温的重要手段。通过增加绿化覆盖，选择适应高温环境的植物，能够有效遮挡炎热的阳光，降低地表温度。在炎热地区的景观规划中，可以选择抗旱、耐高温的树木和植被，如沙漠植物、多肉植物等，以确保绿化效果的持续稳定。

其次，水体设计是另一个重要的考虑因素。引入水体元素，如喷泉或人工湖，有助于通过水的蒸发来冷却周围环境。喷泉的水雾和水面的蒸发可以有效减缓空气温度的上升，形成微小的水循环，为居民提供清凉的氛围。人工湖不仅可以为社区增加景观层次感，还能通过水的储存和蒸发，减缓周围区域的热量积聚。

在设计过程中，需要考虑水体的合理布局，以确保其在整个社区中均匀分布，为不同区域提供相应的冷却效果。同时，还需注意水体的维护，以保证其长期稳定运行，发挥最佳的环境调节作用。

2.寒冷地区的庇护空间设计

在寒冷地区的景观设计中，创造有遮蔽的保暖空间是至关重要的，旨在提供居民在寒冷季节中的遮风挡雨、温暖舒适的户外场所。以下是在寒冷地区进行保暖空间设计的策略。

首先，林荫道的设置是一种有效的方式。通过在社区内部或主要交通路径旁边种植茂密的树木，可以形成林荫道，为行人提供遮风挡雨的空间。这不仅能有效减少风力对行人的影响，还能在夏季提供清凉的环境，形成四季宜人的景观。在树木的选择上，适应当地寒冷气候的树种是关键，确保其在冬季依然具有较好的遮蔽效果。

其次，公共休闲区域应当考虑采光良好的温暖角落。在开放空间中设置具有采光功能的温暖角落，通过合理的建筑或景观元素，形成遮风挡雨的微环境。这些角落可以成为社区居民在寒冷季节进行户外活动、社交或休息的理想场所。温暖的阳光和遮蔽结合，为寒冷季节提供宜人的户外体验。

在设计过程中，需要考虑保暖空间的布局，使其在社区内分布均匀，为不同区域提供遮风挡雨的场所。同时，要充分考虑建筑结构和植被的协同作用，以创造既实用又美观的空间。

（三）历史文化的融入

1.雕塑与装饰性元素

在景观设计中，雕塑和装饰性元素的运用是弘扬当地历史文化的有效手段。

通过巧妙融入雕塑、装饰性元素等设计元素，可以为社区创造独特的文化氛围，传递当地传统文化的内涵。

首先，雕塑作为一种艺术形式，具有独特的表现力。社区内的雕塑可以成为文化的象征，代表着社区的特色和独特性。例如，图 2-1 所示的小鹿雕塑可能代表着当地的动植物资源或者特有的地理特征，通过雕塑的形象化表达，增强了社区的标识性，使其在居民心中留下深刻的印象。

图 2-1　小鹿雕塑

其次，装饰性元素的巧妙运用能够丰富社区的环境氛围。比如，图 2-2 展示的涟漪铺装可能不仅是一种道路材料，更是一种艺术设计，通过形态和颜色的设计，展现了水波纹的效果，与水系或湖泊相得益彰，使整个社区更具艺术感和生命力。

图 2-2　涟漪铺装

最后，会客廊架等建筑的装饰性元素也是景观设计中的重要组成部分。这些元素不仅提供了休憩和社交的空间，同时也可以成为社区活动的场所。图2-3中的会客廊架可能是一个社区活动中心，为居民提供了丰富多彩的社交和文化体验。

图2-3　会客廊架

在设计过程中，要注重雕塑和装饰性元素与社区整体风格的协调，使其融入环境，不显突兀，同时又能够有效地传达特定文化信息。这种整合当地文化元素的设计理念有助于提升社区的文化品位，促使居民更好地理解和热爱自己所在的社区。

2. 文化主题的庭院设计

引入文化主题的庭院设计是景观规划中的一项重要策略，旨在通过庭院的布局、植物选择、雕塑等元素，展现社区的历史文化，创造具有独特文化氛围的居住环境。

庭院设计可以分为中式庭院和西式花园等多种文化主题，每种主题都反映了不同地域和文化传统的特色。例如，图2-4所示的休闲茶座可能是一个中式庭院的设计，通过独特的亭台楼阁、假山水池等元素，营造出富有中国传统文化氛围的场所。而图2-5中的桃花雕塑可能呈现的是一个强调花园景观的西式设计，凸显自然、浪漫的风格。

图 2-4　休闲茶座

图 2-5　桃花雕塑

文化主题的庭院设计在传承社区历史文化方面具有显著的作用。首先，通过雕塑和装饰性元素，设计者可以展现社区独特的文化符号，如图 2-5 中的桃花雕塑可能代表着某种传统的文化寓意。其次，庭院中的休闲茶座等设计元素能够为居民提供一个休闲社交的场所，促进邻里关系的形成和社区文化的传承。最后，文化主题庭院的引入还能够为社区增色不少。通过在庭院中巧妙融入植物、庭院家具、文化装饰等元素，打造一个具有特色的庭院空间，提升社区的整体品质。这种设计理念使庭院不再仅是居住区域的一部分，更是承载着文化记忆和社区认同感的场所。

第二节 居住环境空间构成体系

一、空间构成体系的概念与分类

空间构成体系是景观设计的核心概念，旨在有机整合居住环境中的各个空间元素，创造有序、协调且具有整体感的空间结构，提升居住环境的质量与舒适度。

（一）私密空间

私密空间是为个体或小群体设计的私人领域，强调居住者的个人隐私和独立性。在景观设计中，私密空间的创造需要考虑居住者的隐私保护需求，通过布局、植被、围墙等手段，形成与外界隔绝的个性化空间。

1. 特点

私密空间在景观设计中具有显著的特点，其设计着眼于提供独立性和个性化的居住体验，通常涵盖庭院、阳台等私人领域，为居民打造安静、私密的休憩和社交场所。

在私密空间的设计中，注重居住者的独立性是关键因素。通过巧妙的布局和规划，设计者可以创造出独立、封闭的空间，让居民在这个私密领域内获得隐私感和个性化的体验。庭院和阳台作为私密空间的代表，通过设计高低错落的植被、合理设置独立入口等手段，将居住者与外部环境隔离开，形成一个属于个体或小群体的独特天地。

除了独立性，个性化也是私密空间的显著特征。设计者在私密空间的规划中，通常会考虑居民的个性化需求，以满足他们对居住环境的独特期望。这可能涉及个性化的庭院布局、绿植种植、家具摆放等方面，通过注入居民个性元素，使私密空间真正成为居民个性和品位的展示场所。

私密空间的关键目标之一是提供安静、私密的休息和交流场所。通过景观设计的手法，私密空间可以被打造成一个远离喧嚣的角落，提供居民独处、休息、社交的场所。合理的植被配置、良好的照明设计，以及人性化的座椅设置等，都可以共同营造出一个宜人、私密的氛围，使居民在其中获得放松和愉悦的体验。

2. 设计要点

私密空间的设计要点包括合理的布局和个性化元素，这些方面的考虑是确保私密空间达到预期效果的关键。

首先，合理的布局设计是私密空间设计的基础。通过采用独立的入口或屏蔽性植被等手段，设计者可以创造出令人感到独立和隐蔽的私密空间。独立的入口可以将私密空间与主要居住区分隔开，提供更为私密的进入通道。屏蔽性植被的巧妙布置则可以形成自然的屏障，既增加居住者的独立感，又为私密空间注入生机与美感。通过精心设计的布局，私密空间可以在整体景观中脱颖而出，成为一个引人注目的独立区域。

其次，个性化元素的加入是私密空间设计的另一个要点。通过个性化的庭院设计、专属装饰等方式，私密空间可以充分体现居民的个性和品位。个性化庭院设计可以包括植物的选择、景观元素的布置、家具的摆放等，从而为私密空间赋予独特的氛围。专属装饰可以涉及艺术品、雕塑、照明等元素，通过个性化的装饰，使私密空间更符合居民的审美需求。这些个性化元素不仅提升了私密空间的艺术价值，也使其成为居住者独特品位和生活方式的展示场所。

（二）半公共空间

半公共空间介于私密空间和公共空间之间，强调邻里之间的交流和社区共享。它旨在打破个体空间的封闭性，促进社区的互动与共享。

1. 特点

半公共空间作为邻里交流的场所，在景观设计中具有独特的特点，主要体现在社区联系和共同体验的方面。

半公共空间的设计旨在打造邻里之间的交流平台，其中典型的场所包括社区花园和小广场等。这些空间强调的不仅是个体的独立享受，更是社区成员之间的联系和共同体验。在社区花园中，居民可以共同参与植物的养护和园艺活动，通过共同劳动形成邻里之间的合作与交流。小广场则常常是社区活动和集体庆祝的场所，促使社区成员共同参与、共同分享欢乐时光。

半公共空间的特点之一是空间的开放性。这些场所通常被设计成开放式的环境，方便居民流动，促进邻里之间的面对面交流。在社区花园和小广场中，人们可以随意漫步、坐下休憩，自然形成邻里之间的友好互动。这种开放性的设计有助于打破居住者之间的隔阂，加强社区的凝聚力。

另一个显著的特点是空间的可变性。半公共空间需要适应不同的社区活动和居民需求，因此设计上通常考虑了多功能性和灵活性。社区花园可能既是居民们聊天休息的场所，也可作为小型社区活动的举办地。小广场可能既是儿童游戏的空间，也可变成临时的户外聚集场地。这种可变性使半公共空间成为适应多样化社区需求的重要元素。

2. 设计要点

考虑空间的开放性和可变性，提供灵活的布局，创造一个鼓励邻里互动的环境；合理的设施配置，使半公共空间适应不同的社区活动。

（三）公共空间

公共空间是为整个社区居民提供集体活动和体验的场所，强调社区的共同体验和集体活动。这类空间不仅是居民日常生活的一部分，也是社区文化和社会关系的重要载体。

1. 特点

（1）开放性

开放性是公共空间的首要特点，体现在空间的布局和设计上。公共空间通常采用开放式设计，避免封闭和孤立感，使其成为居民自由进出、参与社区生活的场所。这种开放性不仅方便了居民的流动，也为人们提供了一个无障碍的社交平台。在公共广场、公园等空间，开放性的设计允许居民自发组织各种活动，如聚会、运动、交流等，从而打破了个人空间的封闭性，促进了邻里之间的互动与交流。此外，开放性设计还强调空间的可达性，确保所有居民，尤其是行动不便者，能平等地享受公共空间的福利。通过合理布置入口、通道、步道等设施，公共空间能够成为一个包容性强的共享环境，推动社区成员之间的相互理解和关系的深化。

（2）集体感

公共空间在设计中不仅注重空间的物理属性，更强调其在心理层面上的作用，即增强社区的集体感。集体感通过提供共同参与的活动场所而得到强化，这些场所包括广场、公园、社区中心等，这些空间能够承载社区集会、节日庆典等活动，成为居民共度时光、分享快乐的地方。在这些活动中，公共空间作为舞台，扮演着连接社区成员情感纽带的重要角色。集体感的增强还可以在空间中引入象征性元素，如纪念碑、社区标志等，这些元素不仅提升了空间的象征意义，也为社区居民提供了共同的认同感和归属感。通过这种集体感的塑造，公共空间不仅是物理场所，更成为社区文化和社会资本的重要构建平台。

（3）多功能性

公共空间的多功能性是其适应社区多样化需求的关键。现代社区的公共空间不再局限于单一用途，而是能够灵活承载多种活动形式。这种多功能性要求公共空间在设计时具备足够的弹性，以适应不同规模和类型的活动。例如，一个公共广场可能在白天用于儿童游乐和老人散步，在晚上则转变为社区电影放映场地或文化演出的舞台。为了实现这种多功能性，设计师需要在空间布局中充分考虑设施配置的灵活性，如可移动的座椅、可拆卸的舞台、适应多种用途的地面材料等。此外，多功能性的实现还依赖于空间的物理结构，如开阔的平面设计、良好的交通连接等，这些都为公共空间的多样化使用奠定了基础。多功能性的公共空间不仅满足了社区的多样化需求，也为居民提供了丰富的生活体验，提升了社区的整体活力。

2. 设计要点

（1）多功能性和通达性

在设计公共空间时，首先需要考虑其多功能性和通达性。多功能性要求公共空间能够适应社区内不同年龄、性别、兴趣的居民的需求，从而为各类活动提供可能性。这一目标可以通过多层次的空间规划来实现，例如设置开放的草坪区域用于自由活动，同时在空间边缘设计较为私密的角落供安静的休憩。通达性则涉及公共空间的易进入性，确保所有居民，无论是步行、骑行，还是乘坐轮椅，都能够方便地进入和使用这些空间。为了增强通达性，设计师应充分考虑无障碍设计原则，如坡道、无障碍通道以及便捷的指引标识。通过确保公共空间的多功能性和通达性，设计师能够打造出一个灵活、包容的社区空间，满足居民的各种需求，并促进社区的整体和谐与互动。

（2）集体感的增强

为了进一步增强公共空间的集体感，设计师应在空间中引入公共艺术和文化元素，这些元素不仅能够提升空间的美学价值，还能够强化社区的文化认同。例如，在公共广场上设置雕塑、壁画或装置艺术，不仅为空间增添了视觉焦点，也为居民提供了一个可以共同讨论和分享的文化话题。此外，设计师可以通过组织社区居民参与活动，如艺术创作、节日庆典等，直接将社区的文化元素融入公共空间设计中，使居民感受到强烈的参与感和归属感。集体感的增强还可以通过公共空间的象征性设计来实现，例如在社区中心设置纪念碑、历史遗迹或文化符号，强化空间的独特性和历史感。

二、居住环境中的空间元素

（一）居住区环境空间的组织形式

居住区按规模分为居住区、居住小区和住宅组团。景观设计要根据空间的开放度和私密性来组织空间。

1. 定向开放空间

首先，居住区作为独立生活居住的地段，其规模较大，一般包含若干小区，构成一个相对庞大的社区。这一社区规模通常涵盖 1 万~1.5 万户，相当于 3 万~5 万人，相当于城市街道办事处的管理范围。由于其大规模和由城市主要道路划分而成的特性，居住区形成了一种建筑群围合的状态，这使得定向开放空间成为该区域的重要空间类型。

其次，定向开放空间的特征在于其空间形态呈现出三面"合"而一面"开"的布局。这种空间设计的特殊性在于通过建筑群的布局使得三面形成一种相对封闭的状态，而另一面则向外敞开。这种布局有利于借用外部风景进行空间组合，使得居住区内的居民能够在相对封闭的环境中享受外部的景观。

再次，定向开放空间的方向性是其一个显著特点。由于三面"合"而一面"开"的设计，这种空间具有明确的方向性，使得整体空间在布置植物配景或地形时必须保持原有的特性。这意味着在设计过程中需要考虑如何最大限度地利用外部的自然风光和地貌特征，以确保居住区内的定向开放空间与周围环境相协调，形成一种和谐的空间氛围。

最后，定向开放空间的空间组合需要在整体安排中充分考虑植物配景和地形的布局。在植物的选择上，应当结合空间的方向性和外部环境，合理选用植物种类。这不仅能够美化空间，还能够在不同季节呈现出多彩的景色，增加居民的生活愉悦感。通过精心的植物配置，定向开放空间可以在四季更替中展现出不同的面貌，为居住区增色添彩。

2. 开放空间

首先，小区广场作为典型的开放空间，在居住小区的规划中具有重要的地位。居住小区是由若干住宅组成的区域，而小区广场则作为人们聚集和活动的核心场所，扮演着社交、文化和休闲功能的重要角色。在小区规划中，合理设置小区广场能够提升居住者的生活质量，促进社区的凝聚力。

其次，小区广场的位置通常被设置在小区的中心处，使建筑物围绕在广场四周。这种布局形成了一种放射型的空间结构，将广场作为空间的中心点，辐射出去的建筑形成一定的内向性。这种设计不仅使广场成为小区内的中心聚集地，同时也为周边的居民提供了便利的交通和社交场所。

再次，小区广场在空间组合中具有独特的功能。作为人们聚集和活动的场所，广场的设计要考虑到多样化的使用需求。广场可以设置休憩区、游玩设施、文化展示区等，以满足不同居民的需求。同时，广场与周边的建筑物相结合，形成了一种开放的空间氛围，使居住者在其中能够感受到宽敞、明亮。

最后，小区广场的设计需要注重与周边建筑物的结合。广场与建筑物之间的协调关系对整体空间的美观和实用至关重要。在设计中，可以通过考虑建筑物的外观、高度、造型等因素，使其与广场形成有机的空间连接。这不仅能够提升广场的视觉效果，还能够创造出更具艺术性和宜居性的居住环境。

3. 组合空间

组合空间的具体呈现形式之一是住宅组团，这是由若干栋住宅建筑物组成的空间结构。当这些住宅在有限的空间内呈现带状分布时，便构成了组合空间的独特表达方式。这种形式的空间设计在拐角处呈现出转折，进入另一个小空间。值得注意的是，这个小空间中可以穿插各种微型服务设施，例如，小百货店、烟杂店、卫生站和自行车存放处等，这些服务设施直接关系到居民的日常生活。

在组合空间的设计中，微型服务设施的巧妙设置使行人在空间中穿行时，其注意力不断变化。各个小空间在行人的视野中时隐时现，形成一种引人探索的感觉。这种空间效果犹如造园艺术中的步移景异，通过巧妙的设计，使行人在空间中的体验更为丰富多彩。

组合空间中的微型服务设施的穿插不仅为居民提供了便利，更为整个空间增添了生气和活力。这种空间设计不同于传统的规整布局，而是在空间中形成了曲折的路径，使得行人在其中产生一种游走的感觉。这样的设计方式创造了一个多样化的环境，通过引导行人的视线，激发了他们对空间的好奇心和探索欲望。

在组合空间的设计中，注意力还需放在行人的体验上。小空间的转折和微型服务设施的穿插，使行人的视野时而开阔、时而狭窄，产生一种动态变化的效果。这种设计巧妙地引导了行人的步伐，让他们在空间中感受到不同的景物和氛围。这种步移景异的设计手法与造园艺术中的景观设计有异曲同工之妙，都追求在有限的空间内创造出多样化的景观体验。

4. 特殊的空间形式

在居住空间中，特殊空间形式呈现出多种多样的类型，其中包括异形空间、生态空间和巨型空间等。在这众多的特殊空间形式中，直线型空间是一种相对常见的设计形态。直线型空间的形态呈长条状或狭窄状，通常在空间的一端或两端开口，使人在空间入口处能够看到其尽头。这种空间设计在居住区道路设置或步行街设置中较为适用。

直线型空间的特征在于其两侧相对狭窄，不宜放置过多或过于引人注意的景物，从而可以将人们的视线引向地面标志或标志性建筑物。这种设计手法有助于引导人们的视线焦点，使其专注于空间的特定标志，从而创造出一种独特而集中的视觉效果。这在居住区的道路设置中尤为有用，能够使行人在行走过程中更为集中地关注道路两侧的景物。

在直线型空间的设计中，常见的应用场景包括街道两侧统一规划的店铺，形成一片整体的商业区域。这样的布局不仅有助于商业的集中管理，也使整个空间形成一种有序而和谐的氛围。同时，为了凸显直线空间的独特性，可以在街道的中央或尽头设置标志性的雕塑或建筑物，成为空间的焦点和标志。这种标志性元素的引入既能够丰富空间的层次，又能够为居住区增加独特的地标。

（二）居住区环境空间的构成元素及其运用

点、线、面、体四个元素不但是"三大构成"的基础，也是体现居住区空间的构成元素。点、线、面、体相结合，构成环境空间中的重要元素，是整个居住区环境空间设计中的精彩所在。

1. 点的空间元素

点是空间构成形态中最小的单元——点排列成线，线堆积成面，面组合成体。点的形态在居住空间中处处可见，如广场中心处的雕塑就是在空间中点的运用。因此，把空间中的某些实体看作空间中的一个点，是完全符合实际的，这些实体形态的尺度与环境的比例关系取决于人的观察位置和视野的变化。

（1）绿化营造出的点形态

在居住环境空间中，绿化被广泛运用，以点的表现手法为特色。这种设计手法将硬质景观与绿化等软质景观相结合，通过比例和色彩的协调，创造出点形态的绿化效果。绿化设计必须与居住区整体风格相呼应，不同居住区的设计风格将呈现出不同的绿化配置效果，起到一定的点缀作用。在城市设计和园林设计的一般规律中，对景、轴线、视觉走廊以及空间的开合等也是通用的设计原则。

除了作为点缀的设计手法，绿化还能发挥多重功能。首先，绿化在心理层面上起到促进人的身心健康的作用。通过营造宜人的绿化环境，可以提高居民的生活质量，缓解城市居住压力，促进身心的放松和愉悦。其次，绿化具有调节人的心理和生理作用，为环境增添情趣并起到标志性作用。通过不同类型的植物和景观元素的搭配，可以创造出多样化的绿化效果，使居住区更具特色和个性。

物理功能方面，绿化还具有释放氧气、净化空气、调节空气温度和湿度的作用。植物通过光合作用释放氧气，同时吸收二氧化碳，对改善空气质量起到积极作用。绿化还能通过蒸腾作用调节空气湿度，提高居住环境的舒适度。此外，绿化还具有隔音、隔热、保湿与防风、防灾避灾等防护功能，提高居住区的整体安全性。

最后，居住区环境中的绿地不仅可以美化环境，还能够获得较好的经济效益。通过精心设计和管理，绿地可以成为居住区的亮点，吸引更多人前来居住和参观，从而提升区域的地产价值。绿地的经济效益还体现在其能够为居民提供休闲娱乐的场所，促进商业活动的开展，为整个社区的繁荣做出贡献。

（2）居住区小品设计营造出的点形态

在居住区的小品设计中，小品可分为服务设施和景观小品两大类。服务设施包括路灯、指示牌、信箱、垃圾桶、公告栏、电话亭、自行车棚等，这些公共服务设施在居住区中起到了重要的功能性作用。而景观小品则包括路边的雕塑、休闲座椅、植物配置、灯具等，这些元素共同构成了居住区最基本的景观小品设置。

居住空间中的小品设置是在有特色的地段进行布置的，例如湖畔、池边、岸边、林下等地。桌、椅、板、凳等小品通常被巧妙地点缀在这些地段，营造出舒适而具有特色的休憩场所。而灯具的种类也是多种多样，包括广场灯、草坪灯、门灯、泛射灯、建筑轮廓灯、广告霓虹灯等。不仅如此，路灯还可以根据位置的不同分为主干道灯和庭院灯，具有引导性照明、特色照明、大面积照明等功能。

雕塑小品在居住区中起到了独特的装点作用，分为圆雕和浮雕，使用的材料包括石、木、金属、玻璃钢等。不同材料带来不同的质感和造型效果，例如石雕和木雕呈现朴实素雅，而金属雕塑则色泽明亮富于现代感。雕塑的题材也丰富多样，包括人物雕塑、动物雕塑、植物雕塑等，要求与基地环境和居住区风格主题相协调。

优秀的雕塑小品往往具有画龙点睛、活跃空间气氛的功效。此外，小品设置还包括园艺小品等，这些设施的造型日趋美观、精致，成为居住区环境空间精美的点缀品。这些小品的设计与配置不仅提升了居住区的美感，同时也为居民提供了丰富多样的休闲场所，促进了社区的活力和凝聚力。在未来的居住区规划和设计中，应当重视小品设计的细致和与整体环境的协调，以创造更为宜居和富有活力的居住空间。

2. 线的空间元素

首先，线作为点的无限延伸，在景观空间中呈现出直线和曲线两大类。直线具有刚劲挺拔的明确感，而曲线则具有柔美、连贯的特性，其丰富的变化更能吸引人的注意。这两种线在空间中无处不在：横向如蜿蜒的河流、交织的公路、道路的绿篱带等；纵向如高层建筑、环境中的柱子、照明的灯柱等。

其次，道路作为一种直线形式的线元素，在空间中扮演着重要的角色。道路的设置不仅起到疏导交通、组织空间的作用，而且好的道路设计本身也成为居住区环境的一道亮丽风景线。在道路的功能分类基础上，进行细部组织设计，确保道路在满足交通功能的同时，为人们提供安全、便捷的出行环境。

再次，水景元素（如河道和驳岸）在居住环境空间设计中扮演着重要的衬托角色。这些水景可以分为静态水景、动态水景和瀑布。在硬质空间设计中，需要巧妙地调控水景的形状和材质，通过控制水流速度、池底形态等因素，创造出动静结合、错落有致、自然与人工交融的水景。水池在现代居住区景观设计中常以游泳池的形式呈现，池底铺以瓷砖或马赛克，多以图案和装饰元素凸显主题。灯光、喷泉、绿化和栏杆等配套装饰进一步丰富了水池景观，形成居住区内多视线、全天候的标志景观。

最后，线的空间元素在居住环境中通过道路和水景的设置，以及这些元素的设计与组织，不仅具有实用性和功能性，还能创造出美观、宜人、引人入胜的居住空间。在未来的城市规划和景观设计中，应注重线元素的精致处理，以打造更富有特色和人文氛围的城市环境。

3. 面的空间元素

首先，面作为线移动的轨迹，在景观空间中呈现出宏大和轻盈的特征。面的运用可以从以下三个层面进行考虑：顶面、围合面和基面。

顶面是指空间中的遮蔽面，可以是自然界的蓝天白云；浓密树冠形成的覆盖面；亭、廊的顶面。这些顶面不仅提供遮蔽功能，还创造出宏大而美丽的天空景观。围合面则是从视觉、心理及使用方面限定空间围合的面，可以是虚实结合的抽象形态，也可以是实体的建筑结构。基面指空间中的基础支撑面，可以是铺地、草地、水面等，为人们在空间中的活动提供有形支撑。

其次，面在居住区环境空间中的具体运用可以以地面铺地为例。地面铺地的设计要考虑多个方面。第一，要避免在下雨天出现泥泞难行的情况，同时确保地面在高频度、大负荷之下不易损坏。第二，地面铺地的设计要创造出优美的地面景观，通过材质、颜色、肌理、图案的变化营造出富有魅力的路面和场地景观。第三，地面铺地具有分割空间和组织空间的作用，同时能够组织交通和引导游览，提升居住区的整体环境品质。

在居住区中，广场是人们流通和逗留的重要场所，因此地面铺装在广场设计中显得尤为重要。在规划设计中，通过整体路面的铺设，可以创造出具有高差、多材质、多颜色、丰富肌理和独特图案的路面景观。常见的铺地方法包括块材铺地、碎石铺地、综合铺地等，而广场砖、石材、混凝土砌块、装饰混凝土、卵石、木材等是常用的铺地材料。

最后，优秀的硬地铺装往往需要别具匠心，注重装饰美感。材料的选择和设计的创新可以为硬地铺装带来丰富的视觉和触觉体验。例如，在某小区的装饰混凝土广场中嵌入孩童脚印，通过独特的设计手法呈现出方向感和趣味性。此外，现代园林中的"枯山水"手法则运用石英砂、鹅卵石、块石等元素，塑造出类似溪水的形象，展现出写意的韵味，是一种新颖的铺装手法。

4. 体的空间元素

首先，体作为空间元素，是由面移动而成的，它不仅通过外轮廓表现，还可以从不同角度呈现出不同形貌。在景观空间中，体可以包括各种各样的元素，如建筑物、树木、石头、水景等，它们的多样性和组合丰富了整个景观空间。

其次，空间中的体具有多种形态，其中宏伟而巨大的形体，如宫殿、巨石等，往往引人注目，使人感到崇高和敬畏。这些庞大的体量在空间中独特而显赫，成为景观的焦点。这样的体量不仅在视觉上产生震撼，也在心理上引发人们的敬意和惊叹。

再次，空间中的体还可以是小巧而亲切的形体，如洗手钵、园灯等。这些小型的体量虽然不如宏伟的建筑物那样引人注目，却具有亲切感，富有人情味。它们常常作为景观中的点缀，为整体空间增添温馨和趣味。

最后，体在景观空间中的存在不仅是单一的元素，更是通过不同形态的组合，创造出丰富多彩的景观。建筑物、树木、水景等不同的体，通过巧妙的布局和设计，形成空间中的层次与和谐。这种多样性的体量组合为居住区的景观提供了独特的魅力，使整个空间更具动态和生机。

5.点、线、面、体在空间中的组合

首先，点、线、面、体在空间中的组合呈现出多层次、丰富多彩的居住区环境。相互交织的道路、河道等线性元素贯穿整个居住区，形成有机的交通网络。这些线性元素不仅连接了居住区的各个角落，还通过点的元素点缀，使得整个空间变得井然有序。点的设置可以是景观小品、服务设施，如路灯、休闲座椅、植物配置等，它们为线性元素增添了点缀和亮点，提升了空间的美感和舒适度。

其次，居住区的入口或中心等地区，线与线的交织与碰撞形成面的概念。这些面可以是广场、花坛、绿地等，是整个居住区空间中的高潮。广场作为面的代表，是人们活动、聚集、休憩的场所，通过线性元素的组织形成了多样性的广场形态，如正方形、圆形、不规则形状的广场等，展现出空间中的多样性和丰富性。花坛和绿地作为面的元素，通过巧妙的布局和植物的点缀，为居住区增添了自然的氛围，使空间更具生机和活力。

再次，高大的、小巧的体综合在空间中。建筑物作为空间中的主体，具有宏伟而引人注目的形态，成为整个居住区的地标。小巧的体如雕塑、景观小品等，通过点的设置和线性元素的衬托，为空间增色添彩。这些体的组合使得居住区不仅有鲜明的视觉焦点，还创造了丰富的立体感和层次感。

最后，点、线、面、体的相互结合是居住区空间设计的基本原则，它们之间的协调与融合构建了一个完整而有机的空间环境。点、线、面、体的组合不仅满足了居住区的功能需求，更创造了美学和艺术的价值。在未来的居住区规划和设计中，应充分考虑这四个空间元素的相互关系，以打造更具品质和宜人的居住环境。

第三节　居住环境景观设计方法与程序

一、景观设计的常用方法

（一）场地分析方法

1.自然条件分析

通过深入研究场地的自然条件，包括地形、土壤、水文等方面的因素，我们能够揭示自然环境对景观设计的深刻影响。地形作为一个重要的自然要素，不仅影响着水流的走向，还在很大程度上塑造了场地的整体形态。通过分析地形，我们可以了解到地势的高低差异，这对决定建筑物的位置、景观元素的布局，以及水体的引导都具有重要的指导意义。

土壤是另一个需要深入研究的自然要素。不同类型的土壤具有不同的透水性、肥力和固结性等特点，这直接影响到植物的选择和生长状况。合理地利用土壤特性，选择适应性强的植被，有助于提高绿化效果和生态环境的可持续性。同时，土壤的固结性也对建筑物的基础设计产生直接影响，因此在设计过程中需要考虑土壤的力学性质。

水文条件的分析同样至关重要。通过了解水体的分布、水文循环等情况，我们能够更好地规划水景元素，合理利用水资源。阳光照射和风向风速也是需要充分考虑的因素。合理规划建筑的朝向和布局，以及设置遮阳和风景观防护带，有助于提高居住者的生活舒适度。

这些自然条件的详细分析为后续的景观设计提供了基础数据和科学依据。通过深入了解场地的自然环境，设计师能够更好地利用自然要素，使设计更加贴近实际情况，实现与自然的和谐共生。

2.人文条件分析

人文条件分析是景观设计过程中不可或缺的一环。它通过调查场地的历史、文化、社会特征等人文因素，旨在深入了解场地的文脉和社会背景，以便更好地融入当地文化并满足居民的需求，实现景观设计的人文情感共鸣。

历史是一个地区的灵魂，通过研究场地的历史，我们能够发现当地的传统、习俗和历史事件，这些元素都可以成为景观设计的灵感源泉。考察历史建筑、文化符号等，有助于保留并传承当地的文化遗产，使景观在历史的基础上有所延续和发展。

文化是一个社区的独特标志，了解场地的文化特征，包括语言、宗教、传统工艺等，能够为景观设计提供丰富的元素。在设计过程中，可以融入当地特有的艺术表现形式、装饰风格，以及反映文化内涵的景观元素，从而创造出富有当地特色的居住环境。

社会特征是指居民的生活方式、社会结构等因素。通过社会调查，了解社区的居民构成、社交活动、居住习惯等，设计师可以更好地满足居民的需求。考虑到社会多样性，设计可以更加包容，服务更广泛的居民群体，实现社区的共融与和谐。

人文条件分析的重要性在于通过深入研究场地的人文环境，能够为景观设计提供深厚的文化内涵和社会背景，使设计更具有当地特色和社区认同感。这种人文关怀不仅可以增强景观的可持续性，还能够在设计中体现对当地居民的尊重和关注，为居住环境注入温馨和情感。

3. 生态系统评估

生态系统评估是景观设计中至关重要的一步，通过对场地的生态系统进行全面的评估，包括植被类型、野生动植物分布等生态信息的调查，旨在为设计提供生态环境的科学依据，以实现景观设计的可持续性，并促进对生态环境的有效保护和改善。

植被类型的评估是评估生态系统的关键步骤之一。通过详细研究场地上的植被分布、种类和数量，设计师可以了解到植被对水土保持、生态平衡，以及气候调节等方面的影响。同时，植被的选择也直接关系到景观的美观性和适应性。通过综合考虑植被的特性，可以在设计中合理安排植被的布局，实现生态系统的动态平衡。

野生动植物分布的评估同样至关重要。了解场地上野生动植物的分布状况，有助于设计师制定合理的保护策略，保留和提供适宜的栖息地。在景观设计中，可以通过设置生态走廊、野生动植物保护区等方式，促进野生动植物的迁徙和繁衍，增强生态系统的健康和多样性。

生态系统评估的目的在于将自然环境与人类活动相融合，实现生态与人文的和谐共生。通过科学的评估方法，设计师可以更好地理解场地的生态系统结构和功能，为后续设计提供科学依据。在景观设计中，将生态系统评估纳入考虑范围，有助于创造出具有生态友好性的景观环境，为人们提供宜居的居住空间。

4. 规划法分析

规划法分析是景观设计中的关键环节，通过对场地进行规划法的综合分析，考虑其未来发展方向和规划限制，以确保设计与城市规划相协调，使景观设计成为整体城市发展的有机组成部分。

规划法的运用包括对场地的合法用途、用地政策、土地利用规划等进行全面研究。设计师需要深入了解城市的总体规划，了解场地的用地性质和规模，以确保设计在法律和规划的框架内进行。通过对用地政策的研究，设计师可以更好地把握场地的发展潜力，为景观设计提供更有前瞻性的规划方案。

考虑场地的未来发展方向是规划法分析的另一重要内容。通过对城市的未来发展规划和趋势的研究，设计师可以预测场地在未来可能面临的发展需求和变化。这有助于制订灵活的设计策略，使景观设计更具前瞻性和适应性。例如，如果场地被规划为未来的商业区域，设计师可以在景观设计中融入商业街区、休闲广场等元素，以满足未来商业活动的需求。

同时，规划法分析还需要考虑场地的规划限制。这包括但不限于环保要求、交通规划、建筑高度限制等。通过了解这些规划限制，设计师可以在设计中充分考虑，并提前规避潜在的问题，确保设计在规划框架内得以顺利实施。

（二）居民需求调查方法

1. 调查问卷

设计和实施调查问卷是社区居住环境设计中一项关键的任务。通过采用科学的方法，能够全面了解社区居民对居住环境的期望和需求，为后续的景观设计提供有利的参考和指导。

在设计调查问卷（详见附录一）时，需要综合考虑公共设施、绿化、休闲空间等多个方面，以确保能够涵盖社区居民关注的各个方面。问卷的内容应该设计得简明扼要，既能够全面了解居民的意见，又不过于冗长，以避免引起居民的疲劳和不耐烦。例如，可以设计关于社区公园、儿童游乐设施、街道绿化等方面的问题，以探讨居民对这些公共空间的满意度和改进建议。

在实施调查问卷时，可以采用多种途径，包括在线调查、纸质问卷、面对面访谈等方式，以确保覆盖社区居民的广泛群体。此外，为了提高回收率，可以考虑设置一些奖励机制，激发居民参与的积极性。

通过调查问卷收集到的数据将成为后续景观设计的基础。设计师可以从中提炼出居民对公共设施的需求、对绿化的期望、对休闲空间的喜好等信息，以指导后续的设计方向。此外，通过分析问卷结果，设计师还可以发现一些潜在的问题和矛盾，为解决社区居民关注的重点问题提供依据。

2. 座谈会

组织居民座谈会是社区居住环境设计中一项重要的参与方式。通过直接与居民进行互动，设计者能够深入了解他们的需求、期望以及对居住环境的看法，从而为设计提供更加贴近居民需求的方案。

座谈会的组织可以采用多种形式，包括小组座谈、全员座谈等。在座谈会上，设计者可以向居民介绍设计的初衷和方向，同时主动听取他们的建议和反馈。这种直接的互动方式有助于建立设计者与居民之间沟通的桥梁，增强设计的参与性和民主性。

在座谈会中，设计者可以向居民了解他们的生活方式、文化习惯，以及他们对社区公共空间、绿化、交通等方面的看法。这种深入了解社区居民的方式，能够为设计提供更加全面和精准的信息，确保设计方案符合社区的实际需求。

座谈会的过程中，设计者还可以通过与居民的交流，挖掘出一些潜在的问题和争议点。例如，居民对某个公共设施的需求是否一致、是否存在一些文化上的差异，这些都是设计者需要考虑的因素。通过座谈会上的互动，设计者能够更好地理解社区的多样性和复杂性，为设计提供更加充分的信息。

最终，通过参与座谈会，设计者能够制订更加符合社区实际情况的设计方案。这种参与性的设计方法不仅能够提高设计的质量，还能够增进设计者与居民之间的合作关系，促进社区居住环境的共建共享。因此，座谈会作为社区居住环境设计中的一项有效方法，具有重要的学术价值和实践意义。

3. 参与式设计

参与式设计是一种鼓励居民积极参与社区居住环境设计的方法，通过工作坊、社区会议等形式，让居民直接参与并表达他们对居住环境的理念和期望。这一方法有助于设计更符合社区精神的景观，提高设计的参与性和适应性。

在参与式设计中，设计者与居民进行密切的合作，将设计过程变得更加开放和透明。通过组织工作坊，设计者可以向居民解释设计的目标和原则，同时邀请他们分享自己的看法和意见。社区会议则是一个集体参与的平台，通过座谈和讨论，居民能够更直接地表达对居住环境的期望，共同探讨最合适的设计方案。

这种参与式设计的优势在于充分挖掘社区居民的智慧和经验，使设计更贴近他们的实际需求。设计者能够从居民的生活方式、文化特征、社区历史等方面获取更多信息，有针对性地制订设计方案。同时，通过与居民的互动，设计者还能够感知到社区的共同价值和精神，从而在设计中体现社区的独特性。

参与式设计还能够增强社区的凝聚力和认同感。当居民参与到设计过程中，他们更容易接受和支持最终的设计方案，因为这是他们共同努力的结果。设计不再是一个外部专业人士的决定，而是社区居民共同参与的产物，这有助于建立更加紧密的社区关系。

然而，参与式设计也需要注意平衡设计专业性和居民参与度之间的关系。设计者需要在保持设计质量的同时，灵活应对各种居民的建议和需求。在设计过程中，设计者应该充分沟通，解释设计的原理和限制，以期与社区居民达成共识。

（三）生态评估方法

1. 生态影响评估

生态影响评估是景观设计中的一项重要工作，旨在全面评估设计方案对周围生态系统的潜在影响。这包括植被破坏、野生动植物的生态环境变化，以及生态平衡的影响等方面。通过科学合理的规划和管理，可以减小设计对生态系统的负面影响，实现人与自然的和谐共存。

首先，生态影响评估需要对场地现有的生态条件进行详细的调查和分析。这包括植被类型、动植物分布、水体状况等方面的信息收集。通过对自然环境的深入了解，设计者能够更好地把握设计的起点，减少对原有生态系统的破坏。

其次，评估设计方案对植被的影响。植被是生态系统的重要组成部分，对土壤保持、水源涵养、气候调节等方面起着关键作用。设计中对植被的合理保护和合理配置，可以最大限度地减少对植被的破坏，保持生态系统的完整性。

再次，评估设计对野生动植物的迁徙和栖息地的影响也是生态影响评估的重要内容。设计方案可能改变动植物的迁徙通道、繁殖地点等，导致它们的栖息地受到威胁。通过对这些影响的评估，设计者可以采取相应的措施，保护野生动植物的生存环境。

最后，生态影响评估需要提出具体的规划和管理方案，以减小设计对生态系统的负面影响。这可能包括采用生态友好型的建筑材料、设立生态保护区、建立生态通道等措施，以实现设计与生态的协调发展。

2. 水文分析

水文分析是景观设计中的一项重要工作，旨在深入了解场地的水资源状况，包括地下水位、降雨情况等。通过科学的水文分析，设计者可以规划合理的水体配置和雨水利用系统，以提高水资源的利用效率，实现可持续的水资源管理。

首先，水文分析需要详细了解场地的地下水位情况。地下水是维持植被生长和土壤湿度的重要水源，因此对地下水位的准确了解对合理设计灌溉系统和水体配置至关重要。通过调查地下水的深度、流向和变化趋势，设计者可以科学规划植被的选择和水体的设置，以最大限度地利用地下水资源。

其次，水文分析还需要考虑场地的降雨情况。通过分析历史降雨数据和气象条件，设计者可以了解场地的降雨季节、降雨强度以及雨水径流的情况。这有助于设计雨水收集和利用系统，将雨水有效地引导到合适的地方，减少径流损失，提高水资源的利用效率。

在规划水体配置时，水文分析还能指导人工湖、人工溪等水体的建设。了解水体的补给和排水机制，可以合理设置水体的大小和深度，避免水体枯水和泛滥的问题，保持水体的生态平衡。

最后，水文分析还能为设计防洪设施提供依据。通过了解场地的降雨情况和地形地貌，设计者可以合理规划雨水排放通道和防洪渠道，确保在极端天气条件下，场地不受洪水侵袭，保障居民生活安全。

3. 环境质量评估

环境质量评估是景观设计中至关重要的一环，旨在全面评估设计方案对空气、水质、土壤等环境要素的影响，以确保设计在环保方面达到最佳效果，提升居住环境的整体质量。

首先，空气质量评估是关键的一部分。设计方案可能涉及植被的选择、交通引导等方面，这些都直接或间接地影响着周围的空气质量。通过分析植被的氧气释放和污染物吸收能力，设计者可以选择适合场地的植被种类，以改善空气质量。同时，对交通流线的规划也需要考虑空气质量的影响，避免交通排放对周边空气的污染。

其次，水质评估是另一个重要的方面。设计中涉及的水体，如人工湖、溪流等，需要经过严格的水质评估。通过了解水源的来源、水质的波动情况，设计者可以制订合理的水体管理方案，确保水质符合相关标准，同时提供适合鱼类和其他水生生物的生态环境。

最后，土壤质量评估也是不可忽视的一项工作。设计中可能涉及场地的绿化、铺地等方案，这直接关系到土壤的质量。通过土壤质量评估，可以了解土壤的养分状况、排水能力等因素，以便合理选择植物种类、确定铺地方案，从而促进土壤的健康和植被的生长。

4. 生态景观规划

生态景观规划是一项综合性的工程，它结合生态学原理，旨在通过合理规划植被类型、种植密度等因素，创造有利于生物多样性的生态景观。这一规划的目标是保护和增强生态系统的健康，同时提供人类居住区域的美丽和宜居性。

首要的考虑是植被的类型选择。通过生态学原理，规划者需要了解当地的气候、土壤、水资源等自然条件，以确定适应性强的本土植物种类。选择本土植被有助于建立更为稳定的生态系统，提高植物的生存率，并有助于维护生态平衡。

种植密度的规划也是生态景观中的一个重要环节。通过科学测算，规划者可以确定每个区域的最佳植被种植密度，以确保植物之间的空间适当，防止过于拥挤导致疾病传播等问题。适当的植被密度还有助于提供良好的生态环境，满足各类动植物的生存需求。

生态景观规划的核心思想之一是创造有利于生物多样性的环境。这意味着规划者需要在景观中融入各类不同植物、动物的生态元素，以形成复杂多样的生态链条。这样的规划有助于维持生态系统的平衡，促进生物之间的相互依存和协同进化。

为了实现生态景观规划的目标，规划者还需考虑水资源的合理利用，例如，设计合理的灌溉系统、雨水收集系统等，以确保植物得到充足的水源。此外，规划者还需要注意避免对土壤的过度开发和化学污染，以保障土壤的健康和植被的生长。

二、社区居住环境的设计程序

（一）场地调研和分析

1. 地理信息系统（GIS）的应用

地理信息系统（GIS）在景观设计中的应用具有重要的科学性和实用性。通过 GIS 技术，设计者可以获取和分析场地的地理信息，包括地形、土壤、植被等多方面数据。这些信息的系统整理和分析有助于建立场地的空间数据库，为后续设计提供科学的数据支持。

首先，GIS 技术可以用于获取地形信息。通过卫星遥感数据、数字高程模型（DEM）等手段，设计者可以获取场地的地形特征，包括起伏的地势、河流湖泊等地貌特征。这为规划地形相关的景观元素，如水体设置、坡地规划等提供了准确的基础数据。

其次，GIS 在土壤分析方面也发挥着关键作用。通过地理信息系统，可以收集土壤类型、质地、水分状况等数据，帮助设计者更好地理解土壤特性。这对植被选择、排水系统设计等方面具有指导作用，确保植被的生长状况和土壤的稳定性。

植被信息也是 GIS 应用的一个重要领域。通过卫星影像和其他遥感数据，可以获取植被覆盖的情况，包括植物种类、分布密度等。这为景观设计提供了基础数据，有助于选择适宜的植被类型，进行植被布局和绿化规划。

除此之外，GIS 还可以整合其他相关数据，如气象数据、水文数据等，形成一个全面的空间数据库。这样的数据库可以为景观设计提供更多方面的科学依据，确保设计的可行性和合理性。

2.现场调查

现场调查是景观设计过程中至关重要的一步，通过实地走访，设计者可以深入了解场地的实际情况，收集更为详细和具体的地理数据，同时通过感性的方式感受场地的氛围和特征。这一过程为后续的设计提供了实实在在的基础和直观的素材。

首先，实地走访提供了更详细的地理数据。通过亲自到场地进行实地勘测，设计者可以获得更精准的地形、土壤、植被等方面的数据。这些数据是设计的基础，直接影响到后续的规划和设计决策。例如，通过实地调查，可以精确了解场地的高差、坡度、土壤质地等地理特征，有助于制订更符合实际情况的设计方案。

其次，感性的场地感受是实地调查的独特优势。设计者在现场可以亲身感受到场地的氛围、光照、风向等因素，这种感性的体验对设计的表现和创意具有重要作用。通过亲自走访，设计者能够更好地理解场地的文化特色、历史沿革、社区氛围等人文因素，这些都是设计中需要考虑的重要因素。

最后，实地调查还可以发现一些难以通过其他手段获取的信息。例如，现场可能存在一些微观的地形特征、生态系统、自然景观等，这些可能对设计产生深远的影响。通过实地调查，设计者有机会发现这些细微之处，为设计增色添彩。

3.历史文化研究

历史文化研究是景观设计中的一项重要任务，通过深入探究场地的历史文化背景，设计者能够更全面地了解场地的发展历程、文脉，以及独特的文化特征。这一研究不仅有助于设计更具历史传承和文化内涵的景观，同时也为设计者提供了源源不断的创作灵感。

在进行历史文化研究时，首先要关注场地的发展历程。通过查阅历史文献、地方志、档案资料等，设计者可以还原场地的发展历史，了解不同历史时期的城市演变、人文事件，以及建筑、景观的演化过程。这有助于揭示场地承载的历史记忆，为设计赋予深刻的历史内涵。

其次，要研究场地的文脉。文脉是指场地所处的文化传统、习俗风情等方面的背景。通过深入挖掘当地的民俗、风土人情，了解当地的传统文化元素、节庆活动等，设计者可以更好地融入这些文脉元素，使设计更具地域性和民族性。

最后，历史文化研究还要关注场地的文化特征。这包括场地所特有的建筑风格、艺术表现、文学传统等。通过研究这些文化特征，设计者可以在景观设计中巧妙运用这些元素，使设计更富有艺术性和文化底蕴。

在景观设计的过程中，历史文化研究不仅是为了更好地保护和传承历史文化遗产，更是为了创造富有深度和内涵的景观。设计者可以将历史文化元素巧妙融入景观布局、材料选择、艺术装饰等方面，使设计更具丰富性和引导性。

4. 规划法分析

规划法分析是景观设计中不可或缺的一环，它通过深入研究城市规划，分析场地的规划限制和发展方向，旨在确保景观设计与城市整体规划相一致，实现协同发展和良好的城市空间布局。

在进行规划分析时，首先需要全面了解城市规划的相关内容。这包括城市总体规划、区域规划、控制性详细规划等文件。通过仔细研读这些规划文件，设计者可以获取城市发展的愿景、总体布局、重点发展区域、规划限制等信息，为后续景观设计提供基础数据。

其次，规划法分析需要深入挖掘场地的规划限制。这包括土地用途规划、建筑控制规定、环保要求等方面。通过对这些规划限制的了解，设计者可以明确在设计中需要遵循的法规标准，确保设计在法律法规的框架内进行，并与城市规划相协调。

最后，规划法分析还要关注场地的发展方向。这涉及城市的未来发展趋势、功能定位、空间布局等方面。通过对这些方向的把握，设计者可以使景观设计更具前瞻性，更好地服务城市未来的发展需求。

（二）设计目标和原则的制定

1. 总体设计目标

在进行居住区环境景观设计时，制定明确的总体设计目标是至关重要的。这些设计目标旨在引导和规划整个设计过程，确保最终的景观设计能够符合社区整体利益，提升社区居住环境的品质和居住者的生活体验。

首要的总体设计目标之一是提升社区居住环境的品质。这包括通过景观设计手法创造宜人的环境氛围，使居住者能够在美化的空间中享受宁静、舒适的居住体验。此外，提高社区的整体形象也是目标之一，通过景观设计打造独特的社区风貌，使社区在城市中脱颖而出，为居住者带来归属感和自豪感。

另一个关键的总体设计目标是增加绿化覆盖面积。绿化不仅能够提升社区的生态环境，还有助于改善空气质量、降低温度、促进生态平衡。通过巧妙的植物配置和景观规划，设计者可以最大限度地增加社区的绿化面积，为居住者提供更多的休闲和娱乐场所。

最后，总体设计目标还应关注提高居住者的生活舒适度。这包括通过景观设计提供便利的公共设施，创造宜人的休闲空间，提供多样化的文化娱乐设施等。通过精心设计，使社区成为一个能够满足多方面需求的宜居场所。

2.基本设计原则

在进行居住区环境景观设计时，制定一系列基本设计原则是确保设计在各个方面都能够达到最佳效果的关键。这些基本设计原则旨在成为设计的指导思想，为设计者提供方向，同时反映社区对环境的期望和需求。以下是一些常见的基本设计原则。

首先，基本设计原则之一是生态友好。生态友好的设计追求与自然和谐共生，通过最大限度地保护和增强生态系统，减少对环境的负面影响。这可能包括选择本地植被、采用可持续材料、合理利用水资源等策略，以促进社区的生态平衡和可持续发展。

其次，人性化是另一个重要的设计原则。设计应当关注居住者的需求和体验，创造出一个符合人体工程学的、宜居的环境。这可能包括设计便捷的交通系统、提供多样化的休闲设施、考虑不同年龄和能力层次的人群等方面。人性化的设计能够增强社区的凝聚力，提升居住者的生活质量。

再次，可持续性是一个贯穿设计各个阶段的基本原则，旨在确保设计在长期内不断发挥积极作用。这包括从材料的选择、能源利用到废弃物管理等多个方面的考虑，以减少资源消耗、降低能源浪费，使设计在经济、社会和环境层面都能够具备可持续性。

最后，社区参与和共享也是基本设计原则之一。通过促进社区居民的参与，设计能够更好地反映社区的共同意愿和价值观。共享空间和资源的设计有助于建立社区共同体感，增强邻里之间的联系。

3.环保和可持续性

将环保和可持续性纳入居住区环境景观设计的目标和原则中是确保设计方案在生态方面不会对环境造成负面影响，并能够在长期内保持良好状态的关键。这涉及在设计的各个层面综合考虑环保和可持续性的因素，以创造一个与自然和社区和谐共生的环境。

第一，环保与可持续性的理念需要贯穿整个设计过程。在场地调研和分析阶段，设计者需要深入了解自然条件，包括地形、土壤、水文等，以识别潜在的设计挑战和机遇。通过地理信息系统（GIS）的应用，可以获取和分析场地的地理信息，为建立空间数据库提供科学的数据支持。这有助于确保设计方案充分考虑自然环境，减少对生态系统的干扰。

第二，生态系统评估是确保环保和可持续性的重要步骤。通过对场地的生态系统进行评估，了解植被类型、野生动植物分布等生态信息。这有助于设计者选择合适的植被类型和种植密度，创造有利于生物多样性的生态景观。在生态景观规划中，结合生态学原理，设计者可以保护和增强生态系统的健康，确保景观的可持续性。

第三，环保和可持续性的目标应该贯穿于总体设计目标和基本设计原则中。总体设计目标可能包括提升社区居住环境品质、增加绿化覆盖面积、提高居住者生活舒适度等，同时这些目标应符合社区整体利益。基本设计原则中的生态友好、人性化、可持续性等原则是设计的指导思想，为设计者提供方向，确保设计在各方面都能够达到最佳效果。

第四，通过生态影响评估和水文分析，可以评估设计方案对周围生态系统的影响，包括植被破坏、水资源利用等。通过规划合理的水体配置和雨水利用系统，设计者可以提高水资源的利用效率，减少对水资源的过度消耗。

第五，环保和可持续性的原则需要在设计的实施和维护阶段得以贯彻。在施工图的绘制和维护计划的制订中，需要确保设计方案在建设和运营阶段都能够符合环保和可持续性的要求。环保友好的材料选择、节能设施的应用，以及废弃物的有效管理都是达成环保和可持续性目标的关键步骤。

第三章　社区绿地规划设计

第一节　居住区绿地植物选择与配置

一、绿地植物选择的原则

（一）生态适应性原则

1.地理位置考虑

地理位置是绿地植物选择中至关重要的因素之一，属于生态适应性原则的首要考虑因素。在进行植物品种的选择时，必须全面考虑不同地区的地理位置，包括纬度、经度以及海拔等地理特征。这些因素直接影响了当地的气候、温度、湿度和光照等环境条件，对植物的生长和发育产生着深远的影响。

首先，纬度是地理位置的一个重要参数，直接关系到地区的气候类型。不同纬度的地区接收到的阳光辐射量和光照时间存在较大差异，因此植物在高纬度或低纬度地区需要具备不同的光合适应性。对高纬度地区，植物需要更好的耐寒性和适应低温的能力，而低纬度地区则需要更强的耐热和耐旱能力。其次，经度的不同也会导致地区性气候和温度的变化。植物需要适应当地的温度范围，选择对应的品种，以确保其在该温度下生长和繁衍。在不同经度地区，植物可能需要对付寒冷的冬季或者高温的夏季，因此在选择植物时要考虑其对温度变化的适应性。最后，海拔也是一个重要的地理特征。随着海拔的升高，气温和气压均会降低，同时辐射强度和空气稀薄度也会发生变化。植物在不同海拔需要适应这些变化，因此在高海拔地区选择植物时，需要考虑其对低气压、低温和较强紫外线的适应性。

2.气候条件适应

在进行绿地植物选择时，充分考虑居住区的气候条件是至关重要的。气候因素直接影响植物的生长、发育和繁衍，因此选择适应当地气候的植物品种是确保绿地健康生态的关键。

首先，温度范围是气候条件的核心因素之一。植物对温度的适应性因种类而异，一些植物能够在较高温度下生长，而另一些则更适应低温环境。在选择绿地植物时，需要充分考虑居住区的季节性温度变化，确保所选植物对这一范围内的温度具有较好的适应性。对寒冷地区，选择耐寒植物能够提高绿地的冬季景观效果；而对炎热地区，选择耐热植物则更为合适。其次，降水情况也是一个重要的考虑因素。植物对水分的需求差异较大，因此需要选择适应当地降水情况的植物。在干旱地区，选择耐旱的植物能够有效降低水资源的使用，并确保绿地的可持续性。相反，在多雨地区，可以选择对湿度适应较好的植物，以更好地适应当地的气候环境。最后，日照时数也会对植物的生长产生显著影响。对阳光充足的地区，选择喜阳植物能够更好地发挥其生长潜力；而在阴凉的地区，则需要选择适应半阴或全阴环境的植物，以确保它们在较低的日照条件下依然能够良好生长。

3.土壤特性匹配

土壤特性的匹配对绿地植物的生长和发展至关重要。通过深入分析土壤的多个方面特性，包括 pH 值、质地、水分保持能力等，可以为选择合适的植物品种提供科学依据，确保它们在所处土壤条件下能够顺利生根发芽。

首先，土壤的 pH 值是衡量酸碱性的指标，对植物的生长有着直接的影响。不同的植物对 pH 值有不同的适应性，因此在绿地规划中需要选择适应土壤 pH 值的植物品种。一些植物更喜欢酸性土壤，而另一些则适应于中性或碱性土壤。通过调整土壤 pH 值，可以为植物提供更适宜的生长环境。其次，土壤的质地直接影响着土壤的通透性和保水性。根据土壤的黏粒、壤土和沙砾等成分，可以选择适应该土壤质地的植物。对黏土质的土壤，选择能够适应较潮湿环境的植物；对砂质土壤，选择具有较好耐旱能力的植物。通过匹配植物与土壤质地，可以提高植物的生存率和生长状况。最后，水分保持能力也是一个重要的考虑因素。一些植物对水分的需求较大，需要选择土壤保水性好的区域进行种植。在绿地规划中，可以通过配置合适的植物，使其形成生态系统，相互协调，提高整体绿地的水分利用效率。

（二）物种多样性原则

1.提高生态系统的稳定性

物种多样性原则在绿地植物配置中的运用，旨在通过引入不同类别的植物，如乔木、灌木和草本植物，形成多层次的绿地植被，从而提高整体生态系统的稳定性。这一原则的实施对增加植物抗逆性、使绿地更具韧性和生命力起到了关键作用。

首先，引入乔木、灌木和草本等不同类型的植物，构建多层次的植被结构。乔木通常具有较长的生命周期和强大的根系系统，能够在绿地中形成主体林冠，提供阴凉的环境和良好的栖息地。灌木则可以填补绿地中的空隙，形成次级层次，增加植物的垂直层次，有利于采光和空气流通。草本植物作为底层植被，能够覆盖土壤表面，防止土壤侵蚀，同时也是重要的气象因子的固定者。其次，多层次的绿地植被形成了生态系统中的复杂网络，提供了更多的生态位和生态功能。不同层次的植物在养分利用、水分吸收等方面存在互补性，使整个生态系统更加稳定。物种多样性的引入还能够降低生态系统对外界压力的敏感性，提高其对环境变化的适应能力。最后，物种多样性还有助于增加生态系统的抗病虫害能力。不同植物种类之间存在一些天然的拮抗关系，某些植物可能对某些病害有一定的抵抗性，从而减少了病虫害的传播。这种相互作用有助于维持整个生态系统的健康状况。

2. 提升抗病虫害的能力

引入多样的植物物种对降低病虫害的风险具有显著的作用。这一策略的核心理念在于通过引入不同植物种类，利用它们之间的相互作用，实现整体绿地系统的生态健康和抗病虫害的能力提升。

在绿地系统中引入多样的植物种类，每一种植物都具有其独特的生态特性和生长环境需求。某些植物可能对某些病害或害虫有天然的抵抗力，这可以被认为是植物的自然免疫系统。通过引入多样的植物，就好像构建了一个生态屏障，其中某些植物可能会抑制病害或害虫的扩散，从而降低整个系统受到侵害的风险。这种多样性还有助于防止病虫害的暴发。由于每种植物对特定的病虫害具有不同的敏感性，因此当某一植物种类受到侵害时，其他植物仍然能够保持相对健康，从而避免整个系统的崩溃。这种生态系统的稳定性使得病虫害的传播受到了一定的限制，有助于保持绿地系统的生态平衡。

同时，引入多样的植物还能够吸引天敌，如一些食肉昆虫或益虫，它们对控制病虫害有积极的作用。通过提供不同种类植物的栖息地，这些天敌将更有可能在绿地系统中建立起自己的生态平衡，起到一定的生物防治作用。

3.增强视觉景观的丰富性

引入多样性的植物组合是创造丰富视觉景观的有效途径，为居住者提供季节性的变化和愉悦感。这一策略通过在绿地设计中巧妙搭配各种植物，打造层次分明、色彩斑斓的景观，为居住区营造出丰富多彩、生机勃勃的自然氛围。

首先，通过引入不同形态和高度的植物，可以在垂直层次上创造多样性。高大的乔木、中等高度的灌木以及低矮的草本植物形成了立体绿化，丰富了景观的纵深感。这种垂直结构的多样性使得居住区内的绿地更具立体感，层次更加分明，为居住者提供了更为生动的视觉体验。其次，通过精心设计植物的颜色和纹理的搭配，可以在水平层面上创造出丰富多彩的景观。考虑到植物在不同季节的颜色变化，可以实现全年绿化，使得居住者在一年四季都能够欣赏到不同的景观。这种季节性的变化为居住区带来了动态的美感，使其在不同时间节点都焕发着独特的魅力。最后，植物的形态和纹理的差异也是创造景观丰富性的重要因素。一些植物可能拥有独特的叶型、花朵或果实，它们的形态和纹理之间的对比可以产生引人注目的效果。通过巧妙搭配这些植物，设计师可以打造出丰富多样、富有变化的景观，为居住者提供了与自然亲密接触的机会。

（三）适宜管理原则

1.生长速度管理

在绿地植物选择中，管理易于管理的植物品种的生长速度是一项重要的考虑因素。这一策略旨在选择生长速度平衡的植物，既不过快生长，也不过慢生长，以确保规划和维护工作的合理进行，从而使绿地能够长期保持良好状态。

首先，选择生长速度平缓的植物有助于降低管理的频率。过快生长的植物可能需要更频繁地修剪和管理，以防止其过度生长影响绿地的整体美观性和秩序。因此，在植物选择中，可以优先考虑那些生长缓慢但能够适应当地环境的品种，以减轻管理的工作负担。其次，考虑植物的生长速度也需要考虑其对周围环境的适应性。选择适应性强、不会过于疯长的植物品种，有助于维护绿地的整体均衡。这意味着在绿地规划中，可以更好地控制植物的覆盖面积，避免出现某些植物过于疯长，影响其他植物的生长和发育。最后，管理易于管理的植物还需要考虑其修剪难度。选择生长速度适中、修剪相对容易的植物品种，有助于确保管理团队可以有效地进行植物的修剪和整理工作。这有助于保持绿地的整洁和有序，提高绿地的美观度和可维护性。

2.修剪和抗病性考虑

在绿地植物选择中，除了考虑生长速度，还应关注植物的修剪适应性和抗病性。容易管理的植物应当具备较好的修剪适应性和抗病性，以简化绿地的维护工作，减少对植物的额外干预，从而提高整体绿地的可持续性。

首先，对于修剪适应性，选择那些能够轻松适应修剪的植物品种是至关重要的。这些植物应当能够在修剪后重新生长，不仅不影响其整体健康，还能够保持良好的形态。适应性强的植物可以更容易地融入绿地的设计，使修剪工作更为顺利，同时也增加了绿地的美观性。其次，抗病性是管理方便的植物应当具备的重要特性之一。选择具有较强抗病性的植物品种有助于降低绿地植物患病的风险，减少对植物的农药处理，从而降低对环境的影响。抗病性强的植物能够在一定程度上自我保护，减少了对植物的人为干预，提高了绿地的生态可持续性。综合考虑修剪适应性和抗病性的植物选择，有助于简化绿地的维护工作流程。管理人员可以更轻松地进行植物修剪，而无须过多地担心对植物造成不利影响。同时，植物的抗病性也降低了对农药的需求，有利于减少环境污染，提高整体绿地的可持续性。

在实际设计和规划中，考虑到植物的修剪适应性和抗病性，有助于建立更为健康和平衡的绿地系统。这一策略旨在通过科学合理的植物选择，减轻管理人员的工作负担，促进绿地的可持续发展。

二、绿地植物配置与生态平衡

（一）垂直结构配置原则

1.垂直结构的意义

绿地内植物的垂直结构配置是一项至关重要的原则，其意义在于形成合理的空间层次，通过组织高大乔木、中等高度的灌木和低矮的草本，实现垂直层次的分布，从而为植物提供更多的生态位。这一配置的目的在于优化绿地的立体绿化，创造出生态系统内各层次植物的相互关系，为绿地注入更丰富的生机。

首先，垂直结构的合理配置有助于最大限度地利用空间，形成多层次的植物布局。通过将不同高度的植物有机地搭配在一起，可以在有限的绿地空间内实现更丰富的植被覆盖，提高绿地的景观层次感。这样的设计不仅美观，而且能够更好地满足居民对绿地美化的期望。其次，垂直结构配置为绿地生态系统提供了多样性的生态位。不同高度的植物在垂直层次上占据不同的生态位，提升生态多样性。这有助于提高整体生态系统的稳定性，降低病虫害的风险，促进植物之间的相互作用，形成更为健康的绿地生态系统。最后，垂直结构的配置使得绿地更具动态感和变化性。通过选择在不同季节表现不同特征的植物，可以实现全年绿地景观的变化，为居民提供更为丰富的视觉感受。这样的设计考虑了季节性的变化，使得绿地在不同时段都能展现出独特的魅力。[1]

2.立体绿化效应

垂直结构配置的实施产生的立体绿化效应在绿地规划和设计中具有显著的意义。这一效应不仅在美化景观方面发挥作用，更在提高生态系统的多样性和稳定性方面起到重要作用。立体绿化效应的实现，既最大化了绿地空间的利用，同时为植物提供了更为适宜的生长环境，为不同高度的植物创造了生长的空间。

首先，立体绿化效应通过将高大的乔木、中等高度的灌木和低矮的草本巧妙组织在一起，充分利用了绿地的垂直空间。这样的设计不仅在水平方向上形成了多层次的植物布局，而且在垂直方向上实现了植物的分层生长，创造了独特而丰富的绿地景观。这有助于提升绿地的空间层次感，为居民提供了更为优美的视觉体验。其次，立体绿化效应为植物提供了更多的生长空间，有利于它们充分展开生长并形成独特的垂直结构。这一效应使不同高度的植物能够在绿地内找到适宜的生存空间，提高了它们的生态适应性。通过形成丰富的植物组合，绿地生态系统变得更加多样化，增强了整体的生态稳定性。最后，立体绿化效应为绿地提供了更为生态友好的设计，有助于创造更为健康和平衡的生态系统。通过将不同高度的植物巧妙组织，形成立体的生态结构，提高了生态系统内各层次植物之间的相互关系。这有助于降低病虫害的风险，促进植物之间的共生效应，为整个绿地生态系统的健康发展奠定了基础。

（二）种植组合原则

1.相互作用的考虑

种植组合原则的核心在于考虑植物之间的相互作用，通过巧妙的组合，使它们在生长、繁殖和养分利用方面相互促进，形成协同效应。这一原则的实施不仅能够创造出更为生态友好和可持续的绿地设计，同时通过生态合作提高整体生态系统的效益。

首先，植物之间可能存在互补性，即它们在共同生长的环境中具备相互补充的特性。通过深入了解各植物的特性和生态需求，可以实现植物的互补配置，使

---

[1] 卓健，孙源铎.社区共治视角下公共空间更新的现实困境与路径 [J].规划师，2019，35（3）：5-10，50.

它们能够更好地共同生存和延续。例如，一些植物可能具有不同的根系结构，有助于充分利用土壤养分，形成良好的根际环境，提高整体生态系统的养分利用效率。其次，植物的相互作用还包括在生态合作中发挥协同效应。通过合理的组合，植物之间可能产生共生效应，即相互促进生长的互利关系。这有助于提高植物的抗逆性、抗病虫害能力，增强整体生态系统的稳定性。例如，一些植物可能分泌出对其他植物或昆虫有益的化学物质，形成共生共存的生态系统。最后，考虑植物在共同生长环境中的相互关系，可以提高整体生态系统的效益。这有助于形成更为复杂和丰富的生态链条，增加生态系统内各层次生物的丰富性，提高整体生态系统的生态平衡。通过理解植物之间的相互作用，规划并设计出更加和谐、稳定和可持续的绿地生态系统。

2. 共生效应的应用

引入共生效应的概念，即植物相互之间的积极互动，是绿地规划和设计中一项具有学术价值的重要原则。这一概念的应用有助于提高生态系统的稳定性和韧性，通过巧妙组合乔木、灌木和草本，形成互相依存的生态链条，使绿地系统更加健康和有机。

首先，共生效应强调植物之间的相互促进关系，通过巧妙的组合和配置，使不同种类的植物能够形成协同互补的关系。例如，一些乔木可能提供丰富的树冠，为下方的草本和灌木提供适宜的遮阴环境，促进它们的生长。同时，草本和灌木的繁茂生长也可以为树木提供自然的遮蔽和保护，形成一种互利共生的格局。其次，通过互相依存的生态链条，共生效应有助于提高整体生态系统的稳定性。植物之间可能形成复杂的相互关系，包括共生共存、共享养分等。例如，一些植物可能分泌出对害虫有驱避作用的化学物质，保护周围的植物免受害虫侵害。这种相互依存的关系有助于形成更为复杂和健康的生态系统，提高整体抗逆性和生态平衡。最后，共生效应的应用使得绿地系统更加有机和健康。通过理解不同植物之间的相互关系，规划并设计出更加丰富多样的植被组合，形成层次分明、互相依存的绿地生态系统。这有助于提高绿地系统的抗逆性，减少对外界干扰的敏感性，从而使得绿地更具可持续性。

（三）季节变化配置原则

季节变化配置原则在绿地规划中起着至关重要的作用，旨在通过合理配置植物，确保绿地在一年四季中展现出独特的景观效果，为居住者和城市带来持续的视觉享受和环境价值。

1.四季景观的延续性

季节变化配置的首要原则是确保绿地在每个季节都能展现出独特且连续的景观魅力。设计师应根据植物在春、夏、秋、冬四季的生长和表现特点，精心选择适合的植物种类。春季可以采用早春开花的植物，如樱花和玉兰，营造出充满生机的景象；夏季则以茂盛的草本植物和耐热花卉为主，形成郁郁葱葱的绿色景观；秋季可通过选择变色的落叶乔木和灌木，如枫树和橡树，打造出色彩丰富的秋日风情；冬季则采用常绿植物和具有独特形态的裸子植物，如松树和柏树，确保寒冷季节的景观依然具有吸引力。

2.环境适应性与生态效益

在设计绿地时，植物的选择不仅要考虑季节变化的美学效果，还必须注重植物的环境适应性和生态效益。设计师应选择那些能够适应当地气候条件、土壤类型和水文环境的植物，以确保其在不同季节的健康生长和景观表现。此外，植物的配置还应考虑到生态效益，如提升空气质量、提供栖息地、减少水土流失等。例如，在春季和夏季，可以选择开花植物和蜜源植物，以支持昆虫的多样性；秋季和冬季则可采用能够抵御寒冷的植物，减少冬季环境的单调感。

（四）生态廊道配置原则

1.生态廊道的意义

生态廊道配置原则的核心在于引入生态廊道，通过植物作为纽带，形成连接自然生态环境的通道。这一设计原则的实施具有深远的生态意义，旨在打破城市绿地的孤岛效应，促进生物多样性，将绿地融入城市整体生态系统，使其成为城市生态的重要组成部分。

首先，生态廊道有助于打破城市绿地的孤岛效应。在城市化进程中，绿地常常呈现孤立的状态，无法有效连接自然生态环境。通过引入生态廊道，形成绿地之间的通道，使它们相互连接，实现生态系统的连续性。这有助于改善城市绿地的空间布局，增加生态系统的整体稳定性。其次，生态廊道促进生物多样性。通常，城市中存在着各类植物和动物，但由于交通道路等障碍，它们的迁徙和交流受到限制。生态廊道为不同区域的生物提供了通畅的通道，使它们能够在城市中自由流动，促进物种间的互通和繁衍，从而增加城市生态系统的多样性。最后，生态廊道使绿地不再是单一的景观点，而是融入城市生态系统。通过将绿地与周边自然生态环境连接起来，形成有机的生态网络，城市绿地与周边环境相互渗透、相互影响。这种融合有助于提高城市生态系统的整体健康状况，使城市不再是人工建筑与自然生态环境的割裂，而是形成一体化的生态共生体系。

2.提升整体生态平衡

通过巧妙配置生态廊道，实现了不同绿地区域之间的生态联系，这对提升整体生态平衡具有显著的意义。生态廊道的引入使得城市中的植物、动物等生物能够在绿地系统中流动，形成良性循环，从而有效地提高城市的生态质量。

首先，生态廊道的巧妙配置实现了城市绿地系统的互通。在过去，由于城市化的发展，绿地区域之间常常存在隔离，导致植物和动物的迁徙受限。而通过合理配置的生态廊道，不同绿地区域之间建立了有机的联系，使得生物可以在这些通道中流动，达到不同区域的绿地，形成一个生态网络。这种互通性有助于打破原本隔离的状态，促进城市中生物的自由迁徙。其次，生态廊道的存在形成了城市生态系统的良性循环。生物在城市绿地系统中的流动不仅促使植物的传粉和种子传播，还能够控制害虫的繁殖，形成一种自然的生态平衡。生态廊道的巧妙配置使得这种循环更加顺畅，有助于维持城市生态系统的健康和稳定。最后，生态廊道的引入还有助于提高城市的生态质量。通过让植物和动物在不同绿地区域中流动，增加了城市绿地系统的多样性。这不仅使得城市更加具有生命力，同时也为居民提供了更为丰富的自然体验，促使城市生态系统与人类生活更加紧密地融合。

第二节　居住区绿地规划设计的基础

一、绿地规划的基本要素

（一）绿地面积与比例

1.总体面积规划

在居住区规划的初步阶段，对整体绿地的总体面积进行科学合理的规划是至关重要的。这一过程需要全面考虑多方面因素，以确保最终的规划方案能够有效满足社区居民的休闲和生态需求。

首先，社区规模是确定总体绿地面积的基础。规模较大的社区可能需要更多的绿地来分散人口密度，提供足够的休闲空间。相反，规模较小的社区可能在总体面积上有所减少，但仍需确保每个居民都能够享受到足够的绿地资源。其次，人口密度是一个重要的考虑因素。密集的居住区需要更多的绿地空间，以缓解城市的压力，提供开放空间，改善居住环境。适当的人口密度与总体绿地面积之间的平衡是绿地规划的核心。城市绿化标准也是决定总体绿地面积的重要依据。各地的绿地规划标准可能有所不同，因此需要根据当地的法规和标准来确定总体绿地的面积。这涉及城市绿地覆盖率的要求，以及可能的环保和生态保护政策。在科学规划总体绿地面积时，还应该考虑未来的社区发展和扩张。为了保障社区的可持续发展，规划者需要预留足够的空间，以适应未来人口增长和城市扩张的需求。这需要对社区的未来规划和发展趋势进行深入研究。

2. 与建筑用地的比例

在居住区规划中，确定绿地面积与建筑用地的比例是关键的规划决策之一。这一比例的科学规划旨在创造出宜人的居住环境，提高社区的整体居住质量。以下是关于这一比例的考虑因素和规划原则。

首先，城市规划标准和绿地覆盖率的要求是确定绿地与建筑用地比例的主要依据。不同城市可能有不同的规划标准，因此规划者需要深入了解当地的法规和政策，以确保规划方案符合相应的要求。绿地覆盖率的设定通常涉及城市生态环境的改善、居住者的休闲需求，以及整体城市可持续发展的考虑。其次，绿地与建筑用地的比例需要考虑社区居民的休闲和生活需求。通过与居民的互动和调查，规划者可以了解到居民对绿地的期望和需求。这样的信息能够指导规划者在绿地规划中更好地平衡建筑用地和绿地的比例，以满足社区居民对宜人居住环境的追求。再次，不同类型的建筑用地可能需要不同比例的绿地。例如，住宅区可能需要更多的绿地用于居民休闲和社交，而商业区可能更注重公共广场和景观绿化。因此，绿地与建筑用地的比例也应该根据不同区域的功能定位进行合理调整。最后，考虑绿地的空间布局和分布。绿地不应该只是零星地分布在建筑用地中，而应该形成有机的、连贯的绿地网络。这有助于提高绿地的利用效益，使其更好地服务社区居民。

（二）绿地类型与功能

1. 不同类型的绿地

在居住区规划中，确定不同类型的绿地是为了满足社区居民多样化的需求，丰富社区的公共空间。这种差异化的绿地设计旨在提供各种特色和功能，以满足居民不同的休闲、社交和文化需求。

首先，公园作为居住区内的大型绿地，其功能多元化，既是居民休憩娱乐的场所，也是社区文化活动的举办地。公园内通常包含绿草地、花坛、行道树等景观元素，提供广阔的户外空间，适合居民进行各类体育运动、野餐和文艺活动。公园的规模和景观设计可根据社区规模和需求进行灵活调整，以满足不同层次的社区需求。其次，社区花园是一种小型且精心设计的绿地，旨在为居民提供安静、私密的休闲空间。社区花园通常布置有丰富的植物景观、座椅区域和小径，为居民提供欣赏花草、阅读和放松的环境。社区花园的设计强调美学和舒适性，营造出宜人的氛围，促进邻里互动。最后，休闲广场作为社区居民聚集的场所，具有开放性和活跃性。广场通常设置有座椅、亭子、雕塑等元素，为居民提供休闲、社交和文化活动的场地。广场的设计注重开放性，鼓励居民自由活动，举办各种社区活动，增进居民之间的交流与合作。

2.绿地的功能规划

在居住区绿地规划中，明确每个绿地的功能定位是至关重要的。通过差异化的功能规划，可以满足社区居民的各种需求，提高绿地的综合利用效益。

首先，文化活动区域的规划旨在提供场地，支持社区内的文艺活动。这些区域可能包括露天广场、文化表演场地或艺术装置区。规划者需要考虑场地的布局和灯光设计，以适应各类文艺活动的开展。合理设置这些区域有助于提升社区文化氛围，促进居民之间的交流和共享文化体验。其次，健身休闲区的规划考虑包括配置各种健身设施，满足居民的运动需求。这可能包括室外健身器材、跑步道、自行车道等。在规划过程中，需要综合考虑设施的种类、数量、分布以及与周边环境的融合，以创造一个既适合运动又美观宜人的环境。同时，生态保护区域的规划强调保护和促进生态系统的健康。这些区域可能包括湿地、植物保护区等，通过合理配置植被、维护水体、设置生态通道等方式，实现绿地的生态功能。生态保护区域的规划有助于提高城市绿地的生物多样性，打造一个更加可持续和生态友好的居住环境。

在这些功能区域规划的过程中，需要综合考虑社区规模、居民需求、场地特点等因素，以确保规划的科学性和实用性。通过明确每个绿地的功能，可以实现绿地的多样性，为社区居民提供全方位的休闲、文化和健康体验，使绿地成为社区生活的重要组成部分。

（三）绿地分布与连接

1.合理分布原则

合理的绿地分布原则是社区绿地规划中至关重要的一环。通过科学的规划，可以确保绿地能够满足社区居民的休闲和生态需求，提高社区整体的绿化水平。

首先，绿地的分布需要考虑社区居民的居住分布。规划者应该通过详细的人口普查和社区调查，了解社区内不同区域的居住密度和居民分布情况。基于这些数据，可以科学地确定绿地的分布区域，确保每个居民都能够方便地接触到绿地资源。其次，交通布局也是绿地分布原则的重要考虑因素。绿地应该布局在社区的主要交通节点或居民流通路径上，以提高绿地的可达性和利用率。合理的交通布局可以确保居民在不同区域之间能够便捷地访问绿地，促进社区居民的绿地活动。在规划过程中，需要充分考虑社区的发展方向和未来规模的变化。对新建社区，规划者可以根据未来的发展需求，提前规划绿地分布，确保社区发展与绿地的协调性。对现有社区，可以通过改建和更新现有绿地，优化分布，提高绿地的质量和可用性。最后，合理分布原则还要考虑不同绿地功能区域的均衡分布。例如，休闲娱乐区、生态保育区和文化活动区等应该在社区内合理分布，以满足居民多样化的需求。

2. 绿地网络的构建

绿地网络的构建是社区绿地规划的关键方面，旨在增进各绿地之间的互联，为社区居民提供通畅的路径，从而提升社区景观的整体感。

在构建绿地网络时，首要考虑的是合理的路径规划。规划者应该综合考虑社区内绿地的位置、居民居住区域以及主要交通路径，确保绿地之间的路径布局既便捷又自然。通过合理的路径规划，可以方便社区居民在不同的绿地之间活动，提升社区绿地的可达性。除了路径规划，绿地网络的构建还需要注重景观设计。通过设计吸引人的景观元素，如花草树木、雕塑和水景等，使绿地之间的连接更加愉悦和引人入胜。良好的景观设计可以增强绿地网络的吸引力，吸引更多居民在其中活动。

在网络的构建中，还应考虑绿地之间的功能衔接。不同功能的绿地可以通过有机的连接方式相互衔接，形成一个有机的整体。例如，休闲娱乐区、文化活动区和生态保育区等绿地功能区域的连接可以使社区居民在绿地网络中获得更加丰富的体验。

技术手段也可以应用于绿地网络的构建，例如，引入数字化导航系统、信息提示牌等，为居民提供更智能、便捷的导航服务。这有助于提高社区绿地的可用性和吸引力。

考虑未来社区的发展，绿地网络的构建还需要具备可扩展性。规划者应该预留足够的空间和路径，以适应社区人口增长和未来绿地的扩建需求。

（四）植物选择与布局

1. 植物种类的选择

植物种类的选择在绿地规划中具有重要作用，它直接影响到绿地的生态效应和美观度。

首先，气候是植物选择的重要考虑因素之一。根据所在地区的气候特征，如温度范围、降水情况和日照时数等，选择对应的植物种类。耐寒、耐热、耐旱等气候适应性是选择植物的重要指标，以确保植物能够在特定气候条件下生长。其次，土壤条件也是植物选择的重要因素。通过分析土壤的 pH 值、质地、水分保持能力等特性，选择适合的植物品种，以确保其在所处土壤条件下能够生根发芽。植物对土壤的适应性直接关系到其生长的健康和稳定性。考虑绿地的功能，不同植物种类的选择应与绿地的定位相匹配。例如，在休闲娱乐区域可以选择观赏性强、不易引起过敏的花卉，在生态保育区域可以选择具有氮固定或防风固沙功能的植物。因此，植物的选择需与绿地的整体规划和定位相协调。物种多样性也是植物选择的重要原则之一。引入不同种类的植物，包括乔木、灌木、草本等，有助于提高生态系统的稳定性和多样性。不同种类的植物在生态系统中发挥不同的作用，形成良好的生态平衡。最后，植物的生长速度和形态特征也需要考虑。选择生长速度适中、易于管理的植物品种，有利于规划和维护工作的合理进行。此外，植物的形态特征如树形、灌木、地被等，可以通过巧妙的组合打造出层次分明、色彩斑斓的绿化景观。

2. 植物布局与设计

植物的布局与设计是绿地规划中至关重要的环节，直接影响到绿地的整体美观性和生态效益。

首先，考虑植物的生长高度。在绿地规划中，通过科学合理的植物高度搭配，可以形成丰富的垂直结构，包括高大乔木、中等高度的灌木和低矮的草本。这种垂直结构不仅能够提供更多的生态品位，还有助于形成多层次的景观，使绿地更具层次感和立体感。其次，考虑植物的颜色。通过精心选择不同颜色的植物，并进行巧妙的组合，可以创造出季节性的变化和多彩的景观。例如，在春季选择花卉植物、夏季注重绿叶植物、秋季引入变色植物、冬季注重枝干纹理等。这种色彩的丰富变化能够为居住者提供不同季节的视觉享受。

四季景观效果也是考虑的重要因素。植物的选择和布局应当使得绿地在四季都能呈现出美丽的景色。通过合理安排春季花朵、夏季繁茂、秋季变色和冬季枯荣等景观，为居住者提供全年的观赏体验，增加城市绿地的整体吸引力。

生态效益方面，考虑植物的生态功能。通过结合植物的生态特性，比如氮固定、防风固沙等功能，合理配置植被，实现绿地的生态保育和功能多样性。生态功能的设计有助于提升绿地的生态质量，使其成为城市生态系统的一部分。

二、社区绿地规划的考虑因素

社区绿地规划的考虑因素涵盖了多个方面，其中包括社区文化与历史特色、社会融合与互动空间，以及可持续性与智能化等因素。

（一）社区文化与历史特色

1. 社区历史文脉的深入研究

社区绿地规划的核心任务之一是深入研究社区的历史文脉，以全面了解社区的演变过程、关键事件以及传统风貌。这重要的研究过程包括对地方性历史档案和口述历史的细致收集与整理，旨在确保规划过程中充分考虑社区的历史特色。

社区的历史文脉是一个复杂而丰富的网络，反映了社区的发展轨迹、文化传承和社会动态。通过深入研究社区的历史，规划者能够获得深刻的洞察，了解社区居民的生活方式、价值观念和社会互动。这有助于规划者更好地理解社区形成的原因、历史事件对社区的影响，以及社区所承载的文化认同。[1]

历史档案是研究社区历史的重要信息来源。这包括地方性档案馆、图书馆、博物馆等机构保存的文件、图片、地图等历史文献。规划者需要仔细筛选和分析这些档案，以获得关于社区发展、建设和变迁的详尽资料。这些档案提供了时间跨度长、具有连续性的数据，为规划者提供了可靠的历史线索。同时，口述历史是社区历史研究中不可或缺的一部分。通过与长者、资深居民的交流，规划者能够获取那些未被正式记录的珍贵信息。口述历史传承了社区的生活智慧、历史掌故和个人见解，为规划者提供了直观且丰富的历史资料。

社区历史的深入研究有助于规划者更好地理解社区的文化基因，从而更有针对性地将这些元素融入绿地设计中。社区历史可以启发规划者选择与社区历史相关的植物、雕塑或景观元素，以创造一个具有深厚历史底蕴的绿地环境。这种有机融合有助于绿地更好地反映社区的身份认同和历史积淀，形成独具特色的文化氛围。

2. 社区文化元素的有机融入

在社区绿地规划中，将社区的文化元素有机地融入绿地设计是至关重要的任

[1] 陈彦渊. 小区植物景观设计方法与植物绿化景观风格分析 [J]. 山西建筑，2017，43（11）：195-196.

务。这一过程涉及对社区文化的深入理解和对绿地环境的巧妙整合，旨在创造一个能够反映社区身份认同和历史积淀的独特绿地环境。

规划者需要进行对社区文化的深入研究，以确定社区的核心文化元素。这可能包括社区的传统习俗、特有的艺术表达形式、民间传说等。通过深入了解这些元素，规划者能够准确捕捉社区的文化脉络，为绿地设计提供有力的文化支持。

一种有机融合的方式是通过选择与社区历史相关的植物来打造绿地景观。这可以包括具有地方特色的植物品种，可能是当地传统用途植物或具有象征意义的植被。通过巧妙地整合这些植物元素，规划者能够在绿地中营造出具有浓厚地方文化氛围的景观。

雕塑和景观元素也是有机融合社区文化的关键手段。规划者可以选择设计雕塑来表达社区的历史传承或特有的文化符号。这些雕塑可以置于绿地中的战略位置，既能够成为艺术品，又能够在空间中引导人们感知社区文化的存在。

另外，景观元素如绿地布局、庭院设计等也应当考虑社区文化的融入。规划者可以参考传统的庭院设计理念或风格，将这些元素巧妙地融入绿地，使其成为社区文化的延伸。

绿地环境不仅可以是社区文化的展示平台，还可以是文化活动的场所。规划者可以设想在绿地中设置符合社区文化的活动场所，如传统艺术表演区、文化展览区等。这为社区居民提供了参与、体验文化的机会，促进了社区文化的传承和发展。

3. 活动场所的文化表达

在社区绿地规划中，为了展现和传承社区传统文化，至关重要的一项任务是在绿地中设置能够体现社区独特文化的活动场所。这些活动场所旨在通过多样的文化表达形式，如文化展览区和传统艺术表演场地等，为社区居民提供参与、体验文化的机会，进而促进社区文化的传承和展示。

首先，文化展览区作为绿地中的重要元素，可为社区提供一个专门的场所，用以展示社区的历史、传统、艺术和创新。这一区域可以呈现多媒体展示、图片展览、手工艺品展示等形式，全面展示社区的文化底蕴。通过文化展览区，社区居民能够更直观地了解社区的过去，增强对社区传统的认同感，并促进文化传承的关注。其次，传统艺术表演场地在绿地规划中具有重要地位。这样的场地可以成为举办传统音乐、舞蹈、戏剧等表演活动的理想场所。规划者可以考虑融入传统建筑风格或民间艺术元素，使表演场地本身就成为文化的表达形式。这种设计不仅提供了文艺表演的场地，也在建筑形式上延续了社区的历史传统，使绿地成为一个文化活动的中心。

通过这些文化表达的活动场所，社区绿地可以成为文化传承的平台。举办各类文艺活动、庆典仪式以及传统节日庆祝等，能够吸引社区居民的积极参与，促使社区文化在活动中得以表达和传递。这不仅有助于增进社区居民对文化的认知，还推动了社区文化的创新和发展。

值得注意的是，活动场所的设计应充分考虑社区的多元文化特征，以确保包容不同群体的文化表达需求。同时，定期组织文化活动，邀请本地艺术家和文化传承专家参与，进一步加强社区居民对文化传承的参与度。

（二）社会融合与互动空间

1. 开放式设计的重要性

开放式设计在社区绿地规划中的重要性不可忽视，它旨在创造一个宜人的环境，激发并促使居民更加愿意在绿地内活动。这一设计理念贯穿绿地布局、景观设计以及道路设置等多个方面，从而全面提升绿地的吸引力和可活动性。

首先，开放式设计注重绿地布局的宽敞开阔。通过合理规划和分配绿地空间，避免烦琐的区隔，打造出广阔而自由的活动场所。这种布局有助于消除空间上的压抑感，使绿地更加通透，让居民在其中感受到开放和舒适，进而增加绿地的使用率。其次，景观设计在开放式设计中扮演着关键角色。通过精心设计的景观元素，如自然植被、水体、雕塑等，规划者可以打破单一的空间感，为绿地赋予更为丰富的层次感和视觉吸引力。这不仅使绿地更具美感，也为居民提供了更多的探索和互动机会，从而激发他们在绿地中参与各种活动的欲望。最后，道路设置也是开放式设计的一项重要考虑因素。合理规划绿地的交通路径，采用通畅的道路布局，有助于降低人们在绿地内行走的障碍感。这种开放式的行走空间不仅提高了可达性，也使绿地成为人们流动和交往的自然场所，增强了社区居民在绿地内活动的意愿。

开放式设计的另一个优势是促进社区内的社交互动。在宽敞的绿地空间中，人们更容易相遇、交流，从而加强邻里关系。设置休闲座椅、户外娱乐设施等社交元素，进一步提升绿地的社交氛围，使其成为社区居民聚集和互动的理想场所。

2. 多样化社交设施的设置

在社区绿地规划中，为了促进社会融合与互动，规划者有着关键的任务，即设置多样化的社交设施。这一设计理念旨在为社区居民提供丰富多样的社交场所，以休闲座椅、互动游戏区、社区广场等多元化元素为基础，创造不同形式的社交空间，从而密切邻里关系。

首先，休闲座椅作为社交设施的一部分，在绿地规划中具有重要地位。规划者可以合理布置休闲座椅，创造出宜人的休憩空间。这些座椅可以分布在绿树荫下、湖畔等景观优美的地方，为居民提供放松心情、欣赏周围环境的机会，同时也为邻里之间的交流提供了自然的场所。其次，互动游戏区的设置对社交融合至关重要。这种社交设施可以包括开放式的篮球场、儿童游乐场等。这些区域为社区居民提供了共同参与的机会，增进了居民之间的互动。尤其是对儿童和青少年来说，互动游戏区是培养友谊、共同体验的理想场所，有助于社区内不同年龄层次的跨越性交流。再次，社区广场的规划也是多样化社交设施的重要组成部分。社区广场可以承载各类集体活动，如文化表演、市集、庆典等。规划者可以通过合理的设计使广场成为社区集体活动的核心区域，激发居民的社交热情，促使他们参与到社区生活的各个层面中。最后，多样化社交设施的设置应当考虑到社区的多元文化和多样性需求。例如：在休闲座椅的设计上可以融入不同文化元素；互动游戏区的设计可以考虑适应不同年龄层的需求；社区广场的活动策划也应当包括多元文化的表达。这种设计理念有助于建立一个更加包容、兼顾各群体需求的社区绿地。

3. 社区绿地作为邻里关系建设平台

社区绿地作为邻里关系建设的平台具有重要的意义。通过提供开放的社交空间，社区绿地创造了一个有利于邻里互动和交流的环境，进而成为促进邻里关系建设的理想平台。这一理念的实现涉及定期举办社区活动、庆典等丰富多彩的活动，从而激发居民之间的互动与交流。

首先，社区绿地作为邻里关系建设的平台强调了其开放性。通过合理规划和设计，社区绿地打破了传统的封闭性设计，创造了一个通透、宜人的社交环境。这种开放性的设计促使居民更愿意在绿地中聚集，成为密切邻里关系的自然场所。其次，社区绿地的开放性为定期举办社区活动提供了场所基础。规划者可以充分利用绿地空间，组织各类文化、艺术、体育等活动，满足不同居民群体的需求。这些社区活动旨在为居民提供共同参与的机会，通过集体参与的方式增进邻里之间的了解和感情。

社区庆典是社区绿地作为邻里关系建设平台的重要组成部分。定期举办庆典活动，如社区年度庆典、节日庆祝等，为社区居民提供了欢乐互动的场所。这些庆典活动可以包括文艺演出、美食节、手工艺市集等，吸引居民的参与，从而加深彼此的了解和友谊。

社区活动的规划还应注重多元文化的融合。通过考虑社区的多样性，规划者可以设计适应不同文化背景的活动，从而更好地服务社区居民。这种文化多元性的活动策划有助于建立一个更加包容和共融的邻里社区。

（三）可持续性与智能化

1. 引入可再生能源和雨水收集系统

可持续性在社区绿地规划中扮演着至关重要的角色，引入可再生能源和雨水收集系统成为实现这一目标的重要手段。规划者需要深思熟虑如何整合太阳能灯光系统和雨水收集系统，以减轻对环境的负担。

首先，引入可再生能源是社区绿地可持续性的关键步骤之一。太阳能灯光系统是其中一项创新性的解决方案，通过将太阳能电池板整合到绿地灯光系统中，实现白天对太阳能的储存和夜间的照明。这种系统不仅减少了对传统电网的依赖，降低了能源消耗，还为绿地提供了清洁、可再生的能源来源，有助于推动社区绿地的绿色能源转型。其次，雨水收集系统的引入也是社区绿地规划中的重要考虑因素。这一系统通过设置雨水收集设备，将雨水储存起来供后续使用，如灌溉绿植、冲洗道路等。通过合理设计雨水收集系统，规划者可以最大限度地利用雨水资源，降低对市政供水的需求，从而减轻对水资源的压力，提高绿地的水资源利用效率。

这两种系统的引入不仅关乎环境可持续性，还与社区居民的生活质量直接相关。太阳能灯光系统提供了更为节能且独立的照明方式，改善了夜间绿地的亮化效果，提高了夜间的安全性和居民活动的舒适度。雨水收集系统则有助于解决城市面临的水资源问题，降低城市径流，改善城市微气候，为社区居民创造更为宜居的环境。

考虑到社区绿地的多功能性，规划者在引入可再生能源和雨水收集系统时还需注重整体规划。例如，在绿地设计中可以考虑设置太阳能充电站，为居民提供手机、电动车等设备的充电服务，进一步提升绿地的社会服务功能。同时，雨水收集系统的设计也需要与绿地景观相融合，使其成为绿地美化和环保的一部分。

2. 智能化管理的应用

在社区绿地规划中，智能化管理的应用是推动绿地可持续发展的重要策略。结合先进的科技手段，如智能灯光系统和环境监测设备，实现对绿地的智能管理和维护。这一创新性的管理方法不仅提高了绿地的管理效能，还使其更符合未来社区的智能化发展趋势。

首先，智能灯光系统作为智能化管理的一部分，为绿地提供了高效的照明解决方案。通过集成先进的灯光控制技术，智能灯光系统能够实现根据实际需求自动调整亮度、节能降耗。这不仅有助于提高绿地的能源利用效率，还为居民提供了更为舒适和安全的夜间环境，增强了社区绿地的整体品质。其次，环境监测设备在智能化管理中扮演着关键角色。通过安装各类传感器和监测设备，规划者可以实时获取绿地的环境数据，如空气质量、温度、湿度等。这些数据不仅有助于科学管理绿地的生态环境，还能提供实时的环境信息，为居民提供更为智能、贴心的服务。例如，在高温天气，系统可以通过调整喷水系统或提供清凉设施，提升居民在绿地的舒适感受。

智能化管理还可通过应用智能化系统来提升绿地的安全性。智能监控摄像头和感知设备的使用可以有效监测绿地的安全状况，及时发现异常情况并采取相应的措施。这种实时监测的机制不仅提高了绿地的安全性，也为居民提供了一个安心的休憩和活动空间。

值得关注的是，智能化管理的应用需要充分考虑隐私保护和信息安全等问题。在数据采集和处理过程中，规划者应遵循相关法规和道德准则，确保居民的个人隐私得到充分尊重和保护。

3.社区参与可持续发展

社区居民的参与是推动可持续发展理念的普及和实践的重要途径。通过积极参与，社区居民可以更好地理解和认同可持续发展的重要性，同时也为绿地的保护和管理贡献力量，共同营造一个关心环境可持续性的社区氛围。

首先，开展环保教育活动是促进社区居民参与可持续发展的有效手段。通过组织讲座、座谈会、工作坊等形式的环保教育活动，社区居民可以获取关于环境问题、可持续发展理念的相关知识。这有助于提高居民对可持续性的认知水平，激发他们参与环保行动的积极性。其次，鼓励居民参与绿地的保护和管理是社区可持续发展的关键环节。规划者可以设立社区绿地志愿者团队，招募有志于环保事业的居民参与绿地的日常管理工作，如植树、花草养护、垃圾清理等。通过居民的实际参与，不仅提高了绿地的维护效果，也培养了社区居民对绿地的责任心和归属感。社区居民的参与还可以通过制定共同的环保倡议和规章制度来实现。规划者可以与社区居民共同商定一系列的环保倡议，明确居民在社区绿地使用和管理中应当遵循的规定。这既体现了社区自治的原则，也增加了居民在环保事业中的参与感和责任感。最后，社区居民参与可持续发展的方式还可以通过组织各类绿地活动来实现。例如，定期举办社区植树节、环保义工活动等，吸引更多居民积极参与，使绿地不仅成为环保行动的场所，也成为社区居民交流和互动的平台。

在社区居民参与的过程中，需要注重引导和激励。规划者可以通过奖励制度、荣誉称号等方式，激发居民参与的积极性，形成社区居民共同关心环境可持续性的良好氛围。此外，定期的反馈和沟通机制也是保持居民参与的关键。通过及时传递环保成果和问题，使居民更有参与感和归属感。

第三节　居住区道路绿地的规划设计

一、道路绿地的作用与设计需求

（一）道路绿地的多重作用

1. 作为绿色走廊的连接功能

道路绿地在城市规划中扮演着绿色走廊的重要角色。其首要功能在于作为连接居民区与城市其他区域的绿色通道。这一功能的实现不仅提供了便捷的交通通道，同时也为城市居民创造了高效的出行方式。通过将道路绿地融入城市交通系统，规划者能够有效解决城市交通拥堵的问题，提升居民的出行体验。

在这一多重功能的背后，道路绿地不仅是简单的交通走廊，更是城市规划的战略组成部分。其作为连接居民区和城市其他区域的通道，使得城市整体的交通网络更加畅通有序。这不仅有助于居民在日常生活中更加便利地出行，也促进了城市各个区域之间的联系和互动。道路绿地的绿色走廊功能同时与城市绿化紧密相连。通过合理的植被设计和景观规划，道路绿地不仅成为出行的通道，更是一道美丽的风景线。这为居民提供了宜人的环境，提升了城市的整体景观质量，同时也为居住者创造了更加宜居的居住环境。这种绿色走廊的设计不仅关乎城市规划的功能性，更注重了居民的生活质量和城市的可持续发展。

2. 在城市景观中的重要角色

道路绿地在城市规划中扮演着不可或缺的角色，不仅作为交通走廊，更是城市绿化的重要组成部分，成为城市景观的关键元素。规划者通过巧妙选择适宜的植被和景观元素，能够塑造出独特而美丽的城市景观，为居住区注入丰富的色彩和生机。

这种景观功能的实现不仅能简单地美化城市环境，更是提升城市整体形象的有效手段。通过巧妙的植被配置和景观设计，道路绿地能够为城市增添独特的韵味，创造出具有地方特色的景观线路。这样的设计既满足了城市居民对美丽环境的追求，也使城市在整体上更具吸引力。

道路绿地在城市景观中扮演重要角色还表现在提高居民的生活质量。道路绿地的存在为居民创造了宜人的居住环境，使其能够在美丽的自然景观中居住和工作。这对提高居民的幸福感和生活质量起到了积极的作用。绿树成荫、花香四溢的景观环境既提供了休闲娱乐的场所，也促进了居民之间的社交活动，增强了社区凝聚力。

3.环境调节与生态保护功能

道路绿地作为城市规划中的重要组成部分，具有不可忽视的环境调节和生态保护功能，为城市可持续发展提供了重要支撑。通过合理的规划和设计，道路绿地能够在多个方面发挥积极作用，调节城市气候、改善空气质量，同时保护和提升当地生态系统，促进城市的生态平衡。

首先，道路绿地在城市中起到了重要的调节环境作用。由于绿地的存在，城市气候得到一定的调节，形成了绿色的微气候环境。树木的荫蔽和植被的蒸腾作用能够有效地降低周围气温，缓解城市中的热岛效应。此外，道路绿地的草坪和植被还有助于吸收和净化大气中的有害气体，改善空气质量，为城市居民提供清新的呼吸环境。其次，生态保护是道路绿地的另一项重要功能。通过采用生态友好的设计手段，如选择本地适宜的植被、保护当地动植物栖息地等，规划者能够最大限度地保护并提升道路绿地所在地区的生态系统。这种做法不仅有助于维护城市的生态平衡，还为城市提供了丰富的生物多样性，促进了自然生态系统的健康发展。此外，采用可持续性的设计理念，如雨水收集系统、可再生能源的利用等，也是道路绿地在生态保护方面的一项重要措施。

（二）设计需求与考虑因素

1.良好的交通流线规划

在规划和设计道路绿地时，首要考虑的是保障良好的交通流线。良好的通行性是道路绿地连接功能的基础，规划者需要充分考虑不同区域的交通需求，合理设计道路布局，确保交通畅通，同时避免交通拥堵。

道路绿地作为连接居民区与城市其他区域的通道，其交通路线的规划至关重要。首先，规划者需要深入了解城市的交通网络，分析各个区域的交通状况和需求。通过合理的交通调查和分析，可以确定道路绿地的起点、终点以及途经的主要区域，为后续设计提供基础数据。

其次，在道路布局方面，规划者应根据城市的交通枢纽和主要出行路线，合理设计道路绿地的走向和连接方式。考虑到不同交通工具的使用需求，可以设置人行道、自行车道、汽车道等多样化的通行区域，以满足不同出行方式的需求，提高通行效率。

为了确保交通畅通，规划者还需考虑道路绿地与周边道路的衔接和过渡。通过合理设置人行天桥、地下通道等交叉设施，优化交通流线，避免交叉口拥堵和交通事故，提高整体交通运行效率。

最后，规划者还可以考虑引入先进的交通科技手段，如智能交通信号灯、交通监测系统等，以提升道路绿地的交通管理水平，优化交通流线。通过科技手段的应用，规划者可以更加精准地监测和调控交通流量，实现智能交通管理，提高交通运行的效率和安全性。

2. 景观美化的设计考虑

设计道路绿地时，必须充分考虑景观美化，选择适宜的植被和景观元素。通过合理搭配花草树木、雕塑、水景等元素，规划者可以打造出具有艺术性和观赏性的道路绿地景观。这不仅提升了城市的整体美感，也为居民提供了宜人的休闲空间，营造了社区的文化氛围。

首先，景观美化的设计考虑需要关注植被的选择和布局。规划者应根据地域特点和气候条件，选择适应性强、四季有景的植物，形成丰富多彩的植被景观。植物的选择可以考虑色彩的搭配、生长的季节性以及植物的高低错落，以营造出生机勃勃、宜人宜居的绿色环境。

其次，景观元素的引入也是设计中的关键考虑因素。规划者可以通过雕塑、艺术装置、景观小品等方式，为道路绿地增色添彩。这些艺术性的元素不仅可以丰富绿地的空间层次，还能引导居民在绿地中进行文化艺术欣赏和休闲娱乐活动，提高绿地的文化内涵。

再次，水景的设计也是景观美化的有效手段。通过合理规划水池、喷泉等水景元素，可以为绿地增添一份清新、宁静的氛围。水景的反射效应不仅能够美化周围环境，还能为居民提供愉悦的视觉体验，使绿地成为人们休憩的理想场所。

最后，景观美化的设计不仅是为了提升城市的整体美感，更是为了创造宜人的居住环境。良好的景观设计不仅能够满足居民对美的追求，还能激发社区的文化活力，促进邻里之间的交流与互动。通过景观美化，道路绿地不仅成为交通走廊，更是城市文化的展示舞台，为居民提供了美丽而宜人的居住空间。这种注重景观美化的设计理念有助于构建宜居、宜业、宜游的城市环境，为城市发展注入更多文化与艺术的元素。

3. 生态保护的设计手段

生态保护是道路绿地规划中至关重要的设计考虑因素。规划者需要采用生态友好的设计手段，以最大限度地保护和提升当地的生态系统，为城市绿化事业和生态环境的改善做出积极贡献。

首先，植被的选择是生态保护设计的关键。规划者应当根据当地的生态特点、土壤条件和气候环境，选择适应性强、本土植被种类。引入本地植被有助于维护生态平衡，提高植物的生存适应性，减少外来物种对当地生态系统的干扰。此外，植物的多样性也是保护生态系统的关键因素，有助于维护生态平衡、促进生物多样性。其次，规划者还应考虑雨水的收集和利用。通过设置雨水收集系统，可以将雨水有效地引导到植被区域，减缓雨水径流的速度，防止水资源浪费。同时，雨水收集系统还有助于提供植物所需的水源，促进植被的生长，形成自给自足的生态循环。再次，规划者还可以通过湿地的设计来提升生态系统的保护水平。湿地具有优良的水质净化功能，能够过滤和吸附污染物质，改善水体质量。湿地生态系统的引入不仅有助于保护水资源，还提供了适宜水生生物栖息的环境，促进水生生态系统的恢复和发展。最后，规划者还应注重土壤的保护和改良。通过选择适宜的植被、合理施肥和植物覆盖等手段，可以改善土壤结构，减少土壤侵蚀，提升土壤的保水保肥能力，为植物的健康生长提供更好的土壤环境。

二、道路绿地规划中的技术挑战

（一）土地利用与规划限制

1. 土地有限性的挑战

土地有限性是城市道路绿地规划中面临的主要技术挑战。在城市发展中，土地资源的受限导致规划者在设计城市道路和绿地时必须在有限的土地空间内寻求最优解，以保障城市交通顺畅的同时满足居民对绿化环境的期望。这一挑战要求规划者在土地利用、分配，以及道路与绿地空间协调等方面进行综合考虑，寻找创新性的土地配置解决方案。

首先，规划者在面对土地有限性挑战时需要进行科学合理的土地利用规划。这包括对城市不同区域的土地属性、用途、土地开发潜力等进行详细的调查和评估。通过科学分析土地的特征，规划者可以确定哪些土地用于道路建设，哪些用于绿地布局，以实现最优的土地利用配置。其次，土地有限性挑战要求规划者注重土地的分配和利用效率。在城市中，土地的高效利用对解决土地有限性问题至关重要。规划者需要考虑如何在有限的土地空间内实现多功能的布局，例如，通过道路和绿地的合理组合，最大限度地提升土地的利用效率。此外，可以考虑引入垂直绿化、屋顶绿化等手段，将绿地融入建筑物中，进一步提高土地的利用效益。在道路与绿地的空间协调方面，规划者需要进行精细的规划和设计。通过科学合理的道路布局，规划者可以在有限的土地内确保交通顺畅，并合理分布绿地空间，使其成为城市中的宜人绿洲。在空间协调中，可以采用交错布局、景观廊道等设计手法，使道路和绿地相互交织，形成和谐的城市空间。最后，土地有限性挑战要求规划者在设计中寻求可持续性的土地配置解决方案。通过引入可持续发展理念，例如，推广绿色建筑、提倡交通绿色出行方式等，可以最大化地减缓城市土地资源的消耗，实现城市的可持续发展。

2. 规划限制对土地利用的影响

规划限制在城市道路绿地规划中是一项重要的技术挑战。城市规划中的法规、政策，以及社会文化等因素都对土地利用提出一系列要求和限制，这直接影响到道路绿地规划的可行性和合法性。规划者需要充分了解并遵循这些规定，确保规划在法律和社会伦理框架内进行。这要求规划者具备深厚的法律法规知识，并与相关部门保持密切沟通，以确保规划的合法性和可行性。

首先，城市规划中的法规和政策对土地利用产生直接的影响。规划者需要了解城市的规划法规、土地利用政策以及相关的法律框架。这包括但不限于用地性质、建筑高度、绿地比例等规定。规划者必须确保道路绿地规划符合这些法规和政策的要求，以避免因规划违反法规而承担法律责任。其次，社会文化因素也是规划限制的一部分。城市居民对绿化环境的期望、文化传统和社会认同都会对规划产生影响。规划者需要考虑当地居民的文化习惯和对绿地的期望，确保规划既满足法规要求，又符合当地社会文化的特点。再次，与相关部门的紧密沟通也是规划者需要应对的挑战之一。规划者必须与城市规划、环保、交通等相关部门保持良好的沟通，了解各个部门对土地利用的规定和要求。通过与相关部门的合作，规划者能够更好地理解规划限制，并在规划过程中及早发现和解决潜在的冲突。最后，规划者需要具备较强的法律法规知识和跨学科的综合素养。他们应该能够理解并应对不同领域的规定，确保规划的合法性和可行性。这要求规划者在规划过程中与法律专业人士、环保专家等合作，以确保规划的科学性和合规性。

（二）技术创新与可持续性

1.智能科技在管理效能的应用

在道路绿地规划中，技术创新尤其是智能科技的应用是一项关键的挑战。随着智能科技的不断发展，规划者可以充分利用智能交通系统、自动灌溉系统等先进技术，以提高道路绿地的管理效能。这些智能科技的应用对优化绿地规划、提升交通流畅度、改善植被管理等方面都具有重要意义。

首先，智能交通系统在道路绿地规划中起到关键作用。通过实时监测交通流线，规划者能够获得准确的交通数据，并能够实时调整交通信号灯、交叉口规划等，以确保道路绿地交通畅通无阻。这不仅提高了交通流线的效率，还有效缓解了城市交通拥堵问题，为居民提供更加便捷的交通通道。

其次，自动灌溉系统的应用在绿地植被管理中具有显著的优势。通过智能灌溉系统，规划者可以根据植被的需水情况进行精准的灌溉，避免浪费水资源。这有助于提高水资源的利用效率，同时保持绿地植被的健康状态，使绿地在不同季节仍然保持良好的景观效果。这样的智能灌溉系统不仅提高了管理效能，也符合可持续性发展的理念，减少了水资源的浪费。

除此之外，智能科技还可以在绿地安全管理、环境监测等方面发挥作用。例如，智能监测设备可以实时监测绿地的环境参数，包括空气质量、温度、湿度等，从而及时发现并解决可能影响居民健康的问题。这种智能监测有助于规划者更好地了解绿地的状况，以便采取相应的管理和维护措施。

2.可持续性在技术创新中的体现

可持续性在道路绿地规划中的体现是一项至关重要的考虑因素。规划者需要通过引入可再生能源和雨水收集系统等技术手段，以减轻对环境的负担，使道路绿地更符合未来城市可持续发展的需求。

首先，引入可再生能源是可持续性的重要体现之一。通过采用太阳能灯光系统，规划者可以满足道路绿地的照明需求，并使其实现自给自足的能源供应。太阳能灯光系统通过太阳能电池板收集太阳能，并将其转化为电能供给绿地照明系统，降低了对传统能源的依赖。这种可再生能源的利用不仅降低了碳足迹，也促进了绿地的能源自主性，符合城市可持续发展的理念。

其次，雨水收集系统的应用也是可持续性的关键体现。在城市规划中，雨水排放是一个重要的环境问题。通过引入雨水收集系统，规划者可以收集和储存降水过程中的雨水，避免过多的雨水排放进入城市排水系统。这不仅减轻了城市排水系统的负担，还为绿地提供了可持续利用的水资源。这些储存的雨水可以用于绿地的灌溉，满足植被生长的需求，实现水资源的循环利用，进一步减少了对城市水资源的需求。

三、成功案例分享：社区道路绿地的创新设计

社区道路绿地的创新设计在城市规划中具有重要的实践意义。以下是一个成功案例分享，展示了社区道路绿地的创新设计，包括小区道路景观、中庭景观和亲水绿地。

（一）小区道路景观

1. 景观道路

居住区主入口道路隔离绿带和小区外围景观道路展示了现代城市规划中创新而有趣的景观设计。在图 3-1 中，居住区主入口的道路隔离绿带采用了现代简约的规整式设计，呈现出清晰、有序的小灌木色带。该色带由夏鹃、金边黄杨和红花继木三种叶色线性种植，辅以大规格的无刺构骨球，达到了整齐、饱满、层次分明的道路绿化效果。

在图 3-2 中，小区外围景观道路的设计展现了对称种植的规整式绿化带，其横向层次包括夏鹃、红花继木等灌木色带，同时在两侧的列植行道树中引入了乐昌含笑间的红叶石楠球。这样的设计形成了具有纵向韵律和空间层次的景观道路，同时强烈引导了人们对景观的关注。

图 3-1　居住区主入口道路隔离绿带　　　　图 3-2　小区外围景观道路

这两个景观设计充分体现了现代城市规划中注重创意和层次感的理念。通过巧妙搭配不同植物的颜色和形态，设计师成功地打造了独特而引人入胜的道路景观。这不仅令居民感受到自然的美，还为城市增添了一道独特的风景线。

2. 车库入口

高层区地下车库入口景观（见图 3-3）展示了一种独特而精心设计的城市景观元素。在这一设计中，对地下车库入口的绿化处理采用了巧妙的手法，以达到减缓硬质贴面的效果。坡道侧墙以大灌木球的收头和藤本黄素馨的垂挂作为装饰，通过这些自然的元素，成功地弱化了硬质贴面的视觉冲击。此外，设计者还在坡道空间中设置了廊架及绿化围合，形成了一个层次分明、绿化掩映的地下车库入口景观。这样的设计不仅为车库入口带来了独特的自然氛围，还使整个空间显得更加宜人。

图 3-3　高层区地下车库入口景观

3. 消防车道

在住宅小区中庭设计中，消防车道的规划呈现出一种隐形、自然式的园林环境，通过图3-4和图3-5的展示，我们可以看到这一独特设计的特点。

图3-4　住宅小区中庭隐形消防车道（一）　图3-5　住宅小区中庭隐形消防车道（二）

中庭隐形消防车道的道路和色块呈现出弯曲流畅的线形，结合节点绿化色块，形成了自然式园林的小区庭院环境。这种设计不仅满足了消防车辆通行的需要，还将消防车道巧妙地融入小区的整体景观。通过弯曲的线形和自然绿化，成功地避免了传统消防车道刚硬、突兀的感觉，为小区居民创造了宜人的居住环境。

需要特别注意的是，在前期施工中，必须依据景观平面图路网线形布置和绿地堆坡造型等因素进行道路路基放样。这样的施工策略旨在避免硬化路基对苗木定位和种植效果的影响，确保消防车道的绿化效果和整体景观的一致性。

4. 人行步道

在居住区的道路规划中，人行步道的设计成为营造自然、亲水的城市景观的重要组成部分。图3-6展示了一处人行步道，其设计巧妙地融入了自然元素，为居民提供了宜人的休闲空间。

人行步道两侧的草坪与步道石板材的铺装相结合，形成了自然与人工结合的景观。左侧的红花继木、大叶黄杨、鸡爪槭等植物构成了与车行道路的隔离绿带，增加了绿化的层次感。而右侧则与水系相连，种植了毛杜鹃、金边黄杨、灌木球等水生植物，创造了自然、亲水的游步道景观。这种设计不仅增添了步道的生态氛围，也为居住区居民提供了宜人的散步场所。

图3-7展示的小区竹径步道则采用了自然线形的设计，两侧种植了竹林和吉祥草地被。这样的设计适用于别墅排屋区及高层区楼栋宅间、庭院等人行步道。竹林小径的设计不仅营造了悠闲、私密的居住环境，同时由于竹林绿化成本较低，也考虑了可持续性的因素。

图 3-6　居住区道路人行步道

图 3-7　小区竹径步道

（二）中庭景观

1. 草坪空间

小区中庭及公共景观绿地的草坪空间设计体现了对绿地空间安排和植物疏密布置的精心考量。通过图 3-8 和图 3-9 的展示，我们可以窥见这一设计的特色和美感。

图 3-8　小区中庭

图 3-9　公共景观绿地草坪空间

在小区景观规划设计中，草坪空间的布置依据绿地空间的安排，外围形成大草坪空间，并配以乔木背景林带，为整个区域增添了层次感和景深感。林带边缘巧妙地设置了灌木色块或花镜，为大草坪空间注入了更多的色彩和变化。在大草坪空间中，还可以栽植庭荫树，为居民提供清新的休闲空间。

在草坪绿地的堆坡造型上，设计要求自然、饱满和平整，以确保草坪的整体美观。草皮的主要品种选择有暖季型矮生百慕大草、日本结缕草，以及百慕大草与黑麦草（冷季型）混播草坪。这样的植被选择不仅适应了不同季节的气候变化，还为草坪的生长和美观提供了良好的条件。

这一设计理念在营造小区中庭和公共绿地的宜人环境方面起到了积极作用。通过草坪空间的多样化布局和植被的巧妙选择，成功地为居民创造了一个可供休憩和娱乐的开放场所。

2.中庭色块

高层区中庭及公共绿地的自然式灌木色块设计体现了对绿地色块放样的精心安排。通过图 3-10 的呈现，我们可以窥见这一设计的巧妙之处。

图 3-10　高层区中庭及公共绿地自然式灌木色块

在高层区中庭和公共绿地的设计中，灌木色块的布置必须结合景观道路线形和绿地堆坡形态，同时考虑景观空间的鸟瞰图案效果。这一综合考量确保了色块的线形自然流畅、饱满且富有层次感。灌木的品种选择也十分重要，需要考虑叶色、叶形、花色等因素，以达到植被搭配的协调效果。

设计师通过合理的色块搭配，使得灌木在整个绿地区域形成了自然而和谐的画面。这样的设计不仅为居民提供了视觉上的愉悦，还在一定程度上起到了绿化美化的作用。通过巧妙的色彩和形状的搭配，使得灌木色块在高层区中庭和公共绿地中成为一道独特的风景线。

（三）亲水绿地

住宅小区中庭景观水系的设计在图 3-11 到图 3-14 中展现出了亲水绿地的丰富多样性。这一水系设计以水池为中心，周边的亲水绿地地被和色块的植被选择着重考虑了植物的品种和搭配，形成了形态自然、叶色、叶形、花色和层次丰富的独特亲水绿地效果。

图 3-11　亲水绿地（一）

图 3-12　亲水绿地（二）

图 3-13　亲水绿地（三）

图 3-14　亲水绿地（四）

　　在水池周边的亲水绿地，植物的选择包括了鸢尾、毛杜鹃、红花继木、金森女贞毛球和黄素馨等多个品种。这些植物以有机的方式结合景观水池、压顶和景石，使整个亲水绿地呈现出自然而富有层次感的景观效果。植物的叶色、叶形、花色的搭配巧妙地营造了一个和谐的植物群系，为居民提供了一个宜人的休闲空间。

　　这一设计中，亲水绿地的布局不仅注重了植物的选择，还强调了多功能性的设计理念。通过水系的引入，不仅为小区增添了生态氛围，同时为社区居民提供了一个优美宜人的休闲场所。这样的设计不仅是对水域资源的合理利用，更是对城市绿地规划中生态与美学相结合的一次成功尝试。

　　通过这一成功案例的分享，我们可以得出一些有益的启示。首先，整合城市规划和土地利用，特别注重水域资源的规划与设计，有助于创造出更具生态和美感的社区环境。其次，推动科技创新在道路绿地管理中的应用，如智能交通系统、自动灌溉系统等，可以提高管理效能。最后，注重绿地的多功能性设计，使其不仅是景观的一部分，更是社区居民休闲、娱乐的场所。这些建议为未来社区道路绿地规划提供了有益的借鉴和经验。

第四章 社区景观性健身设施设计

第一节 居住区户外健身空间设计

一、健身空间设计的健康理念

（一）引入健康理念

1. 理念的重要性

在居住区户外健身空间设计中，引入健康理念的重要性不可忽视。健康理念不仅将健身视为简单的体育锻炼，更将其塑造成为促进居民身体健康的核心目标。这一理念涵盖了多个关键方面，其中包括运动的科学性、专业性，以及确保每位居民在健身活动中能够获得最大益处。

首先，健康理念注重运动的科学性。通过引入健康理念，设计者需要深入了解运动科学的原理，包括不同年龄、性别、健康状况的居民对运动的需求和适应性。科学合理的运动强度、频率和方式能够更好地满足居民的健身需求，确保他们在锻炼中既达到预期效果，又不至于造成身体负担。其次，健康理念要求健身活动具备专业性。这意味着设计中需要引入专业的运动指导和科学的锻炼计划。通过提供专业的运动指导，居民可以更准确地掌握正确的运动姿势和方法，减少运动中潜在的伤害风险。科学的锻炼计划则可以根据个体差异制订，确保每位居民都能够制订适合自身身体状况的锻炼方案。

最重要的是，健康理念确保每位居民在健身活动中能够获得最大益处。这不仅包括身体素质的提升，还关乎整体生活质量的提高。通过引入健康理念，设计的健身空间将更加注重全面的身体健康，从而为社区居民提供全方位的身体健康平台。

2. 运动强度的合理设置

健康理念的引入要求在健身空间设计中合理设置运动强度，这是确保居民能够获得最大身体益处的重要方面。不同年龄层和健康状况的居民对运动的适应性存在较大差异，因此，设计师在考虑运动器械的布局和难度时应该充分考虑这些因素，以确保满足不同群体的锻炼需求。

首先，对老年人或身体状况较差的居民，设计师应该设置一些低强度、轻松易学的健身器械。这包括一些简单的有氧运动设备、柔韧性训练区域，以及适合初学者的力量训练设备。通过提供低强度的运动选择，可以帮助这部分居民在愉悦的氛围中逐步提高运动水平，改善身体素质。其次，对青壮年居民，设计师可以设置一些中高强度的健身器械，以满足他们对更具挑战性的锻炼的需求。这可能包括一些耐力训练设备、高强度有氧运动器械，以及适用于中级和高级水平的力量训练设备。通过提供多样化、有层次的运动选择，可以满足这部分居民对全面锻炼的追求。最后，还可以考虑引入智能科技，通过智能设备，根据个体的健康状况和运动水平提供个性化的运动建议。这有助于居民更好地了解自己的身体状况，制订适合自己的锻炼计划，提高锻炼效果。

3.专业运动指导和科学锻炼计划

除了提供多样化的运动设施，健康理念的引入还包括专业运动指导和科学锻炼计划的重要方面。社区健身空间的设计不仅提供器械，更需要考虑如何为居民提供专业的运动指导和个性化的锻炼计划，以确保他们在锻炼过程中获得正确的指导和科学的锻炼计划。

首先，引入专业的健身教练是一种重要的方式。专业教练可以为居民提供个性化的运动建议，根据个体的身体状况、健康目标和锻炼水平，制订符合其需求的健身计划。通过与教练的互动，居民可以得到实时的指导和反馈，确保他们的运动姿势正确、运动强度适中，从而更好地达到健康锻炼的效果。其次，可以考虑通过智能科技手段提供个性化的运动建议。智能健身设备和应用可以通过收集居民的运动数据、健康指标等信息，为他们量身定制科学的锻炼计划。这些科技手段不仅可以提供实时的运动监测，还可以根据用户的反馈和变化调整计划，使锻炼更加切合个体需求，提高锻炼的科学性和实效性。

（二）自然元素的融入

1.绿植的引入

在居住区户外健身空间设计中，引入健康理念要求充分考虑自然元素，而其中绿植成为设计中的重要考虑因素。绿植的引入不仅是为了美化环境，更是为了为居民提供清新的空气，创造更为舒适宜人的锻炼环境。因此，在设计中合理选择适宜的植物种类，并考虑它们的布局和景观效果显得尤为重要。

首先，绿植的引入可以有效改善空气质量。植物通过光合作用释放氧气，吸收有害气体，如二氧化碳和甲醛等，从而净化空气。这对户外健身空间来说尤为重要，因为新鲜的空气不仅有助于提高运动者的体力，还能减轻锻炼时的疲劳感，提升锻炼的效果。其次，绿植的引入为锻炼者创造了更为舒适的环境。植物的绿意和花香可以降低周围环境的紧张感，营造出宜人的氛围，使居民更愿意参与到户外健身活动中。良好的环境氛围还有助于降低锻炼时的压力，使锻炼者更加放松。最后，合理选择植物种类并考虑它们的布局和景观效果也是设计中需要考虑的因素。不同的植物具有不同的形态、颜色和气味，通过巧妙的搭配和布局，可以打造出丰富多彩、层次分明的绿植景观，为健身空间增添自然之美。

2. 自然光线的优化

在居住区户外健身空间设计中，自然光线的优化是设计中的另一个重要考虑因素。通过合理设置健身区域的布局，确保阳光能够充分照射到运动区域，不仅有助于提高居民的锻炼体验，还对心理健康产生积极影响。

首先，充足的自然光线对锻炼者的视觉体验至关重要。阳光下的运动区域更加明亮，细节更为清晰可见，这有助于提高锻炼者对周围环境的感知和运动的准确性。相比于昏暗的环境，阳光下的健身区域能够更好地激发居民的积极性，使锻炼过程更加愉悦。其次，自然光线的优化对心理健康有积极的影响。阳光是一种天然的抗抑郁药，它能够刺激身体产生更多的血清素，提升锻炼者的情绪和幸福感。在户外健身空间中，通过让阳光直接照射到运动区域，可以创造出明快、开阔的环境，帮助居民放松心情，减轻压力。

除此之外，自然光线的优化还有助于调整生物钟，提高锻炼者的精力水平。充足的阳光照射有助于维持正常的生物钟节律，使人更容易保持早晨的活力和注意力，从而提高锻炼的效果。

3. 缓解城市紧张氛围

在居住区户外健身空间设计中，引入自然元素不仅美化环境，还有助于缓解城市生活的紧张氛围。通过营造自然、宁静的氛围，为居民提供一个远离城市喧嚣的休闲场所，有助于放松身心，提高整体的健康感受。

首先，在健身空间的设计中引入自然元素，通过植物、景观构造和自然地形的设置，能够营造出自然、宁静的氛围。植物的翠绿和花卉的盛放，不仅美化了空间，还为居民提供了一个绿意盎然的环境，使其感受到大自然的恢宏和美好，从而缓解了城市生活的紧张氛围。其次，自然元素的引入有助于创造一个远离城市喧嚣的休闲场所。通过巧妙的景观设计和植被布局，健身空间可以成为居民远离城市喧嚣的隐秘角落。这种亲近自然的环境不仅提供了良好的休闲场所，同时也为居民提供了一种逃离都市繁忙的机会，有助于放松身心，缓解紧张情绪。再次，打造一个宁静的氛围对提高整体的健康感受至关重要。自然的环境能够降低居民的压力水平，增进身心的平静感。在这样的环境中进行锻炼，居民更容易进入一种愉悦的状态，从而提高运动的效果。这种宁静的氛围也有助于改善睡眠质量，进一步促进身体的康复和健康。最后，通过自然元素的引入，健身空间不仅是一个锻炼的场所，更是一个提供心灵慰藉的空间。在这里，居民可以感受到大自然的美妙，体验到城市中难得的宁静和平和。通过这种全方位的健康体验，从而提升整体的健康感受，对缓解城市生活的紧张具有积极的影响。

二、居住区户外健身空间元素

（一）多样化的健身器材

1. 有氧运动器械

首先，有氧运动器械在户外健身空间的元素设计中占据着重要地位。引入有氧运动器械，如跑步机、踏步机、健身单车等，能够满足居民对心肺功能锻炼的需求，为他们提供全面而有效的有氧运动选择。这些器械通过模拟跑步、步行和骑行等运动方式，使居民在锻炼过程中能够更充分地激活心血管系统，提高心肺功能，提升身体的耐力水平。其次，有氧运动器械的引入不仅有益于心肺功能的锻炼，还能够减轻心血管压力。有氧运动有助于提高心脏的泵血效率，降低血压，减少动脉硬化的风险。通过适度而持续的有氧锻炼，居民可以改善血液循环，降低胆固醇水平，有效减轻心血管系统的负担，从而维护心脏健康。再次，有氧运动器械的设计有助于促进血液循环。这些器械能够引导居民进行全身性的运动，提高心脏输出量，加速血液流动，增加毛细血管的灵活性。良好的血液循环不仅有助于供氧和把营养输送到全身各个组织，还有助于代谢废物的排除，提高身体的新陈代谢水平。最后，有氧运动器械的引入通过促进有氧运动，有助于全面提升居民的身体素质。心肺功能的改善、心血管系统的健康以及血液循环的优化，使居民在日常生活中更具活力和抗压能力。这不仅有益于身体健康，也对提高生活质量和心理健康产生积极的影响。

2. 力量训练设备

首先，力量训练设备的引入是户外健身空间元素设计中不可忽视的重要方面。力量训练设备包括哑铃区、引体向上架等，为居民提供了进行全面身体锻炼的机会。这些设备的引入不仅有益于肌肉力量的提升，还对骨密度的增加具有积极的影响，为居民提供了更全面的健身选择。其次，哑铃区是力量训练中常见的设备之一。通过合理设置哑铃区，设计师可以提供不同重量和规格的哑铃，以适应不同居民的力量水平和锻炼需求。居民可以在哑铃区进行各种力量训练，包括臂力、背部、腿部等，实现全身肌肉的均衡发展。再次，引体向上架是力量训练中强调上半身肌群的重要设备。这种设备通过提供横向的横杆，使居民能够进行引体向上的锻炼，有效锻炼背部、手臂和核心肌群。引体向上是一种全身性的力量训练，有助于提高上半身的爆发力和稳定性。再次，力量训练设备的引入有助于实现户外空间全面身体锻炼的目标。与有氧运动器械相辅相成，力量训练设备提供了更多元化、更全面的健身选择。通过有氧运动和力量训练的有机结合，居民可以在户外环境中实现全身肌肉的协调发展，提高整体身体素质。最后，力量训练设备的设计应考虑到不同年龄层和健康水平的居民。通过设置多样性的器械，包括适应性较强的哑铃和引体向上架，设计师可以确保力量训练的普适性，满足不同群体的锻炼需求。这种关注用户差异性的设计理念有助于提高健身设施的可及性和实用性。

3. 柔韧性锻炼区

首先，柔韧性锻炼区的考虑是户外健身空间元素设计中的一项重要举措。这一区域的引入旨在满足居民对柔韧性锻炼的需求，为他们提供专门的场所进行瑜伽、伸展等活动。通过这样的设计，可以更全面地满足居民对身体柔韧性的关注，同时提高整体的健康水平。其次，柔韧性锻炼区可以包括瑜伽区，为居民提供一个专门的空间进行瑜伽练习。瑜伽对身体的柔韧性和平衡能力有着显著的促进作用，因此在户外健身空间中设置瑜伽区，有助于吸引居民参与瑜伽活动，提升他们的身体柔韧性和心理平衡感。再次，伸展区的设置也是柔韧性锻炼的关键。在这一区域，可以提供相应的设备和场地，供居民进行各类伸展运动。伸展运动对关节的活动范围和柔韧性的提升有显著效果，因此通过专门设计的伸展区，可以引导居民更加主动地参与柔韧性锻炼，减轻身体的僵硬感，改善运动效果。另外，柔韧性锻炼的重要性不仅体现在身体健康层面，还涉及减少运动中的受伤风险。通过在户外健身空间中设置柔韧性锻炼区，设计师可以引导居民进行适当的瑜伽和伸展运动，提高关节灵活性，减少在其他强度较大的运动中的受伤概率。最后，柔韧性锻炼区的引入有助于促进身体的灵活性。通过提供专门的区域进行柔韧性锻炼，居民可以更好地关注身体的伸展和舒展，增强关节的活动范围，提高身体的柔软度。这对提高整体身体素质、改善运动表现和预防运动损伤都具有积极的影响。

（二）智能科技的运用

1. 引入智能健身设备

引入智能健身设备是户外健身空间元素设计中的一项关键举措。随着科技的不断发展，智能科技在健身领域的应用逐渐成为现代化设计的重要趋势。首先，连接互联网的有氧运动器材是智能健身设备的重要组成部分之一。通过在有氧运动器材上集成互联网连接功能，居民可以方便地获取实时的运动数据，包括运动强度、时长、消耗的热量等。这有助于他们更清晰地了解自己的运动状态，为调整锻炼计划提供科学依据。其次，智能计步器等智能设备也可以被引入户外健身空间。这些设备能够记录居民的步数、活动轨迹等信息，通过数据分析为用户提供个性化的运动建议。例如，根据用户的步数和活动量，智能计步器可以推荐适合的有氧运动项目，为居民提供更有针对性的锻炼方案。再次，智能科技的运用有助于提高健身空间的互动性和趣味性。通过在有氧运动器材上设置虚拟现实（VR）或增强现实（AR）功能，居民可以体验更加丰富多彩的锻炼场景，增强锻炼的趣味性。最后，可以设计健身应用程序，通过智能设备与用户进行互动，分享锻炼成果、设定锻炼目标，增进社区居民之间的交流与合作。综上所述，引入智能健身设备是现代化户外健身空间设计的必然趋势。通过充分利用科技手段，设计师可以打造更具互动性、趣味性和科学性的户外健身环境，为居民提供更好的运动体验，激发他们的锻炼兴趣，推动社区健康水平的提升。

2. 健康监测系统的整合

整合健康监测系统是户外健身空间设计中的又一重要策略。除了引入智能运动设备，通过整合健康监测系统，设计师还可以通过传感器和智能设备实时监测居民的身体健康状况，为他们提供更加全面、个性化的健康建议。首先，健康监测系统可以通过监测生理参数，如心率、血压、血氧等，全面了解居民的身体状况。传感器的使用可以使这一过程变得无感知、便捷，提高了数据的准确性和时效性。其次，系统还可以通过分析居民的运动数据和健康指标，为他们提供个性化的锻炼建议。根据居民的身体状况和锻炼目标，系统可以智能调整运动强度、运动时间等参数，确保锻炼的科学性和有效性。此外，健康监测系统还可以通过数据的长期积累，帮助居民建立健康档案，追踪其健康变化趋势。通过及时了解自身健康状况，居民可以更好地调整生活方式，预防慢性病的发生。最后，整合健康监测系统有助于促进社区居民之间的互动与分享。居民可以通过系统分享自己的运动成果、健康经验，形成健康社群，增进社区的凝聚力。总体而言，整合健康监测系统为户外健身空间注入了更为智能、科学的元素。通过结合传感技术和智能分析，可以为居民提供更全面、个性化的健康服务，推动社区居民的整体健康水平不断提升。

三、用户体验与社交互动的设计原则

（一）用户体验的优化

1.合理的空间布局

在户外健身空间的设计中，优化用户体验的关键在于建立一个合理的空间布局。科学而合理的器械摆放和活动区域划分是确保用户体验最佳的关键因素之一。在布局设计中，需要考虑如何最大化每个锻炼区域的利用率，以避免用户感到拥挤和局促。这涉及精心规划和安排器械的摆放位置，以确保每种器械都能在充分的空间内得到有效利用。此外，合理的空间布局还需要考虑设备之间的相互关系和距离。在设计中，应确保设备之间有足够的距离，以防止用户在使用器械时相互干扰。这不仅关系到用户的安全性，还关系到用户能够在一个相对私密而宽敞的空间中进行锻炼，提高锻炼的效果和舒适度。

在布局的过程中，设计者需要充分了解用户的需求和行为模式，以便更好地满足他们的期望。通过合理的空间规划，不仅可以提高用户体验，还可以创造一个有利于身心健康的锻炼环境。因此，合理的空间布局不仅是一种设计手段，更是对用户需求的深刻理解和关心的体现。

2.舒适的座椅和休息区域

为了优化户外健身空间的用户体验，设计中应考虑设置舒适的座椅和休息区域，以为用户提供更加完善的锻炼环境。这些休息区域在整体布局中扮演着重要的角色，不仅有助于提升锻炼的连贯性，还能够有效缓解用户的疲劳感。

座椅和休息区域的设计应当遵循人体工程学原理，以确保用户在休息时能够得到良好的支持。人体工程学是研究人体与工作环境之间的关系的学科，通过合理的设计，可以减轻用户在使用座椅和休息区域时可能产生的不适感。因此，在选择座椅和设计休息区域时，需要考虑人体的生理结构和运动特点，以提供符合人体工程学的支持和舒适度。

休息区域的设置不仅是为了提供一个静坐的场所，更是为了促进用户在锻炼过程中的有效休息。这些区域可以设计得多样化，包括坐着休息、躺着休息等多种形式，以满足不同用户的需求。在设计中，可以考虑使用舒适的材料和人性化的造型，使座椅和休息区域更具吸引力和实用性。此外，休息区域的布局也需要与整体空间相协调，避免出现拥挤或杂乱的感觉。合理的摆放位置和与其他健身器械的协调性是设计中需要注意的关键因素。通过巧妙的布局，可以使座椅和休息区域既成为空间的一部分，又不影响整体空间的流畅性和美感。

舒适的座椅和休息区域的设置对提升户外健身空间的用户体验至关重要。通过符合人体工程学原理的设计，以及考虑用户的实际需求和使用习惯，可以打造出一个既舒适又功能完善的休息环境。

3. 良好的通风和照明设计

为了实现户外健身空间的最佳用户体验，必须充分考虑通风和照明的设计。通风和照明作为整体空间设计中的重要组成部分，对用户的舒适感和健身效果都有着深远的影响。

通风设计在户外健身空间中显得尤为重要。良好的空气流通能够有效减少用户在锻炼时的不适感，提高锻炼的舒适度。通过科学合理的通风系统，可以将新鲜空气引入空间，同时将废气和湿气排出，确保空气清新。这对用户的健康和锻炼效果至关重要。通风设计还需要考虑户外环境的变化，比如季节变化和天气变化，以保证在不同条件下都能够维持良好的通风效果。另外，良好的照明设计也是户外健身空间不可忽视的一环。充足的光线能够确保用户在任何时间都有足够的视觉支持，尤其是在夜间或阴天。科学的照明布局可以提高空间的可见性，降低因光线不足而引起的安全隐患。此外，良好的照明设计还有助于营造愉悦的氛围，激发用户的积极性和锻炼欲望。

在通风和照明的设计中，需要充分考虑用户的感受和需求。通风系统应当避免产生强烈的风向，以免影响用户的运动体验。照明设计要考虑光线的柔和性，以防止刺眼的强光使用户产生不适感。这需要设计者充分了解户外健身空间的使用情况和用户行为，以便做出更为切合实际需求的设计。

（二）社交互动的促进

1. 设置群体性健身活动区域

为了促进社区居民的社交互动，设计户外健身空间时可以考虑设置群体性的健身活动区域。这些区域不仅能够提供个体锻炼的场所，更重要的是为居民提供了参与团体运动的机会，从而增进社区内居民之间的互动和凝聚力。

群体性健身活动区域的设计应当注重空间的布局和多功能性。首先，需要合理划分区域，以容纳不同规模的团体运动。这可能包括开放式的草坪区域、集体运动场地或者专门设计的团体健身平台。不同的空间布局应适应不同类型的团体活动，例如，团队跑步、集体瑜伽、团体操等。

在布局中，还需考虑群体性健身活动的设备和器材。例如，为了支持集体瑜伽，可能需要专门的瑜伽垫摆放区；而进行团体操活动时，则需要充足的空间来安置器械和保证参与者的安全。这需要设计者深入了解不同团体运动的要求，并在空间规划中有针对性地考虑这些因素。除了物理层面的设计，群体性健身活动区域的社交互动也需要考虑到社交心理学的因素。例如，在设计时可以考虑设置观众席或者休息区域，让观众可以舒适地观看和支持活动。此外，通过社交媒体集成或者在线活动平台的设计，可以进一步增强居民之间的交流和互动。

群体性健身活动区域的设置不仅提供了锻炼场地，更创造了一个社区共享的空间。通过促进社区内的群体性健身活动，可以增加居民之间的交流机会，建立更紧密的社交网络。这对社区的健康、凝聚力和居民生活质量都有着积极的影响。

2.引入多人参与的健身游戏

通过引入多人参与的健身游戏，设计户外健身空间可以有效打破传统锻炼的单调性，为居民提供更富趣味性和社交性的锻炼体验。这一创新性的设计理念不仅能够激发居民的兴趣，还有助于提高用户的锻炼积极性，同时促进社区居民在锻炼过程中建立更为紧密的社交关系。

多人参与的健身游戏在户外健身空间中的引入，意味着通过技术和互动元素为用户提供更有趣的运动选择。这可以包括基于智能技术的游戏设备、交互式投影以及虚拟现实等元素，为居民创造出新颖的运动体验。通过与他人共同参与游戏，不仅能够增加锻炼的趣味性，还能够激发用户的竞争意识和合作精神，从而更好地推动他们参与户外健身活动。

这种设计理念的另一个重要优势是其社交性。多人参与的健身游戏提供了一个共享体验的平台，使居民能够在锻炼的同时建立起更为紧密的社交关系。通过共同参与游戏，居民可以互相激励、竞争，促进社区居民之间的互动和交流。这种社交性不仅有助于提高锻炼的参与度，还有助于增进社区凝聚力和居民间友谊的建立。

在引入多人参与的健身游戏时，设计需要考虑空间的布局和游戏设备的合理摆放。游戏设备的位置应当兼顾用户的安全和便利性，确保用户在参与游戏时有足够的活动空间。此外，游戏元素的设计也需要根据用户的年龄段、健康状况和兴趣爱好进行差异化，以保证各类居民都能够享受到有益的运动体验。

第二节　居住区健身设施设计与交往空间营造

一、健身设施的多功能性与创新性

（一）多功能性的实现

1. 社交功能的整合

首先，多功能性的健身设施在整体设计中应充分考虑社交功能的整合。这涉及更广泛的社区建设理念，旨在为居民提供一个不仅可以锻炼的场所，更是社交互动和文化交流的中心。在这一理念的指导下，设计师可以采用一系列措施，使健身设施成为社区居民社交的理想场所。其次，休息区域和座椅的设置是关键的社交元素之一。在健身场地的策划中，合理设置休息区域，搭配舒适的座椅，为居民提供放松和交流的场所。这可以包括户外座椅、草坪区域或设有遮阳设备的休息亭。通过在这些区域提供足够的座位和休息设施，居民可以在运动中得到片刻的休息，并与他人进行友好的社交互动。再次，周边文化艺术元素的融入对创造愉悦的氛围至关重要。设计师可以在健身设施周围布置雕塑、壁画或其他艺术品，以提升场地的美感和文化氛围。这些艺术元素不仅可以为居民提供视觉上的享受，还能成为社交的话题，促进居民之间的交流。最后，将健身场地纳入社区文化活动的一部分，是整合社交功能的重要手段。可以组织定期的社区文化活动，如户外音乐会、文艺表演或健康讲座等，将健身场地打造成为社区文化活动的集聚地。这样的设计不仅使居民在运动的同时能够参与丰富多彩的社区活动，还有助于增强社区凝聚力和文化认同感。

2. 休闲功能的融入

首先，多功能性的健身设施应当被构思为一个更为综合、多元的社区中心，这不仅能满足居民的健身需求，更能够成为社交的聚集地。在健身场地的设计中，首要考虑的是社交功能的整合。为了促进社区居民之间的交流和互动，合理设置休息区域和座椅是至关重要的。其次，设计师可以通过精心规划休息区域，将其融入整个健身场地。这可以包括设置舒适的座椅、休息亭或草坪区域，为居民提供在锻炼间隙进行休息和社交的场所。合理的休息区域布局应当考虑到通风、遮阳、舒适度等因素，确保居民在此处可以放松身心，促进社区内居民之间的联系和友谊。再次，除了基础的休息区域，考虑在健身设施周边布置一些文化艺术元素也是提升社交氛围的重要手段。例如，可以引入雕塑、壁画或墙上的艺术品，通过美学元素的融入，营造愉悦的氛围。这样的设计不仅为社区居民提供了锻炼的场地，还将健身场地打造成一个具有文化活动功能的空间。这种整合文化艺术元素的设计理念有助于吸引更多的居民参与，并为社区提供了更为丰富多彩的文化体验。最后，综合考虑休息区域、座椅布局以及文化艺术元素的设计，使健身场地真正融入社区的文化活动中。在这个社交的环境中，社区居民可以在锻炼的同时享受到社交的乐趣，增进彼此之间的了解和友谊。整体而言，将社交功能融入多功能性的健身设施设计中，不仅能够提升居民对健身场地的满意度，还将为社区文化活动的丰富发展提供坚实的基础。这种设计理念不仅关注了居民的身体健康，更注重了社区居民的心理健康和社交需求，为社区的整体健康和发展带来了积极影响。[1]

3. 文化活动的支持

首先，多功能性的健身设施在支持文化活动方面扮演着重要的角色。在设计阶段，需要考虑到预留一些灵活的场地，以便于举办各种社区文化活动。这些场地可以包括户外广场、草坪区域或者专门设计的多功能空间。通过合理规划和布局，确保这些场地既可以作为健身区域的一部分，又能够满足社区文化活动的需求。其次，考虑在健身设施周边引入一些文化活动元素，如艺术品、雕塑等。这不仅可以为健身场地增色添彩，还能够为举办艺术展览等文化活动提供更为丰富的背景。艺术元素的融入，使健身场地成为一个更富有文化氛围的空间，吸引更多社区居民参与文化活动。再次，健身场地可以设计多功能的设施，以适应不同类型的文化活动。例如，在场地中设置可移动的舞台或投影屏幕，以支持户外电影放映。此外，为了举办健康讲座或文化讲座，可以考虑设置专门的讲台和座位区域，确保活动的顺利进行。这样的设计使健身场地能够灵活适应不同形式的文化活动，提高社区文化建设的多样性。最后，通过与社区活动的有机结合，健身场地不仅是运动的地方，更是社区文化建设的有力支持者。可以通过与社区组

[1] 雷璇.全民健身背景下高校体育与社区体育融合发展研究[J].体育风尚，2020（4）.

织、文化团体的合作，定期举办各类文化活动，如主题庙会、艺术聚会等，使健身场地成为社区居民交流和共享文化体验的中心。这种将运动与文化紧密结合的设计理念，有助于提升社区居民的文化参与度，同时为健身场地注入更为丰富的社会价值。

（二）创新设计的引入

1. 新颖的健身设备

首先，在健身设施的设计中引入新颖的健身设备是提高居民参与度的关键。其中，可以考虑引入智能健身设备，通过融合虚拟现实（VR）或增强现实（AR）技术，提供更为有趣和互动性的锻炼体验。这种创新的设计不仅能够吸引年轻人的关注，还可以为社区内的各个年龄层提供更具吸引力的运动选择。其次，智能健身设备的引入可以通过提供个性化的锻炼方案，满足居民不同的健身需求。通过智能传感器和数据分析，系统可以根据居民的身体状况、健康目标和运动偏好，为他们定制合适的锻炼计划。这种个性化的服务不仅有助于提高居民的锻炼效果，还能够增强他们的参与感和长期坚持锻炼的动力。再次，新颖的健身设备设计还可以包括一些具有挑战性和趣味性的元素，以增强居民的锻炼体验。例如，引入交互式的健身游戏，使锻炼过程更为娱乐化。这种设计不仅激发了锻炼的兴趣，还提供了一种社交的平台，使居民在健身的同时能够享受到社交互动的乐趣。最后，引入新颖的健身设备有助于提高整个社区的健康水平。通过吸引更多的居民参与健身活动，不仅可以预防慢性病和改善心肺健康，还能够提高社区居民的身体素质和整体生活质量。这种设计理念对构建一个积极向上的社区氛围，推动整个社区朝着健康、活力的方向发展，具有重要的实际意义。

2. 创新的运动方式

首先，创新的运动方式在健身设施设计中扮演着至关重要的角色。设计师可以通过引入富有创意的运动方式，使健身活动更加富有趣味性和吸引力。其中，一项具有巨大潜力的创新设计是设置户外健身游戏区域，为居民提供参与有趣竞技活动的机会。其次，户外健身游戏区域的设计应当注重融入富有挑战性和趣味性的元素。这可以包括设计各类交互式的健身游戏，如障碍跑、投掷游戏等，使居民在锻炼的同时感受到竞技和娱乐的乐趣。这种创新设计不仅能够打破传统锻炼的单调性，还能够激发居民的兴趣，提高他们对健身活动的参与度。再次，设计师可以考虑引入智能科技元素，使户外健身游戏区域更具创新性。通过整合智能传感器、虚拟现实技术或增强现实技术，创造出更为互动和沉浸式的健身体验。例如，通过使用智能设备进行实时数据监测和反馈，居民可以更全面地了解他们的运动表现，激发他们持续参与锻炼的动力。最后，创新的运动方式的设计不仅关注个体锻炼，还可以通过组织各类团体竞技活动，促进社区居民之间的互动和社交。通过在户外健身游戏区域组织锻炼比赛或团队活动，不仅能够增加社区凝聚力，还能够使健身活动成为社区居民共同参与的社交平台。

二、交往空间在健身区设计中的作用

（一）社交空间的设立

1. 休息座椅的设置

首先，健身区域内设置舒适的休息座椅是为了为居民提供一个宜人的社交场所。这些休息座椅的设置不仅为居民提供了一个轻松的休息区域，同时也为社交互动创造了便利的条件。这样的设计理念，强调了健身空间不仅是锻炼的场所，更是社区居民交流、休息和社交的场所。其次，休息座椅的布局应当考虑到户外健身场地的周围或设施间隙，以便在锻炼之余居民能够方便地聚集和交流。这种布局旨在营造一个自由、轻松的氛围，使居民能够在锻炼过程中轻松地与他人建立联系，增强社区的凝聚力。再次，休息座椅的设计不仅注重舒适性，还需要考虑到植被、通风、遮阳等因素，以创造宜人的社交环境，使居民在此处不仅能感受到舒适的休息体验，同时也能够避免受到极端天气的影响。最后，休息座椅的设置可以进一步考虑提供一些便利设施，如小型饮水站或娱乐设备，以提升居民在休息区域的体验。这种人性化的设计可以使休息区成为更具吸引力和活力的社交空间，激发居民更长时间的停留和交流。

2. 茶歇区的设计

首先，引入茶歇区在健身区域中具有重要的社交和休息功能。设计中可以考虑设置一个小型的露天休息区域，供居民在锻炼结束后进行休息、放松和社交。这种茶歇区的设立不仅为居民提供了一个温馨的场所，还促进了锻炼与社交的有机结合，增强了整个健身空间的社区友好性。其次，茶歇区可以与健身器械区相结合，为居民提供更为便利的社交场所。通过巧妙布局，可以在健身设施附近设置茶歇区，使居民在锻炼过程中轻松地进行茶歇和社交。这样的设计强调了锻炼与休息的有机衔接，使健身区域更具整体性和人性化。再次，茶歇区的设计可以与社区文化相结合，为居民提供额外的文化体验。例如，可以在茶歇区周围设置一些文化艺术元素，如雕塑、艺术品或信息牌，以营造愉悦的文化氛围。这样的设计不仅为居民提供了休息的场所，还为他们创造了一个文化交流的空间。最后，茶歇区的布局应当充分考虑通风、遮阳等因素，以创造宜人的休息环境。可以设置适量的绿植、遮阳设施，使茶歇区在各种天气条件下都能提供舒适的休息场所。这样的设计理念关注了居民在茶歇区域的整体体验，使之成为一个宜人、惬意的社交和休息场所。

3.社交节点的布局

首先，社交节点的设置在健身区域中扮演着至关重要的角色。这些节点，如露天广场或交流角落，旨在成为居民进行社交的集散地，为健身空间注入社交元素。设计中应当将社交节点视为一个关键的空间元素，通过巧妙的布局和设计手段，创造一个宜人、互动性强的社交环境，以激发居民之间的交流欲望。其次，景观设计在社交节点的布局中起着关键作用。通过合理的植被配置、景观元素的设置，可以打造一个宜人的环境，增强社交节点的吸引力。例如，引入花草树木、水景等景观元素，不仅可以提升空间的美感，还可以为社交节点营造一种轻松、愉悦的氛围，使居民更愿意在此进行社交活动。再次，座椅布置是社交节点设计中的关键考虑因素。合理布置座椅，既可以提供足够的休息场所，也能够促进居民之间的面对面交流。座椅的设计应当注重舒适性和多样性，以适应不同居民的需求。此外，可以考虑设置一些小型桌子，方便居民在社交节点中进行休息、茶歇等活动。最后，社交节点的位置选择还要考虑到整个健身区域的流线布局。应当确保社交节点位于容易被居民察觉和到达的位置，以增加其可见性和利用率。合理的布局还可以将社交节点与其他健身设施有机结合，形成一个有序、统一的整体空间，提升用户体验。最后，社交节点的设计要充分考虑多样性。不同类型的社交节点可以满足不同居民群体的需求。例如，一些人可能更喜欢安静的环境，而另一些人可能更愿意参与热闹的社交活动。通过设置不同风格和功能的社交节点，可以吸引更多的居民参与，增加社区的社交互动。

（二）团体活动区的设置

1.多功能团体活动场地

首先，健身区域内设置多功能的团体活动场地是为了提供一个适合组织各种健身团体活动的场所。这样的场地可以包括开阔的空地或者专门设计的区域，以容纳不同类型的团体运动，如瑜伽课程、晨跑小组等。通过具备多功能性的设计，这些场地可以适应各种健身活动的需求，为社区居民提供更为灵活多样的锻炼选择。其次，多功能团体活动场地的设计应当注重灵活性，以适应不同类型的团体运动。可以考虑配置可移动的健身器材、可调节的场地标线等元素，使场地布局可以根据不同活动的需要进行调整。这样的设计理念强调了场地的多样性和适应性，为举办各类团体活动提供了便利条件。再次，与专业教练合作是推动多功能团体活动场地发挥最大潜力的重要环节。通过与专业教练合作，可以提供高质量的团体健身课程，引导居民进行科学合理的锻炼。专业教练的参与不仅提升了团体活动的质量，还能够为居民提供更为个性化的指导，满足不同层次的健身需求。最后，提供定期的团体活动是激发居民参与兴趣的有效手段。通过定期组织各类团体活动，可以形成一种规律和习惯，激发居民积极参与的动力。这种定期性的活动不仅有益于个体的锻炼，还能够促进社区居民之间的交流和凝聚力，构建更为健康、积极的社区氛围。

2.设备布局与团体运动配合

首先，健身器械区域的布局应充分考虑团体运动的需求。在设计中，可以通过合理的空间划分和设备摆放，确保不仅适合个体锻炼，同时也方便团体活动的展开。这种综合考虑可以为健身器械区域赋予更加多元化和灵活性的特点，满足不同居民群体的健身需求。其次，为了更好地满足团体锻炼的需要，可以在健身器械区域设置一些专为多人使用的健身器材。例如，可以设计多人引体向上器、多人划船机等设备，以提供更丰富的团体运动选择。这不仅使团体锻炼更加便捷，还能够促进社区居民之间的协同作战，增加锻炼的趣味性和参与度。再次，设备布局要注意避免拥挤和冲突。通过科学的器械摆放和活动区域划分，确保设备之间有足够的间隔，防止用户在使用设备时相互干扰。合理的空间规划不仅提高了器械区域的使用效率，还为团体运动提供了更为安全和舒适的环境。最后，通过设计创造集体活动的文化氛围，有助于增加社区居民的参与度。可以在健身器械区域周围设置一些社交节点，如休息座椅、交流区域等，方便居民在锻炼过程中进行互动和交流。这样的设计理念强调了团体运动与社交的结合，为健身空间注入了更为丰富的社区文化元素。

3.活动时间的规划

首先，制订合理的团体活动时间表是社区健身空间规划中的关键一环。通过提前规划和明确社区内的团体健身活动时间，可以为居民提供清晰的信息，使他们能够提前了解到社区内的健身活动计划。这有助于提高居民的参与率，因为居民可以更好地安排自己的时间，以参与他们感兴趣的团体活动。其次，经过合理规划的活动时间表对维系社区居民之间的关系至关重要。通过持续的团体运动活动，社区居民之间的关系将更加紧密。这种集体参与的健身活动可以成为社交互动的平台，促进居民之间的友谊和沟通。定期的团体运动也有助于形成社区共同体，加强社区凝聚力。再次，合理规划的活动时间表能够确保各种团体活动在空间和时间上的协调。通过精心安排活动时间，可以避免不同活动之间的时间冲突，使得社区内的健身空间得以更加充分的利用。此外，时间表的协调还可以帮助居民更好地计划他们的日常生活，使健身活动融入他们的日程中，从而提高健身活动的可持续性和参与度。最后，制订活动时间表时需要考虑社区居民的生活习惯和工作时间。通过灵活地调整活动时间，可以更好地满足居民的需求，使更多的人能够参与团体运动中。此外，可以根据季节和天气等因素调整活动时间，以适应不同时间段和环境条件下的健身需求。

第三节　居住区景观性健身设施创新设计实践

一、居住区景观性健身设施创新设计的实施步骤

（一）需求分析与调研

1.社区居民健身需求调查

进行社区居民健身需求调查是创新设计健身设施的重要一环。通过采用多种手段，包括问卷调查（详见附录二）和座谈会等形式，我们致力于全面了解社区居民的健身习惯、偏好以及身体状况等信息，以此为创新设计提供基础数据和深入洞察。

在问卷调查中，我们将收集居民的个人信息，包括年龄、性别、居住年限等，以建立基本框架。重点关注居民的健身习惯，通过了解他们每周的健身频率以及主要进行的健身活动类型，我们能够描绘出社区居民整体的运动习惯和趋势。此外，我们将收集居民对健身环境的偏好，是更青睐于室内健身房还是户外健身场所，或者两者皆可。针对个性化的需求和健康状况，我们将询问是否存在特殊的健身需求，以确保创新设计充分考虑到不同个体的差异性。通过座谈会等方式，我们将进一步深入了解居民对现有健身设施的反馈和建议。了解他们对社区现有健身设施的满意度，以及对其提出的改进建议，有助于我们更具体地把握社区居民对健身设施的期望和不足之处。

这一详尽的社区居民健身需求调查将为创新设计提供全面、多角度的数据支持，确保新设计能够更好地迎合社区居民的需求，提升整体的健身体验。通过深入了解社区居民的期望，我们将能够有针对性地设计出更具创新性和实用性的健身设施，为社区居民提供更好的健康服务。

2. 现有设施评估

在进行社区居民健身设施的新设计前，首要任务是对社区内已有的健身设施进行评估。这项评估旨在深入了解现有设施的使用情况、存在的问题以及居民对这些设施的反馈，为新设计提供改进的方向和具体指导。

评估的第一步是对现有设施的使用情况进行分析。我们将调查不同时间段内设施的流量，了解哪些设备和区域受到居民欢迎，以及哪些可能存在利用率较低的情况。通过这一步，我们可以把握社区居民的健身偏好，为新设计确定受欢迎的元素提供依据。第二步，我们将深入了解现有设施的问题和不足之处。这包括设备的维护状况、设施的布局是否合理、通风和照明是否满足需求等方面。通过与居民进行访谈和观察，我们能够收集到更为具体的反馈，了解社区居民在使用现有设施时可能遇到的困扰和需求。

在评估中，我们还将关注居民的满意度和建议。通过调查问卷和座谈会，我们将收集居民对现有设施的评分和意见，了解他们对设施的期望和改进的建议。这将为新设计提供直接的社区居民声音，确保新设施更符合他们的期望和需求。

最后，通过全面的现有设施评估，我们将为新设计提供有利的改进方向。无论是优化设备布局、增加新颖元素，还是改进通风、照明等方面，这一评估将为我们制定出更符合社区居民需求的健身设施设计提供有力支持。

3. 专业人员咨询

为了更全面地了解社区居民的健身需求，我们将寻求健身领域专业人员的帮助，包括运动生理学家和健身教练等。通过与专业人员的深入交流，我们旨在获取他们对不同年龄层次、体能水平的健身需求的专业建议，以更好地满足社区居民多样化的健身需求。

运动生理学家是专门研究人体在运动和锻炼过程中的生理反应的专业人员。通过向他们咨询，我们将深入了解社区居民在运动时的生理变化，包括心血管系统、肌肉骨骼系统等方面的反应。这有助于我们设计更科学、有针对性的健身方案，满足不同年龄层次的生理需求。此外，向健身教练咨询也是十分重要的一环。健身教练具有丰富的锻炼经验和专业知识，能够更直观地了解居民在实际锻炼中可能遇到的问题和需求。通过与健身教练的合作，我们可以获取实用的建议，包括锻炼姿势、训练强度的调整等，以确保社区居民在健身过程中既安全又有效。

专业人员的咨询将有助于我们更全面地把握社区居民的健身需求差异，了解不同年龄层次和体能水平的特点，为创新设计提供科学的依据。这样，设计出的健身设施不仅能够满足社区居民的多样化需求，还能够根据专业建议提供更科学、安全、高效的健身体验。

（二）设计理念与方案制定

1.社区特色融入设计理念

社区特色的融入是健身设施创新设计中至关重要的一环。在确立创新设计的理念时，我们将深入考虑社区的文化和环境特色，确保新设计与社区背景相融合，以便更好地服务居民。

首先，我们将关注社区的历史元素。通过研究社区的历史，我们能够了解社区的演变过程、重要事件以及文化传承。这些历史元素可以被巧妙地融入健身设施的设计中，例如，在设施周围设置历史展板、雕塑或艺术品，使居民在锻炼的同时感受到社区独特的历史韵味。其次，地理特色也是设计中的重要考虑因素。社区的地理位置、自然景观等元素将成为设计的灵感源泉。例如，在户外健身区域可以通过合理的布局使居民在锻炼时欣赏到美丽的自然景色，营造宜人的锻炼环境。

人文元素也将是设计中关键的考虑因素。社区居民的生活方式、习惯、文化活动等都会在设计中得到体现。通过与社区居民的深入交流，我们将更好地理解他们的需求和期望，确保设计能够真正服务于社区居民的健康和生活质量。

综合考虑社区的历史、地理、人文等多个方面的特色，我们将形成一个整体的创新设计理念。这个理念不仅要求健身设施的实用性和科学性，更注重与社区特色的契合，使设施不仅是一个运动场地，更是社区文化和生活方式的一部分。

2.主题确定与整体风格规划

在需求分析的基础上，确定健身设施的主题和整体风格是创新设计中至关重要的步骤。这一过程旨在根据社区居民的需求和偏好，打造一个引人注目且与社区环境和谐统一的健身空间。

首先，通过深入的需求分析，我们将根据社区居民的需求确定健身设施的主题。主题的选择应该紧密围绕社区的特点，可以是康体养生、户外探险等，旨在激发居民的兴趣和积极性。例如，如果社区居民更注重康体养生，主题可以围绕健康生活方式、舒适锻炼等展开。如果社区氛围更加活跃，户外探险的主题可能更受欢迎。其次，我们将确定整体风格，包括设施的外观、颜色、材质等。整体风格的规划需要考虑与主题的契合，以及与社区环境的协调统一。例如，在康体养生的主题下，可以选择自然、清新的颜色，采用木质、绿植等天然材质，营造一个宜人的环境。而在户外探险的主题下，可以选择富有冒险感的设计元素，如具有挑战性的设施形态、富有活力的颜色等，以吸引更多居民参与。

整体风格的规划还需要考虑视觉上的引人注目。通过独特的设计元素、艺术装饰等，使健身设施在社区中成为一道独特的风景线。这不仅能够提高居民对健身设施的兴趣，还有助于形成社区的地标性建筑，进一步促进社区文化的形成。

3. 功能创新与多样性设计

在制订具体的设计方案时，功能创新与多样性设计是确保健身设施满足社区多样化需求的关键步骤。通过引入创新的健身设备和活动形式，以及考虑到多样性的需求，可以打造一个涵盖有氧运动、力量训练、柔韧性锻炼等多方面的健身空间，以满足不同居民的健身偏好。

首先，功能创新是通过引入新颖、先进的健身设备，以提供更丰富、有趣的健身体验。这可能包括智能科技手段，如虚拟现实或增强现实技术，以及创新设计的健身器材，使居民在锻炼中能够享受更多元化的运动方式。例如，可以考虑引入数字化的健身游戏，通过多人参与的形式，增加锻炼的趣味性和社交性。其次，多样性设计涉及不同类型的健身设施，以满足社区居民的多元化健身需求。这可能包括有氧运动区域，提供跑步、骑行等设施；力量训练区域，配置器械和自由重量区；柔韧性锻炼区域，包括瑜伽、伸展等设施。通过在设计中考虑这些不同的功能区域，可以确保居民能够选择适合自己健身目标的区域，从而提高参与度和满意度。

功能创新与多样性设计的结合将为社区打造一个创新且多元化的健身空间提供基础。这样的设计不仅能够满足不同居民的健身需求，还有助于促进社区居民之间的互动和交流。

4. 空间布局与流线设计

在空间布局与流线设计方面，合理规划空间是确保健身区域功能完善且用户体验良好的重要步骤。通过精心设计空间布局，可以提高设施的利用率，并在用户间创造舒适、宽敞的环境。

首先，整体布局需要考虑设施之间的合理间隔，以避免拥挤感和混乱。在户外健身区域内，科学的器械摆放和活动区域划分是关键。每个锻炼区域都应当充分利用，确保居民在进行锻炼时有足够的空间。合理规划还包括设备之间的合理距离，以防止用户之间相互干扰。这样的设计可以提升整体空间的舒适度，为居民提供更好的锻炼体验。其次，流线设计是确保居民在健身区域内自由流动的关键。通过科学合理的路径规划，用户能够方便地从一个设施到另一个设施，而不会感到阻碍或困扰。流线设计应当考虑到用户的自由度和舒适性，使其能够轻松地穿越整个健身区域。这不仅提高了用户体验，还有助于减少拥挤和混乱情况的发生。

二、案例分析：社区设施创新与成功经验

汉阳紫荆花园小区老旧小区改造是湖北省武汉市汉阳区城市更新的一个重要项目。汉阳区拥有大量老旧小区，其中128个老旧小区的整治成为改善城市面貌和提升居民生活质量的重要举措。这一整体改造计划涵盖了31万户、91万多名居民，旨在切实改变老旧小区的面貌，提升居住环境。这些老旧小区面临着多方面的问题，包括道路年久失修、管网老化、管线混乱、绿化水平低等。这些问题导致老旧小区的居住环境较差，与新建小区相比存在明显差距。

为了解决这些问题，汉阳区通过"家园提升行动"实施了全面的老旧小区改造计划。这一计划的目标是对128个老旧小区进行整治，确保它们在外观、基础设施和居住环境上能够与现代标准相匹配。改造计划主要包括以下方面。

（一）道路整修

道路整修是汉阳紫荆花园小区老旧小区改造的重要一环。在整个改造计划中，对小区道路进行全面整修是为了解决长期以来的失修问题，提高交通便利性和小区整体环境品质。

首先，对道路进行整修是为了改善交通状况。老旧小区的道路由于长时间的使用和自然风化，往往存在裂缝、坑洼等问题，影响了居民的行车和步行体验。通过整修，可以修复道路表面的损坏，提高道路平整度，减少行车和行人的不适感，从而改善交通流畅性。其次，道路整修有助于提升小区整体的交通便利性。在整修过程中，可以考虑改善交叉口设计、增设人行道、提供无障碍通道等措施，使交通更加便捷、安全。这不仅有益于居民的日常出行，也提高了小区的整体交通效能。同时，整修道路还可以改善小区的整体环境品质。修复平整的道路

不仅美观，还能够提升居住体验。人们在道路上行走时，整洁平坦的路面会使整个环境更加宜人，增强居民的归属感和满意度。

道路整修的过程中，可以选择环保、耐用的材料，采用科学合理的设计方案，确保整修效果能够长期维持。通过这样的改造措施，老旧小区的道路将焕然一新，为居民提供更加安全、舒适的交通环境，也有助于提升整个小区的形象。

（二）管网疏通

管网疏通是汉阳紫荆花园小区老旧小区改造计划中的重要环节。通过有针对性地对老化的管网进行疏通，旨在确保小区的供水、供气、供电等基础设施正常运作，进而提升小区的居住舒适度。

首先，管网疏通是为了解决老化管道可能存在的问题。随着时间的推移，管道内壁容易积聚沉淀物、生锈腐蚀，导致管道内径减小、通水通气能力降低。这些问题可能导致供水不畅、供气不足、供电不稳等一系列居住问题。通过定期疏通，可以清理管道内的杂物、沉淀物，维护管道畅通，确保基础设施正常供应。其次，管网疏通有助于提高供水、供气、供电的效率和质量。老化的管道系统可能影响供应系统的运作效能，导致水质下降、气压不稳、电力波动等问题。通过疏通管道，可以提高供水管道的水流速度，增加供气管道的气压，稳定供电系统的电流，从而提升基础设施的供应效率和质量。同时，管网疏通还有助于延长管道的使用寿命。定期清理管道内的沉积物可以减缓管道的腐蚀速度，延缓管道老化的过程，提高管道的耐久性。这对降低管道维护成本、减少故障频率具有积极意义。

（三）绿化提档

绿化提档工程是汉阳紫荆花园小区老旧小区改造计划中的重要环节，通过一系列绿化措施，包括植树、种草、打造花坛等手段，旨在美化小区环境，提升绿化覆盖率，使小区更具生态宜居感。

首先，进行绿化提档工程有助于改善小区整体环境质量。通过植树造林，可以增加小区内的绿色植被覆盖，有效吸收空气中的有害气体，净化空气质量，为居民提供清新的生活环境。同时，通过打造花坛、草坪等绿化景观，不仅美化了小区的景观，还为居民创造了休闲娱乐的场所。其次，绿化提档工程有助于调节小区的温度和湿度。树木的遮阴作用可以有效减少夏季阳光直射，降低小区的气温，提供清凉的避暑场所。同时，植物的蒸腾作用可以增加小区内的湿度，改善空气湿润度，为居民创造一个宜人的居住环境。最后，绿化提档工程有助于促进居民的身心健康。自然环境对人的心理和生理健康有着积极的影响，绿化提档工程为居民提供了更多的户外休闲空间，促使居民更多地参与户外活动，锻炼身体，增强身心健康。

（四）管线序化

管线序化工程是汉阳紫荆花园小区老旧小区改造的一项重要措施，旨在对四处牵引的管线进行整理，形成有序、清晰的管线布局，避免"蜘蛛网"式的混乱状况，提高小区的管理效率和安全性。

首先，进行管线序化有助于提高小区管理效率。在老旧小区中，由于历史原因，管线布局可能较为混乱，存在交叉、纠缠等问题，给小区管理带来一定困扰。通过整理管线，使其布局更为有序，便于管理人员进行监控和维护，提高管理效率，确保基础设施的正常运行。其次，管线序化工程有助于提升小区的安全性。在老旧小区中，管线老化、漏水等问题可能存在一定风险。通过整理管线，及时发现并解决潜在的安全隐患，减少因管线问题导致的事故发生，提高小区居民的生活安全感。另外，管线序化还能美化小区环境。规划有序的管线布局可以减少地面上的混乱管线，提升小区整体的美观度。美化的小区环境不仅有助于提升居住体验，还能提高小区的整体价值。

（五）平安创建

平安创建计划是汉阳紫荆花园小区老旧小区改造的一项重要措施，旨在通过加强小区的安全管理，提高居民的安全感，减少潜在的安全隐患。

首先，平安创建计划重视安全管理，通过建立完善的安全管理体系，加强巡逻、监控等手段，确保小区内的安全状况。这有助于提高小区的整体治安水平，减少盗窃、抢劫等犯罪事件的发生，为居民创造更加安全的居住环境。其次，平安创建计划注重安全感的提升。通过加强社区警务力量，增设安防设备，提高小区的安全感。在改造过程中，可以考虑设置安全巡逻点、紧急报警系统等，让居民在日常生活中感受到更强的安全保障。最后，平安创建计划也强调预防安全隐患。通过加强对小区设施的维护，修复老旧设备，规范管理制度，降低发生事故的可能性。通过组织安全知识培训，增强居民的安全意识，形成共同维护安全的社区氛围。

（六）小区美化

小区美化计划是汉阳紫荆花园小区老旧小区改造的一项重要举措，旨在通过对小区的外部环境、公共空间进行美化，包括建筑外观、庭院、停车场等的提升，从而提高小区整体的美观度和居住质量。

首先，美化计划注重建筑外观的提升。通过涂料更新、外墙装饰等手段，使老旧建筑焕发新颜。可以考虑引入现代设计理念，提高建筑的整体形象。通过改变建筑外观，不仅提升了小区的美观度，同时也为居民提供了更具艺术性的居住环境。其次，美化计划关注庭院和公共空间的打造。通过植物景观的布置、庭院绿化的提升，使小区内部的绿化面积增加，创造出更加宜居的环境。可以设置休闲座椅、艺术雕塑等，丰富公共空间的功能，提高小区居民的生活品质。最后，美化计划还着眼于停车场等细节空间的美化。通过规范停车位、设置绿化带、改善照明等手段，使这些看似次要的区域也成为整体美化的一部分。提升停车场的美观度不仅能够改善小区的整体形象，还能提高停车环境的质量。

在图 4-1 至图 4-4 中，展示了汉阳紫荆花园小区具体的旧改实践，例如，健身设施的整修、绿化工程的进展，以及小区美化的效果。这些实践旨在改善老旧小区的居住条件，提升居民的生活质量。

图 4-1　汉阳紫荆花园小区旧改实践（一）

改造方案

改造后实景

图 4-2 汉阳紫荆花园小区旧改实践（二）

改造方案 改造后实景

图 4-3 汉阳紫荆花园小区旧改实践（三）

改造方案

改造后实景

图 4-4　汉阳紫荆花园小区旧改实践（四）

第五章 社区小游园与儿童活动场地规划设计

第一节 居住区公园及小游园生态规划设计

一、公园与小游园生态规划设计

（一）公园作为社区定位

1. 公园作为社区核心绿地

公园在社区规划中担任着核心绿地的关键角色。其作用不仅在于为居民提供休闲娱乐的场所，更在于成为社区不同功能区之间的纽带，承担着连接社区的重要使命。公园的合理布局至关重要，应位于社区的中心位置，以方便居民到达，并使其成为社区活动和社交的中心。

作为核心绿地，公园的地理位置需要考虑社区的整体布局和居民的分布情况。公园应当位于社区的中心位置或者容易到达的地方，以确保所有居民都能够方便地享受公园提供的服务。这种位置有助于提高公园的可及性，使其成为社区居民集会、社交、休憩的理想场所。

公园的布局还需要考虑其在社区中的功能定位。除了提供休闲娱乐空间，公园还可以设立一些社区活动中心、户外剧场等，以促进社区内的文化和社交活动。这样的设计有助于增进邻里之间的联系，创造更加和谐的社区环境。

在整个社区规划中，公园的定位应该超越单一的功能，更要考虑到社区的整体发展。通过使公园成为社区中心，可以促进社区居民之间的互动，提高社区凝聚力。这也符合现代城市规划的趋势，强调公共空间的多功能性和社区的可持续发展。因此，公园作为社区核心绿地的地位在整个社区规划中显得至关重要。

2. 公园的位置考虑

在选择公园的位置时，必须全面考虑社区的整体规划和居民的居住分布，以确保公园在社区中的中心位置。这一中心位置决定了公园在社区中的影响力和可达性，对提高公园的利用率和吸引更多居民参与社区活动至关重要。

首先，要综合考虑社区的整体规划。公园的位置应与周边的居住区、商业区、教育区等相互关联，形成一个有机的空间布局。通过与其他功能区域的合理连接，公园可以更好地服务社区居民的多样化需求。例如：与商业区连接的公园可以提供更多休闲购物的空间；与教育区连接的公园则可以成为学生和家庭放松、休闲的理想场所。

其次，要考虑居民的居住分布。公园应位于居民聚集的地方，以确保足够的人流量和社区参与度。通过调查社区内居民的居住分布情况，可以更准确地确定公园的理想位置。这也有助于满足不同居民群体的需求，包括老年人、中年人和青年人等。

（二）小游园的功能定位

1. 小游园的儿童聚集空间

小游园的设计必须强调儿童和家庭的需求，将其打造成既适合孩子们游戏的场所，又是家庭亲子活动的核心空间。通过合理的布局和多样化的游戏设施，小游园将成为孩子们学习、娱乐和社交的理想场所，同时也是家庭共同体验乐趣的空间。

首先，小游园的布局应考虑到家庭的亲子活动需求。通过设计开放式的草坪和户外露天剧场等，为家庭提供共同参与的空间。这些场地可以成为家庭举办各种亲子活动的理想场所，促进家庭成员之间的沟通和互动。

其次，在游戏设施的选择上要注重多样性和教育性。引入不同类型的游戏设施，如攀爬架、秋千、滑梯等，以满足不同年龄段儿童的需求。这些设施不仅能够促进儿童身体和智力的全面发展，还能够提供丰富的娱乐体验。

最后，小游园的设计要考虑到家庭的社区参与管理。通过开展社区座谈会、征求居民意见等方式，确保小游园的设计符合居民的期望，提高社区的满意度与参与度。家庭在小游园的管理中也应有一定的参与角色，以共同维护和促进小游园的良好运行。

2. 小游园与公园整体布局的协调

小游园在设计中应当与整个公园的布局协调一致，形成一个有机的整体。科学的规划能够使小游园与公园相互补充，共同构建社区内多代人共享的场所，实现儿童的成长活动与家庭的共同体验。

首先，小游园的布局需要与公园的整体风貌相契合。考虑到公园的主题和定位，小游园的设计应与公园的景观风格、色彩搭配等方面协调一致，形成一个和谐的整体。这有助于提高公园的整体美感，使小游园成为公园内不可或缺的组成部分。

其次，在功能设置上，小游园要能够满足公园内不同年龄层次居民的需求。通过合理的布局，可以在小游园中设置适合儿童游戏的区域，同时留出一定空间供家庭亲子活动。这样可以使小游园成为儿童和家庭共同体验乐趣的理想场所。

在景观设计方面，小游园的绿化、景点设置等要与公园整体的生态规划相统一。通过引入植物、景观雕塑等元素，使小游园在美学和生态上与公园相辅相成，为居民提供一个既美丽又环保的空间。

二、生态规划原则与可持续发展

（一）绿化与生态系统

1.多样的植被引入

首先，生态规划的核心着眼于设计中的绿化，这一设计原则旨在确保公园与小游园的绿化效果达到最佳。在这一理念下，引入多样的植被成为重要手段，旨在提高植物群落的多样性，为整个生态系统创造一个良好的生态环境。

其次，多样性的植被引入涵盖了对植物种类、形态、生长环境等方面的考虑。通过选择不同种类的植物，包括乔木、灌木、草本等，可以形成丰富的植被层次，提高植物景观的多样性。同时，引入本地植物更具有生态适应性，有助于建立更加稳定的生态系统。

再次，多样性的植被不仅能美化景观，更能够创造出丰富的生态功能。各种植物的根系、叶片、花果等部分形成复杂的生态网络，为小游园提供更丰富的生物多样性，有益于生态平衡的维持。这种多样性的生态系统有助于提高空气质量、水质量，促进土壤肥沃度，为居民提供更健康、宜居的环境。

最后，多样的植被引入在设计中的实施需要结合地区的气候、土壤等自然条件，以及植物的生长特性，进行科学合理地选择和配置。通过精心的设计和植物引入，可以实现对公园与小游园生态系统的优化，创造出更加宜人的绿色空间。这一设计理念有助于提升社区的生态环境质量，为居民提供更为健康、宜居的居住体验。

2.适宜人类活动的环境

首先，植被布局在设计中的重要性体现在创造适宜人类活动的环境。在公园和小游园的设计过程中，合理选择树木、花卉等植被，不仅要考虑其观赏性，还需兼顾居民在这些区域中进行休闲和娱乐活动的需求。通过科学的植被设计，可以有效提高人们在这些空间中的舒适感，为他们提供一个宜人的环境。

其次，植被的布局应当注重形成各具特色的景观节点，以丰富公园和小游园的空间层次。通过合理搭配不同种类和高度的植被，形成独特的景观，为居民提供美丽的观赏场所。这有助于引导人们在活动中感受到自然的美，促进身心的放松与愉悦。

再次，植被的布局要结合场地的实际情况，考虑自然条件如阳光、风向等因素，以及植物的生长特性，确保植被的健康生长。科学的植被配置有助于形成良好的氛围，提供适宜的气候条件，为人们的活动创造一个宜人的环境。

最后，植被布局不仅是为了美化景观，更要考虑其生态功能。通过引入不同类型的植物，可以改善空气质量、保护水源、促进土壤保持等生态服务。这种生态系统的建设有助于形成人与自然的和谐共生，提高社区的生态可持续性。

（二）水资源管理

1. 可持续水资源管理

首先，生态规划的核心之一是可持续水资源管理，其目标在于有效利用水资源并减缓对自然水环境的影响。设计中应首先考虑引入雨水收集系统，通过设置合理的排水系统和收集设备，将雨水纳入系统，减少对自然水源的依赖。这一步骤有助于提高水资源的再生利用率，同时减缓雨水径流速度，防止洪涝灾害的发生。

其次，人工湿地的合理设计是可持续水资源管理的重要手段。人工湿地可以有效净化雨水和废水，保护水体生态系统的健康。通过规划和建设人工湿地，可以促进水中植物的生长和水质的净化，提高水资源的质量。这一步骤不仅有益于居民的生活用水，还有助于维护公园和小游园的生态平衡。

再次，设计中需考虑水体的合理规划，以确保水资源的可持续管理。通过规划公园和小游园内的水体，如人工湖、小溪等，可以形成循环利用的水资源系统。这有助于提高水资源的再生利用效率，减轻城市对外部水源的需求，从而推动生态系统的可持续发展。

最后，在实施可持续水资源管理时，需注重与当地生态环境的协调。科学合理的水资源管理既要满足居民的生活用水需求，又要维护公园和小游园内的生态平衡。通过这一综合性的管理策略，可以在提高水资源利用效率的同时，最大限度地减少对环境的负面影响，实现水资源的可持续利用。

2.雨水收集系统与人工湿地设计

首先，雨水收集系统的引入在公园和小游园的设计中具有重要的环境意义。通过合理设计雨水收集系统，将雨水有效收集并储存，以应对干旱季节的植物浇灌和其他非饮用水需求。这一系统的设置有助于最大限度地利用自然降水资源，减少对市政供水系统的依赖，提高水资源的可持续利用性。在公园和小游园的多功能空间中，雨水收集系统的实施将为水资源管理提供创新的解决方案，使水资源得到合理利用。

其次，人工湿地的设计对生态系统的健康发展具有显著的影响。人工湿地可以作为雨水的自然过滤器，通过湿地植物和微生物的共同作用，净化雨水中的污染物质，提高水体的水质。这不仅有助于维护公园和小游园内水体的健康，还创造了生态友好的环境。人工湿地的引入促使水资源管理与环境保护有机结合，实现了水体生态系统的可持续发展。

再次，雨水收集系统与人工湿地的协同设计是一种创新的生态规划理念。通过将这两者结合起来，可以实现雨水的多层次利用，既解决了城市雨水排放带来的环境问题，又为公园和小游园提供了可持续的水资源支持。在设计中要考虑雨水收集系统与人工湿地的布局和联动，以达到最佳的环境效果。这一设计原则体现了对水资源管理的全面考量，促使公园和小游园在生态环境方面实现更高水平的可持续性。

最后，雨水收集系统与人工湿地的设计原则不仅是水资源管理的创新实践，同时也是对城市绿地生态功能的提升。通过这一综合性的设计，公园和小游园既能够实现水资源的可持续利用，又能够提升生态系统的整体健康状况。这一理念将为城市生态规划提供有益的经验，引领绿地设计朝着更加可持续和生态友好的方向发展。

（三）生态路径网络

1.构建生态路径网络

首先，在公园和小游园的设计中，构建生态路径网络是一项关键的生态规划原则。通过合理设置自然路径和生态走廊，可以促进不同区域的生物多样性，将这些区域有机地连接起来，形成一个完整的生态系统。这有助于提高整个生态系统的稳定性，使各个生态单元之间能够相互支持和互动。

其次，自然路径的设置要考虑到植被的布局和生态要素的合理分布。在设计中引入自然路径，如步道、小径等，使其融入自然环境中，成为居民和游客流动的路径。同时，通过在路径周围种植各种植物，提高生态景观的多样性，创造出更具生态美感的空间。自然路径的设计应当注重人与自然的和谐，让居民在行走中感受到自然的美好。

再次，生态走廊的设置需要考虑社区内其他自然区域的连接。这可以通过规划绿化带、自然景观廊道等方式实现，将公园和小游园与周边的自然资源有机地衔接起来。生态走廊的建设有助于生物迁徙和种群的流通，提高生物多样性，并加强生态系统的韧性。这种设计原则能够最大限度地还原自然生态过程，使城市绿地成为生态系统的一部分。

最后，构建生态路径网络对整个城市绿地体系的抗干扰能力具有重要意义。通过在公园和小游园中引入生态路径，使城市绿地在面对城市发展和人为活动的压力时能够更好地维持生态平衡。这一原则不仅关注单一绿地的生态性，更注重将不同绿地之间建立联系，形成一个相互支持的城市生态网络。生态路径网络的构建将为城市生态规划提供创新的思路，推动城市发展朝着更加可持续和生态友好的方向发展。

2. 促进生物多样性

首先，在构建生态路径网络的设计中，采用多样的植被类型是促进生物多样性的关键策略。通过引入各类本地植物和树种，设计中可以创造出不同的植被景观，提供多样的栖息和繁衍条件，吸引并满足不同物种的生存需求。这种多样性的植被设置不仅能够增加生物多样性，还能够营造出生态更为丰富的景观，为城市绿地注入更多生机。

其次，在生态路径网络的规划中，适宜的野生动植物栖息地的引入是必不可少的。通过合理设置湿地、林地、草地等生态环境，为城市内的野生动植物提供安全的栖息和繁衍场所。这些栖息地的规划应当充分考虑物种的生态习性和行为需求，确保其能够有效地吸引和容纳多样的野生生物。从而实现城市中各种生物之间的互动和共生。

再次，为了促进生物多样性，设计中还可以采用人工创设的生态元素，如人工巢穴、人工湿地等。这些元素的设置有助于提供额外的生态资源，为城市内的野生动植物提供额外的生存条件。通过模拟自然生态系统，设计中可以创造出更为复杂和稳定的生态环境，促进各类生物的繁衍和共存。

最后，在生态路径网络的设计过程中，要注重对不同物种的生态需求进行科学研究和评估。通过对生物学特性、栖息地选择等方面的深入了解，可以更好地制订合理的设计方案，确保生态路径网络能够真正成为城市中各类生物共生共存的生态走廊。这种关注生物多样性的设计理念将为城市生态系统的健康发展提供坚实的支持。

三、实例分享：居住区公园及小游园生态规划

（一）项目区位

1.项目位置

润德城市森林花园位于政教中心——龙凤新城，是恩施州第四代住宅项目，地理位置极为优越。项目紧邻城市主干道，北通火车站、汽车站，南达许家坪机场路口。其独特的交通地理优势使得居民出行异常便捷，同时也使得项目在城市中的畅达程度达到了极佳水平。

项目紧邻公交站，进一步提高了居民的出行便利性，使得公共交通成为一种便捷的城市交通选择。居民可以方便地乘坐公共交通工具，快速到达城市内的各个角落。这也有助于减少居民对个人汽车的依赖，降低城市交通压力，促进了城市可持续发展。

关于该公园的项目总平面图如图 5-1 所示，通过图表形象地展示了项目的整体布局，包括公园各个功能分区的规划、道路的设计，以及周边交通节点的位置。这一细致的规划和布局使整个项目更具可读性和可操作性，使居民在项目内能够清晰地找到所需服务和设施，提高了公园的整体功能性。

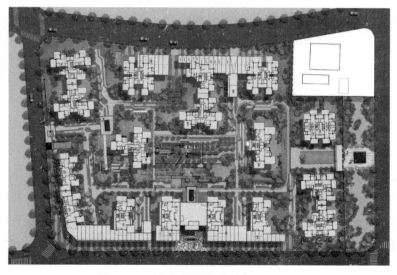

图 5-1　恩施润德城市森林花园平面图

2. 自然环境

润德城市森林花园的自然环境得天独厚，位于旅游休闲发展区，西临金马水库，东至青树林近郊风景区。这个地理位置使得项目周边环绕着丰富的自然景观资源，为居民提供了一个与自然亲密接触的居住体验。

项目距离州城内一个大型湖景公园——金马公园仅有五百米的距离，使其成为一个高品质的生态水景公园。这个公园不仅具备旅游观光的特色，同时也提供了丰富的娱乐休闲功能。金马水库的存在为居民提供了身临其境的水景体验，使得居住在此的居民能够在自然环境中尽情放松身心，享受恬静、宁和的生活。

项目的入口效果图（见图5-2）展示了润德城市森林花园的入口设计，突显了生态环境和自然美景。通过巧妙的景观设计，入口处的花园呼应了项目所在地的自然特色，为居民和访客提供了一个令人心旷神怡的环境。

图 5-2　恩施润德城市森林花园入口效果图

（二）设计定位及改造思路

1. 人性化公园

润德城市森林花园以人性化为设计定位，致力于打造一个兼具休闲娱乐和文化教育功能的居住区公园。在设计过程中，充分借鉴并总结公园改造的成功经验，避免了一些错误理念的引入。通过深入调查和分析公园现状，该项目进行了人性化设计，力求为居民提供更加优质的生活体验。

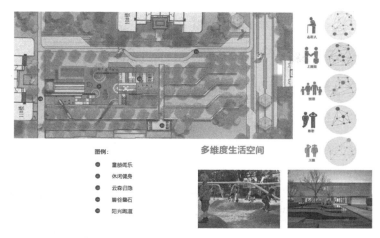

图例：
● 童龄闲乐
● 休闲健身
● 云森归隐
● 碧谷叠石
● 阳光圈道

多维度生活空间

图 5-3　恩施润德城市森林花园分区设计儿童活动空间

图 5-4　恩施润德城市森林花园分区设计儿童活动空间效果图

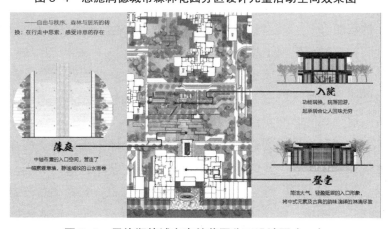

图 5-5　恩施润德城市森林花园分区设计图（一）

129

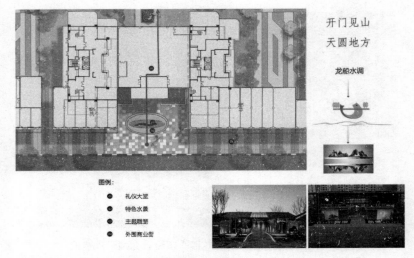

图 5-6　恩施润德城市森林花园分区设计图（二）

图 5-3、图 5-4、图 5-5、图 5-6 展示了润德城市森林花园的分区设计，其特别着重于儿童活动空间的规划。图 5-3 展示了儿童活动空间的分区设计，旨在创造一个充满活力和趣味的区域，满足儿童游戏和学习的需求。图 5-4 则展示了儿童活动空间的效果图，通过生动的场景演绎，呈现了一个欢快、多彩的儿童乐园。这不仅包括儿童游戏设施的合理布局，还强调了空间的可塑性，以适应不同年龄段儿童的需求。

整体设计中，项目图 5-5 和图 5-6 展示了分区设计的整体布局，通过划分不同功能区域，如儿童活动区、休闲区等，实现了公园空间的多样性。这种多功能区的设计能够满足居民各种休闲娱乐和文化教育的需求，使得公园成为社区内的多代人共享的场所。

2.个性化构筑物与景观小品

为了使润德城市森林花园更具吸引力和独特性，设计团队充分考虑了个性化构筑物和景观小品的加入。这一设计理念旨在通过独特的元素，为公园创造独特的景观，吸引居民和游客的关注。

在整体规划中，个性化的构筑物被巧妙地融入公园的景观中。这些构筑物可能包括艺术装置、雕塑、独特的建筑设计等。通过对艺术元素的引入，公园的整体氛围变得更加丰富多彩，为居民提供了艺术性的享受。景观小品的设置也是独具匠心，包括小型雕塑、风景墙、水景装置等，点缀了公园，形成独特的风景节点，营造出宜人的环境。

这些个性化的设计元素不仅丰富了公园的整体景观，也为居民提供了更多的互动机会。公园作为一个充满创意和趣味的空间，吸引着居民在其中漫步、休闲，享受艺术与自然的结合。同时，这样的设计也为社区建设增色不少，为城市环境注入了一份独特的活力。

通过个性化构筑物和景观小品的有机融入，润德城市森林花园成功地打造了一个独具特色的公园，为居民提供了一个兼具艺术和自然之美的社区空间。这一设计理念不仅丰富了城市景观，也为居民提供了更富有趣味性和美感的居住体验。

（三）项目设计实施

1.分区规划

为确保润德城市森林花园内部各区域有明确的定位，并能够满足不同居民的需求，设计团队进行了详细的分区规划。该规划涵盖了多个功能区，以提供多样性的服务和满足不同居民的兴趣和需求。

首先，在公园规划中，休闲区的设置是为了让居民能够在宁静的环境中放松身心。这些区域可能包括草坪、座椅区、景观小品等，为居民提供舒适的休息场所。图5-7展示了润德城市森林花园分区设计中的消防登高面效果图，显示了一个安静而宜人的休闲区域。

图5-7 恩施润德城市森林花园分区设计消防登高面效果图

其次，文化教育区的规划旨在为居民提供学习和文化交流的场所。这些区域可能包括开放式露天剧场、文化广场等，为社区居民提供了参与文艺活动、举办文化活动的空间。图5-8展示了润德城市森林花园分区设计中的云森归隐，呈现了一个富有文化氛围的场所。此外，游乐区的设计旨在满足家庭和儿童的娱乐需求。这些区域可能包括儿童游乐设施、亲子活动区等，为家庭提供共同参与的空间。通过这些功能分区的规划，公园成为一个多维度的社区空间，满足了不同居民群体的多样性需求。

图 5-8　恩施润德城市森林花园分区设计云森归隐

2. 景观节点设计

在润德城市森林花园的规划中，设计团队特别注重对公园内景观节点的精心设计，以创造出吸引人、宜人的景观点，成为居民休闲的理想场所。这些景观节点的设计旨在考虑自然环境和居民需求，打造出独具特色的风景，提升居民的生活品质。

图 5-9　恩施润德城市森林花园分区效果图（一）

图 5-9 展示了润德城市森林花园分区设计的效果图之一，通过巧妙的景观布局和植被设计，呈现出宁静而美丽的自然场景。这个景观节点为居民提供了一个宜人的休闲空间，使他们可以在自然环境中放松身心。

图 5-10　恩施润德城市森林花园分区效果图（二）

图 5-10 则展示了另一幅效果图，通过引入艺术性的景观元素和人性化的设计，为居民创造了一个富有艺术氛围的场所。这样的景观节点不仅丰富了公园的整体体验，同时提供了一个文化艺术交流的平台。

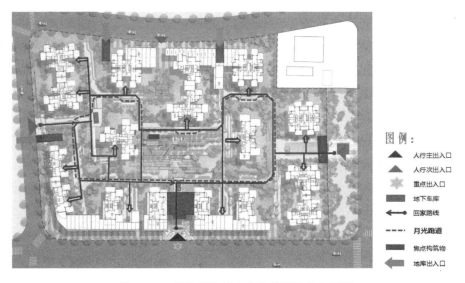

图 5-11　恩施润德城市森林花园流线分析图

图 5-11 是润德城市森林花园流线分析图，展示了景观节点之间的流线设计。通过科学合理的流线规划，确保居民在公园内自由流动，更好地利用各个景观节点，提升了公园的可达性和居住体验。

这些景观节点的设计不仅关注于美学上的吸引，更着眼于为社区居民提供多样性的休闲选择。通过合理的布局和精心设计，润德城市森林花园的景观节点成为社区内的亮点，为居民提供了丰富的自然体验和艺术文化感受。这种设计方式旨在提高社区居民对公共空间的利用率，促进社区的互动与交流。

3. 独具特色的构筑物

在润德城市森林花园的设计中，注重引入独特的构筑物，如艺术装置、文化雕塑等，旨在为公园增添艺术氛围，提高整体美感。这些独具特色的构筑物不仅是景观的点缀，更是对社区文化和艺术的体现，为居民提供了独特的视觉体验。

通过引入艺术装置，设计团队致力于为公园创造独特而引人注目的景观元素。这些装置可能是雕塑、雕刻艺术品或抽象的艺术结构，它们以艺术的形式融入公园环境，为居民提供了欣赏和思考的空间。这样的设计不仅让公园成为一个自然环境的延伸，更是一个文化与艺术的展示场所。

文化雕塑的引入也是为了营造浓厚的文化氛围。这可能包括与当地历史、传统或社区故事相关的雕塑作品。通过雕塑的艺术表达，公园不仅成为休闲娱乐的场所，更是一个传递文化价值的平台，让居民在欣赏自然的同时感受到历史和文化的底蕴。这些独特构筑物的引入不仅在美学上提升了公园的品质，还为社区居民提供了一个欣赏艺术、感受文化的空间。这种设计理念旨在打破传统公园的单一性，通过创新的构筑物元素，使公园更具现代感和独特性。这也符合公共空间设计应当满足社区居民多样化需求的原则，为居民提供一个融合自然、艺术和文化的社区休闲场所。

通过以上设计定位和改造思路，润德城市森林花园将成为一个融合生态、休闲和文化的理想居住区公园，为居民提供优质的生活体验。

第二节　居住区儿童活动场地生态规划设计

一、儿童心理与行为

（一）儿童对环境的认知

1.儿童认知能力演变

儿童心理学的研究旨在科学地解释儿童在不同年龄段展现的行为，并深入研究儿童心理与行为的变化规律与成长过程。该领域的奠基之作可追溯至 1882 年，德国心理学家普莱尔（W.T. Preyer）在他的著作《儿童心理》中首次系统、科学地阐述了儿童心理。目前，儿童心理学界的研究焦点主要集中在社会认知能力和自我意识方面。除了遗传因素，环境影响作为儿童心理和行为的重要因素之一，也引起了学者们的广泛关注。[1]

社会认知能力和自我意识成为儿童心理学研究的热点，对解释儿童行为的动机以及环境与儿童的关系具有重要意义。近年来，越来越多的学者和设计师将儿童心理学的理论运用到儿童活动场地等社区公共空间的建设中，以创造更符合儿童发展需求的环境。

儿童的行为活动受到其思维和感知能力的影响。根据儿童心理学专家让·皮亚杰（Jean Piaget）的理论，儿童的智力发展受到主体与环境之间动态而持续的相互作用的影响。在他的理论中，儿童初始时具有普遍的心理结构，主要受遗传基因影响。然而，随着成长，外部环境的影响使得他们的心理结构发生变化，进而影响其行为，使其更好地适应周围环境。儿童通过对外部环境的探索来学习知识，并在这个过程中与外部环境相互作用。

随着年龄的增长，儿童的认知能力和对外界事物的辨别水平显著提升。这是因为他们对外界环境进行了不懈探索。皮亚杰将儿童的智力发展过程划分为感觉运动阶段、前运算阶段、具体运算阶段和形式运算阶段，以揭示儿童智力发展的阶段性特征。

2.儿童对环境认知的过程

凯文·林奇（Kevin Lynch）在其著作《城市意象》中，对儿童的认知过程进

---

[1]　徐苗,龚玭,张莉媛.住房市场化背景下我国社区儿童游戏场营建模式及其问题初探[J].上海城市规划,
　　　2020（3）：54-62.

行了详细的分析。他指出，当儿童置身于新的空间环境中时，他们常常利用直觉感官和过去的经验来构建对新环境的认知。通过这种方式形成的认知往往是片面的，但如果儿童通过参与有趣的活动与空间环境互动，将会加深他们对环境的认知，最终形成一个相对完整、全面的认知体系。

在这个过程中，游戏起着重要的作用。游戏通常具备一套完整的规则和体系，儿童在游戏中可以根据规则形成既定的思维方式和具体的角色形象。因此，通过参与游戏，儿童可以更全面而完整地认知周围环境。游戏中的规则和问题也有助于锻炼儿童的思维能力。

认知理论认为，儿童通过感觉来认知这个世界。当他们从环境中接收的信息与其大脑中固有的认知结构有所不同时，他们的思维会发生改变，以适应新的环境。这个过程是儿童不断学习的过程。当接收到的新信息与大脑中的固有认知不相匹配时，儿童表现出对这种差异的求知欲，这正是儿童好奇心的来源。

（二）儿童行为与环境和需求的关系

1. 行为与环境的相互作用

丘吉尔曾说："我们塑造了环境，环境又塑造了我们吧。"[1] 这句话深刻地揭示了行为与环境之间相互作用的紧密关系。这种相互作用在外界环境发生变化时表现得尤为明显，人们会对环境变化做出反应，同时也会通过主观能动性去主动改变环境，使之更符合个体的需求。这一观点在空间设计领域得到了广泛应用，尤其在儿童活动空间的设计中，行为与环境的相互塑造显得尤为关键。[2]

在空间设计中，行为作为改造环境的指导，设计师通常通过模拟使用者在空间中的行为来预想可能发生的情景。考虑儿童的尺寸和行为模式，设计师可以更好地满足儿童在空间中的需求。这体现了行为对环境的引导作用，使设计更符合实际使用情境。

与此同时，"环境又塑造了我们"意味着空间对行为的引导和限制。不同类型的空间会引导人们产生不同的行为表现。私密性的空间通常使人们表现得更为自然和放松，而开放性的空间则更容易促使人们聚集并进行各种活动。空间的形式，如围合空间、线性空间、流动空间等，都会对人的行为产生影响。这种环境的引导作用在设计儿童活动空间时需要更为细致入微，考虑儿童的特殊需求和行为特征。

---

[1] 中共中央马克思恩格斯列宁斯大林著作编译局编译. 马克思恩格斯选集 第1卷[M]. 北京: 人民出版社, 1995.06.

[2] 蔡琦. 寒地住区儿童户外活动空间环境研究 [D]. 长春: 吉林大学建筑工程学院, 2010.

不同的空间环境会引发不同的感受，各种感官刺激会通过思维的控制影响个体的行为。研究表明，居住在高层住宅的居民交往较住在平房的居民要少。这是因为高层住宅的公共空间缺乏引导性，对人们的行为缺乏引导和激发。因此，在规划儿童友好型社区时，需要注重儿童活动空间的尺度和可达性，以创造有吸引力的环境，培养儿童的认知、锻炼思维和社交能力。

2.行为与需求的关系

人的行为受到内在需求的驱动，而这些需求往往是引发行为的主要原因。马斯洛（A. H. Maslow）的需求层次理论详细地划分了人的需求，包括生理需求、安全需求、情感和归属的需求、尊重的需求，以及自我实现的需求。这五个层级的需求构成了人类行为的基础动机，同时也为社区公共空间的设计提供了有利的参考。

生理需求是人类最基本的需求，包括食物、水源、睡眠等。在社区设计中，需要为儿童提供良好的医疗服务，确保他们的身体健康。

安全需求关乎个体的生存和安全，因此社区公共空间应提供安全的环境，确保儿童的生活和出行不受威胁。

情感和归属的需求是人们追求亲情、友情、社交关系的需求。对儿童来说，社区应提供适合亲子活动和儿童结伴活动的场所和设施，满足他们在社会群体中的需求。这有助于培养儿童的社交能力和情感发展。

尊重的需求涉及对个体的认可和尊重。社区应给予儿童足够的尊重，鼓励他们行使应有的权利，促使他们在社会中感到被尊重。这有助于满足儿童的自尊心和自我认知。

自我实现的需求是人类追求个人成长和实现潜力的需求。社区应提供学习和展示的机会，让儿童有机会展示自己的才华，得到家庭和社会的认可。这有助于培养儿童的学科素养和自我实现的动力。

在社区规划中，要考虑满足儿童这一弱势群体的需求，因为一个满足了儿童需求的社区也能够满足其他弱势群体的需求。儿童的需求可以对应到马斯洛的需求理论中，从基本的生理需求到更高级别的自我实现需求。只有社区能够提供和留出相应的空间，才能有效促使儿童做出满足其需求的行为。

（三）不同年龄段儿童的心理及行为特征

1.儿童生理及心理尺度

儿童在生理和心理尺度上与成年人存在显著差异，因此在进行空间设计时必须以儿童的特定尺度为主导，以创造一个对其舒适且安全的空间环境。考虑到儿童的生理尺度，设计师需要关注儿童的身高、视线高度、视线角度以及视线距离等因素，以确保空间布置能够满足他们的需求。

儿童的身体尺寸在不同年龄段有显著变化。以身高为例：3 岁的儿童平均身高约为 93 厘米；而 6 岁时会增长到 112 厘米；8 岁时达到 122 厘米；10 岁时为 132 厘米；12 岁时达到 149 厘米。这种生理尺度的变化需要在设计中考虑，以确保空间能够适应不同年龄段的儿童。

视野范围也是设计中需要注意的因素。尽管儿童在 8～9 岁时基本具备了成年人的视野范围，但在 6 岁时，他们的水平视野范围仅约为 60°；纵向视野更小，通常只有 40°。这意味着他们更注重眼前的事物，对远处的景物反应较弱。因此，设计师应当考虑在儿童视野范围内创造引人注目的元素，以吸引他们的注意力。

在心理尺度方面，儿童和成年人也存在差异。个人安全领域是人们在交往中保持的一定距离，而儿童的领域距离相对较小。根据人类学家爱德华•霍尔（Edward T. Hall）的划分，儿童的个人距离通常较成年人小。例如：2 岁半的儿童的正常交往距离通常是 46 厘米；而 7 岁时为 61 厘米；12 岁的儿童则表现出与成年人无异的个人距离。这意味着在社区设计中，要考虑创造适合儿童的社交空间，以满足他们较小的个人距离需求。

2. 儿童的心理特征

（1）对事物充满好奇心，喜欢去冒险

在之前对儿童与环境的认知关系的研究中，我们深入了解了儿童好奇心的根源，发现其源自对未知环境的求知欲。儿童在成长过程中常常面临许多未知的环境，而对这些未知环境的探索不仅满足了他们对知识的渴求，还有助于构建大脑中的认知结构。因此，我们经常观察到儿童对周围事物充满好奇心，热衷于在未知的环境中进行探索，并展现出强烈的冒险精神。[1]

在生活中，儿童展现出对事物的好奇心是一种自然而然的心理倾向。这种好奇心驱使他们主动探索周边环境，与之互动，从而获取更多的信息和经验。对儿童而言，这种好奇心不仅是认知发展的一部分，还是他们积极参与学习和社会交往的重要动力。

在社区的公共空间设计中，我们可以通过充分理解儿童好奇心的特点来引导

---

[1] 陈天，王佳煜，石川淼. 儿童友好导向的生态社区公共空间设计策略研究——以中新天津生态城为例 [J]. 上海城市规划，2020（3）：20-28.

他们的行为。富有变化的、能够躲藏的空间设计能够激发儿童的好奇心和冒险精神。隐蔽的空间和不规则的环境能够吸引儿童的注意力，让他们感受到探索的乐趣。这种设计理念有助于提供一个激发儿童主动学习和探索的环境，促使他们在社区中更加积极参与，培养出更为丰富的认知和社交能力。

（2）寻求伙伴，依恋家长

儿童在婴幼儿时期对家长或其他监护人的依恋是正常的心理需求，这一观点得到了著名心理学家亨利·瓦隆（H.Wallon）的支持，他指出"儿童依恋家长是儿童发展个性的必备条件之一"[1]，这种依恋关系在儿童的心理发展中扮演着重要角色。家长的照顾和与伙伴的交往不仅能够提供儿童所需的情感支持，还有助于减轻儿童内心的焦虑和不安全感。儿童对家长的依恋情感在他们的内心建立了一种保障，即便是在独自行动的过程中，儿童也能够相信在需要家长的时候他们会准时出现。这种信任和依赖对儿童独立性的发展起到了积极的作用。

除了对家长的依恋，儿童通常还表现出对同龄伙伴的聚集性。在同伴和活动中，儿童能够体验到社交互动的乐趣，这有助于锻炼他们的社交能力。因此，在设计社区公共空间时，需要充分考虑家长的存在。为满足儿童的依恋需求，可以设置亲子活动的场所，为家庭提供一个共同互动的空间。同时，也需要考虑设置专门供儿童互动玩耍的场所，以促进他们之间的友谊和合作。

社区公共空间的设计应该注重平衡家庭和儿童的需求，创造一个既能够满足儿童依恋和社交的场所，又能够提供家长与子女共度时光的机会。这不仅有助于培养儿童的积极社交能力，还能够加强家庭成员之间的情感纽带。

（3）以自我为中心，具有排他性

在5岁之前，儿童的心理活动和行为往往以自我为中心展开。这一阶段的儿童表现出将个人喜好和感受作为行为的出发点，他们的行为随心所欲，不受过多约束。然而，由于此时期儿童对周围环境的判断尚不全面，容易忽视潜在的危险因素，因此在进行场地空间设计时，必须提供一个绝对安全的环境，并采取相应的保护措施，以防止儿童受到伤害。

另外，儿童在活动过程中表现出排他性，通常倾向于选择与自己年龄、性别、兴趣相仿的玩伴互动，而排斥与他们不同的群体。这种排他性的现象在儿童之间的互动中较为普遍。因此，在设计儿童活动空间时，需要考虑到不同年龄段和不同活动的特点，进行相应的分区设计，以防止发生儿童之间的霸凌。通过精心规划空间，可以为儿童提供一个更加包容、友好的环境，促进不同群体之间的

[1]　张林，李玉婵.依恋对儿童社会性发展的影响与启示[J].重庆教育学院学报，2010（2）：24-27.

和谐互动。

（4）从众的心理，喜欢模仿

生活环境对儿童行为的潜移默化起着重要作用，而儿童本身则表现出乐于模仿生活中各种元素的特征。模仿行为是儿童提高自身能力的主要渠道之一，涵盖了对家长、影视作品以及同龄儿童的模仿。这种模仿的倾向体现在儿童群体中普遍存在的随大溜现象，表现为渴望拥有他人拥有的玩具、观看他人喜欢的动画片等行为。

在社区儿童活动空间设计中，必须注意空间元素对儿童模仿行为的影响。在这个过程中，树立正确的榜样形象成为至关重要的一环。正确的榜样可以指引儿童选择积极、健康的行为模式，从而促使他们在模仿中培养良好的生活习惯和社交技能。家长、教育者以及设计师都应该共同努力，确保儿童所接触到的信息和行为榜样是积极的、有益的。

此外，防范不良信息对儿童可能造成的不利影响也是至关重要的。在社区空间设计中，应当杜绝一切可能传递负面信息的元素，确保儿童在模仿过程中不受到有害信息的干扰。这可以通过策划有益、有趣、富有教育性的活动，以及选择适宜年龄的媒体内容来实现。

（5）希望得到夸奖，表现欲强

儿童天性希望得到夸奖，表现欲强，尤其在与人交往中，他们倾向于在众人面前展现自己，成为焦点，并期待得到大人的赞赏与认同。有研究表明，夸奖相较于批评更能激发儿童的动力。在受到赞赏的情境中，儿童更有动力去完成家长或者其他成年人期望他们达成的任务；而过度的批评则可能引发儿童的逆反心理。因此，在与儿童交往时，温和的语气和使用褒奖的话语变得至关重要，这有助于鼓励儿童树立积极的自我形象，促进其心理健康发展。

在儿童参与游戏的过程中，他们往往享受完成目标所带来的成就感。在这种成就感的驱使下，儿童会更积极地参与游戏，挑战和提升自身各项能力。在这一点上，设计儿童活动空间时需要考虑设置合理的游戏难度，以适应儿童的不同体能水平。通过制定有趣而具有一定挑战性的游戏活动，可以激发儿童的学习兴趣，培养其解决问题的能力，同时给予适度的夸奖和正面反馈，从而激发其积极性和创造力。

3.儿童的行为特征

（1）儿童活动轨迹具有不确定性

儿童的意识和思维能力正处于发育阶段，通常难以长时间集中注意力，其行为也不受意识的约束。相反，他们更多地依赖感觉来指导行为，因此儿童的活动轨迹表现出明显的不确定性和随机性。这意味着，除非人为地进行限制，否则很难将儿童局限在一个特定的区域内。社区内有趣的场所会不断吸引儿童前往，甚至一些成年人可能忽略的空间也会对儿童产生吸引力。

在进行社区公共空间设计时，不能仅局限于设立一个儿童游戏场所。相反，应该将整体环境纳入考虑范围内，充分理解并满足儿童的需求。不应将儿童的活动范围限制在一个固定的场所，而是应该创造出一个充满趣味和探索性的整体环境，以满足儿童对多样性和不确定性的探索欲望。

因为儿童的行为难以事先预测，设计师在公共空间规划中应采取开放式、多样化的设计理念，以适应儿童活动轨迹的变化。例如，可以设计具有灵活性的活动区域，引导儿童在空间中自由移动，同时提供安全保障。此外，引入富有创意和启发性的元素，使整个社区都成为儿童探索的空间，促进其认知和发展。

在社区公共空间的规划和设计中，理解儿童活动轨迹的不确定性是关键，只有通过创造性的设计和综合考虑儿童需求的方式，才能真正打造出一个适应儿童特点的、充满活力和趣味的社区环境。

（2）儿童具有同龄聚集性

儿童在行为和活动中表现出强烈的同龄聚集性，更倾向于与他们年龄相仿的同伴一起玩耍。这一特点在儿童的社交互动和活动选择中起到关键作用。儿童的活动内容通常与他们所处的年龄阶段有密切的关联。不同年龄段的儿童在体能、智力和行为能力上存在显著差异，因此他们的活动偏好也有所不同。

年幼的儿童由于在体能和智力的发展上相对滞后，更偏向于安静、简单的活动。这可能包括观察自然界的花花草草、捉虫子等与周围环境互动的简单游戏。这些活动不仅符合他们的能力水平，还有助于培养他们对自然的好奇心和观察力。

而年长的儿童则由于行为能力和思维意识的增强而更倾向于具有挑战性的游戏和运动。他们喜欢参与探索未知的环境，追求刺激和具有强烈趣味性的活动。这反映了他们对更高层次、更具挑战性的体验的渴望，以促进他们的成长和发展。

因此，在社区公共空间设计中，需要考虑不同年龄段儿童的特点，为其提供适宜的游戏和活动场所。可以设置既适合年幼儿童的安静区域，也包含对年长儿童更具挑战性的游戏设施。

（3）儿童活动具有时间性和季节性

儿童的活动具有明显的时间性和季节性特征。这一现象主要受到外部环境的影响，儿童的自主活动或社交活动通常受到天气等因素的制约。研究表明，儿童更倾向于在天气适宜的季节进行户外活动，如春天和秋天，这两个季节是儿童参与活动最为频繁的时期。其次是夏季，而冬季则相对较少。

学龄前的儿童由于缺乏自主行为的能力，通常需要父母或监护人的陪同才能外出。在时间安排上，由于受父母工作时间的限制，儿童的户外活动多发生在节假日以及傍晚时间。这种安排旨在确保儿童在安全的环境中进行活动，并保障他们的生活和学习需求。

随着年龄的增长，学龄后的儿童活动受到学校时间的影响更为明显。通常，他们的户外活动发生在放学后，这是一个相对自由的时间段，使得儿童能够更加自主地选择和参与各种活动。这也反映了学校和学业压力对儿童活动的一定制约，但同时也为他们提供了社交和锻炼的机会。

（4）儿童喜爱躲藏行为

儿童天性喜欢躲藏，这不仅是一种儿童时光中常见的游戏，更是与其发展相关的重要经验。儿童通常热衷于寻找各种隐蔽的空间，并在其中进行躲藏，而捉迷藏等游戏活动则成为儿童的心头好。这种行为背后蕴含着儿童在成长过程中对未知空间的求知欲望，以及对自身在环境中的探索需求。

寻找隐蔽的空间不仅是儿童探索未知世界的手段，更是对周围环境产生认知的一种方式。在这一过程中，儿童通过感知和互动，建立起对空间的认知结构。同时，躲藏在隐蔽的空间中可以让儿童获得支配感和领域感，这对他们的心理发展和自我建构具有积极意义。这种支配感来源于掌握自身位置和能够控制局部环境的能力，而领域感则表现为对一定空间的独占和认同，从而增强了儿童对自身在环境中的安全感。

在儿童活动的空间设计中，我们可以有意地设置一些适合躲藏的空间，以增加空间的趣味性和吸引力。首先，可以考虑在公共空间中设置专门的躲藏区域，例如小型的迷宫结构或者带有遮蔽物的角落，为儿童提供隐蔽和躲藏的场所。其次，可以通过植物、装饰物品或者布置设计来营造一些具有隐蔽性的角落，让儿童在其中找到探险的乐趣。再次，考虑空间的布局和结构，设计一些具有层次感和变化的区域，让儿童能够在其中寻找适合躲藏的地方。最后，通过引导性的游戏活动，激发儿童的好奇心和探索欲望，使他们更加积极地参与躲藏游戏，促进其身心发展。

（5）儿童喜爱体验自然的行为

儿童天生对大自然充满好奇与向往，相对于人为构筑的环境，自然的景象更加丰富多彩，充满吸引力。儿童在认知能力上相对成年人存在一定局限性，难以从人为的建筑物中获取更深层次的信息。相比之下，大自然提供的信息更为直观和丰富，因此儿童更愿意置身于自然的环境中。

随着城市的发展，自然缺失症的现象在儿童中日益显著。儿童普遍缺乏与大自然亲密接触的机会，这为他们身心的发展带来了负面的影响。在社区公共空间的设计中，有必要充分考虑儿童对大自然的喜爱，提供给他们与自然互动的机会。首先，可以在社区内设置自然景观区域，包括花园、树木和草地等，为儿童提供一个近距离接触植物和自然元素的场所。其次，设计自然主题的活动区域，例如户外探险区、生态池塘或人工小山丘等，让儿童在自然中体验冒险和探索的乐趣。再次，通过自然教育的方式，向儿童传递与大自然相关的知识，培养他们对环境的尊重和保护意识。最后，在社区规划中应考虑保留绿地、自然景观和生态通道，为儿童提供更广阔的自然体验空间。

在社区公共空间设计中，充分满足儿童对大自然的体验需求，不仅有助于他们身心健康的全面发展，还有助于培养他们对环境的责任心和可持续发展的意识。通过在社区中创造有趣、丰富、安全的自然体验场所，可以使儿童更好地融入自然环境，增进他们对自然的理解与热爱。

二、儿童户外活动类型及特点

（一）户外活动种类

著名建筑师扬·盖尔（Jan Gehl）在《交往与空间》中将人们的户外活动分为三种类型：必要性活动、社会性活动和自发性活动。不同的活动形式对活动场地也提出了各自不同的需求。

1.必要性活动

首先，必要性活动是社会生活中不可或缺的一部分，通常指那些由于生活、工作、家庭等方面的需求而产生的活动。这类活动具有强烈的规律性，人们需要定期、持续地进行，以满足基本的日常生活要求。其中包括但不限于去医院就诊、上下班通勤、购买日常生活必需品、接送小孩等。这些活动通常是为了维持个体和社会正常运转而不得不进行的，受外部环境的影响较小，人们在进行这些活动时难以有太多的选择余地。

其次，必要性活动的出现与个体的基本需求直接相关。例如，就医是为了维护身体健康的需要；上下班是为了维持生计和社会地位；购买生活必需品是为了满足生活所需；接送小孩则是出于家庭责任和关爱。这些活动在日常生活中扮演着至关重要的角色，直接关系到个体的身体健康、经济状况、家庭和社会关系等多个方面。

再次，必要性活动的规律性使得人们在生活中形成了一定的习惯和行为模式。人们往往会在固定的时间和地点进行这些活动，形成一种自然而然的生活规律。这种规律性使得社会运作更加有序，也为人们提供了一种稳定性和可预测性的生活体验。然而，这同时也带来了一定的单调性和重复性，人们在进行必要性活动时可能缺乏新鲜感和创新性。

最后，尽管必要性活动在一定程度上受到外部环境的限制，但社会的发展和科技的进步也为这些活动的进行提供了更多的便利和选择。例如，随着互联网的普及，一些必要性活动可以通过在线服务来完成，减少了人们的时间和空间成本。交通、医疗、购物等方面的便捷服务的发展，也为人们提供了更多的选择和灵活性。

2. 自发性活动

自发性活动与必要性活动形成鲜明对比，它通常是出于个人意愿而发生的活动，涵盖了诸如出门散步、驻足观赏、娱乐游玩等多种形式。这些活动的展开更多地取决于个体的兴趣、欲望和主观愿望，而非生活、工作或家庭等方面的强制性需求。自发性活动在个体生活中扮演着提升心理健康、丰富生活经验的重要角色。

首先，自发性活动往往是出于个人的内在动机，反映了个体对自由、享受生活的渴望。人们通过自发性活动追求乐趣、放松身心、发现新奇，这些活动通常是在个人意愿的引导下展开的。例如，一个人可能会选择在周末去公园散步、参与艺术展览，或者在家中进行创造性的手工艺活动，这些都是出于自身兴趣和欲望的自发性活动。

其次，自发性活动受到外部环境因素的较大影响。当外部环境提供了适宜的条件时，如良好的天气、美丽的景观、丰富的文化活动等，人们更愿意主动融入这些环境中，展开各种自发性活动。反之，当外部环境不理想，不能满足个体特定需求时，人们通常不会选择进行这项活动。这种灵活性和主观性使得自发性活动更富有变化和创造性。

再次，自发性活动在一定程度上反映了个体的审美追求和对美好生活的向往。人们通过自发性活动来体验美丽的事物，培养审美情趣，提高对生活的满足感。例如，走进自然风景区、参与艺术创作、欣赏音乐表演等，都是通过自发性活动实现对美好的追求和体验的。

最后，自发性活动对个体的心理健康和生活质量具有积极的影响。通过自发性活动，个体能够释放压力，增强心理舒适感，提升幸福感和满足感。这种自主选择和参与的过程有助于形成积极的心态，促进个体的全面发展。

3.社会性活动

社会性活动在人们的日常生活中起着重要的作用，往往伴随着自发性活动和必要性活动的展开。由于人是社会性动物，交往与互动是不可避免的，而社会性活动则成为人们在公共空间中进行社交、交流和互动的方式。社区公共空间作为社交的场所，为社会性活动提供了重要的场地，人们在这些空间中有机会与他人发生联系，建立社会关系。

首先，社会性活动常常在开放的空间中发生。人们在外出的过程中可能与熟人攀谈、观赏风景时与周围的人交流想法，或者与朋友约好一起出门游玩。这些社会性的互动通常发生在公共空间中，如公园、广场、商业区等。这些地方提供了相对自由、开放的环境，促使人们更容易参与社会性活动。

其次，社会性活动涵盖了丰富多样的形式，包括交谈、合作、互动等。在社会性活动中，人们可以分享彼此的经验、观点和情感，增进彼此的了解和认同。这种交往有助于建立社会支持系统，提高个体的幸福感和生活质量。例如，社区中的居民可能在公园里组织集体活动、参与社区志愿服务，这些都是社会性活动的体现。

最后，社会性活动在儿童的户外活动中占据重要地位。学龄后的儿童主要通过上下学、自发性活动和社会性活动来构建他们的户外活动体验。与成人相比，儿童更容易受到主观意愿的影响，他们可能更倾向于与同龄人一起玩耍、参与集体游戏、进行团体活动。社会性活动对儿童的社交能力、团队协作能力和情感发展具有积极的促进作用。

（二）儿童户外活动层级

儿童的户外活动在个体成长过程中具有不同的层级，这些层级随着年龄增长而逐渐演变，呈现出特定的社会化过程。儿童社区活动的中心位置是家的范围

（homerange），在这一范围内，儿童的行为主要是自发性的个体活动，与家庭互动频繁，受到家长的监管。学龄前儿童（4~6岁）的活动范围主要集中在家庭范围之内。

其次是邻里的范围（neighborrange），儿童在这个层级中与邻里之间发生更多的互动。主要活动内容以结构性活动为主，旨在培养儿童的协作和社交能力。邻里范围的拓展使儿童能够在更广泛的社交环境中进行活动。

再往外一层是社区的范围（communityrange），在这个层级内，儿童会接触到更多社会上的内容，参与社会性活动。这个层级的活动促使儿童更深入地了解社会规则和秩序，为其社会化过程提供了更丰富的经验。

儿童的空间层级随年龄扩大，也伴随着社会化的进程不断深化。随着儿童在离家范围内从事更加复杂的活动，他们的社会化程度逐渐提升。根据儿童活动范围的不同，可以将儿童的活动分为三个层级：促进个体认知的个体活动、培养合作竞争关系的伙伴活动，以及了解社会规则和秩序的社会活动。

这一层级划分有助于理解儿童在不同空间范围内的活动特点，为社区公共空间的设计提供了参考。在设计中，应考虑创造适应不同层级的儿童活动的环境，促进其全面发展和社会化过程。

（三）儿童户外行为模式特征

儿童的活动在一定程度上可以理解为儿童利用自己的身体去探究周边的环境，这对他们的自身成长有着深刻的意义。

1.公共空间和私人空间的模糊化

私密空间和公共空间的模糊化在儿童与成年人之间存在显著差异。儿童对公共空间和私密空间的界限定义通常较为模糊，而他们对私密空间的概念相对较小。儿童在成年人定义的公共空间，如座椅上，可能会以各种随意的姿势侧躺或聊天。对3~9岁的儿童而言，在他们玩耍和嬉戏时，并不会特意选择私密的空间。在儿童看来，玩耍是向公众展示自己行为的方式，他们以自我为中心，渴望得到人群的关注。

因此，许多设计中将儿童活动空间安排在偏僻和隐蔽的场所，采用绿篱和围栏进行分隔的方式被认为是不恰当的。这样的布局方式可能导致这些场所无人问津，与儿童的活动特点不相符。儿童更倾向于在公共空间中展示自己的活动，而不是寻找隐蔽的私密空间。因此，在设计儿童活动空间时，应该更加注重创造一个开放、有趣、容易引起关注的环境，以迎合儿童对公共空间的向往，同时减少对私密空间的过度划分，使儿童更容易参与社区的公共生活。这种对儿童对空间的独特认知的理解有助于更好地满足他们的需求，提升设计的实用性和适用性。

2. 动静空间的划分

儿童在体能发育和行为特点上存在明显的年龄差异，同时其行为具有强烈的排他性，因此将整个儿童活动空间划分为动态空间和静态空间是十分必要的。在考虑不同年龄儿童的行为特点后，我们将儿童的跑跳、攀爬、运动等行为定义为动态活动，而观察、聊天、行走等行为则被定义为静态活动。

在婴幼儿阶段（0~4岁），儿童的体能和智力发育较为有限，其户外行为以静态活动为主，主要在父母陪同下进行观察和行走。学龄前阶段（4~8岁）的儿童因已具备独立活动的能力，其户外行为通常以追逐打闹、使用游乐器械等动态活动为主。至于学龄后阶段（8~14岁）的儿童，则展现出更强大的运动能力，开始更热衷于完整规范的娱乐或运动模式，如篮球运动、乒乓球运动等。同时，他们的智力水平也得到了较为完善的发展，此时的儿童开始参与更多团体性活动，如聊天交流、猜谜、散步等。

这种划分表明在设计儿童活动空间时，设计师可以动静分区为出发点，合理布局空间内的组织形式。动态空间可以包括适合各年龄段儿童参与的游乐器械、运动场地等，而静态空间则可以提供适合观察、聊天、休憩的场所。通过这样的空间设计，能够更好地满足儿童在不同年龄阶段的活动需求，促使其全面发展。

3. 空间行为的领域性

在设计空间时，为不同形式和功能的空间引入一定的边界因子可以加强人们对空间的感知，为他们创造一种特定领域的归属感。这样的做法能够吸引特定的人群，满足他们在特定空间中的需求。举例而言，成年人通常倾向于在隐蔽的场所聊天、交往，通过设置树篱、石板凳、绿植等围合的边界，能够创造出一个特定领域，吸引成年人逗留。

然而，儿童的行为方式具有强烈的不确定性、动态性和阵发性。儿童的领域主要包括公共空间中能够吸引他们注意的兴奋点，如游乐设施、溪流等，以及监护人的控制范围之内。因此，在针对儿童活动空间的设计中，不能通过具体的边界来限制儿童的活动。相反，应该利用儿童的兴奋点，通过引导和创造出吸引他们的元素，来引导儿童的活动。

这种设计理念强调在儿童活动空间中创造具有吸引力的元素，以激发儿童的兴趣和好奇心。通过在公共空间中设置丰富多彩的游乐设施、有趣的景观元素等，可以吸引儿童的注意力，激发他们参与各种活动的积极性。

三、儿童活动场地的特殊设计考虑

（一）儿童活动场地的环境特点

1. 儿童的年龄段划分

在儿童活动场地的设计中，关注儿童的年龄段差异是至关重要的。这一设计原则旨在充分考虑儿童的生理和心理特点，通过划分不同的活动区域，以满足不同年龄层儿童的需求。这样的设计方法有助于提供更具针对性的游戏和活动，确保每个年龄段的儿童都能在场地中找到适合自己的乐趣。[1]

首先，针对不同年龄段儿童的特点，可以将儿童活动场地划分为多个区域。例如，可以设立专门适合幼儿的游戏区域，包括安全的攀爬结构、柔软的地面材料，以及亲子互动的小型设施。对学龄前儿童，可以设置更具挑战性和启发性的游戏设施，促进他们的身体和智力发展。至于学龄儿童，则可以设计更复杂的游戏项目，以满足他们对冒险和社交的需求。

其次，对不同年龄段的儿童，设计中需考虑设施的高度、大小和复杂度。对幼儿区域，设施的高度和大小应适中，以确保他们在玩耍时不会受到伤害。而对学龄前和学龄儿童，可以引入更高、更具挑战性的设施，以促使他们在游戏中体验成长和发展。

最后，还应考虑活动区域的整体布局，以确保儿童能够在安全、开放的环境中自由活动。柔性的地面材料是关键之一，它可以减轻儿童摔倒时的冲击力，保障其安全。遮阳设施、通风和采光等因素也应纳入考虑，创造一个有利于儿童成长和发展的场所。

2. 场地整体布局

场地整体布局的设计在儿童活动场地规划中起着至关重要的作用，其目标是确保儿童在安全、开放的环境中能够自由活动。在实现这一目标的过程中，需要综合考虑多个因素，包括地面材料、遮阳设施、通风和采光等因素。

首先，采用柔性的地面材料是关键设计元素之一。例如，使用橡胶地面可以有效减少儿童摔倒时的伤害。这种地面材料具有弹性，能够减缓冲击力，保障儿童在玩耍过程中的安全。设计中可以根据不同区域的需求选择合适的地面材料，确保其适用于各种活动。

[1] 曲琛，韩西丽. 城市邻里环境在儿童户外体力活动方面的可供性研究——以北京市燕东园社区为例 [J]. 北京大学学报（自然科学版），2015，51（3）：531-538.

其次，适当设置遮阳设施是为了为儿童提供在炎热天气下舒适的活动环境。凉亭、遮阳篷等设施可以为儿童提供阴凉之处，避免过度暴露于阳光下。这不仅有助于保护儿童的皮肤健康，还提供了一个更为宜人的游戏和学习空间。

同时，通风和采光等因素也应纳入设计考虑。保持场地的良好通风有助于降低温度，提供清新的空气，创造宜人的环境。充足的自然光线则对儿童的视觉发育至关重要，设计中可以合理布局场地，确保各个区域都能获得足够的阳光照射。

（二）生态元素的引入

1.多样的植被设计

首先，在儿童活动场地的生态规划中，引入多样的植被是一项至关重要的设计考虑。这不仅能够丰富场地的自然氛围，还能够为儿童提供一个与自然互动的学习和游戏空间。通过植入各类植物，包括花卉、灌木和小型树木，设计师可以打造一个富有生命力、充满色彩和变化的环境，激发儿童对自然的好奇心和探索欲望。

其次，采用本地植物是生态友好设计的一项关键。本地植物适应当地气候和土壤条件，具有更好的生长适应性和生态稳定性。引入本地植物有助于建立与周围自然生态系统的和谐关系，提供适宜的栖息地，为各类野生动植物提供食物和庇护之地。这种设计原则有助于维护生态平衡，促进生物多样性的繁荣。

再次，植物的选择应该考虑其观赏性和互动性。引入具有鲜艳花朵的花卉、形态各异的灌木和小型树木，可以提升场地的美感，同时吸引儿童的注意力。设计中还可以考虑设置观察窗、标识牌等设施，帮助儿童认知各类植物，促进他们对生态系统的理解。

最后，植被的布局应该合理分区，考虑儿童的活动需求。例如，在儿童游戏区域可以布置一些观赏性强的花卉，而在休息区域可以设置一些提供阴影的小树木。通过巧妙的布局，可以使植被成为场地中的自然隔断，提供丰富的场地体验。

2.生态元素的教育性

首先，为了培养儿童对自然的保护意识，生态元素的引入应该注重教育性。在设计儿童活动场地时，可以设置观察窗、昆虫馆等生态设施，以提供儿童近距离观察自然的机会。这些观察点不仅是游戏空间，更是生态教育的平台，通过直接互动，儿童能够深入了解植物的生长过程、昆虫的习性等生态知识。

其次，观察窗的设计可以包括植物生长窗、昆虫观察窗等。通过这些窗口，儿童可以观察植物在不同季节的生长变化，了解它们与季节、气候的关系。同时，昆虫观察窗则提供了观察昆虫活动的机会，让儿童对昆虫的多样性和生态角色有更深入的认识。

再次，昆虫馆作为一个专门的设施，可以集中展示各类昆虫，介绍它们的特点、生态习性和生存环境。这种有组织的生态教育空间能够引导儿童主动学习，提高他们对生态系统的兴趣。设计师可以根据昆虫的生态特征，设置适宜的观察和互动环境，让儿童在游戏中学到更多关于昆虫的知识。

最后，生态教育元素的引入还可以通过信息牌、图解等形式进行，为儿童提供关于植物和昆虫的生态知识。这种信息传递方式有助于拓展儿童的认知范围，让他们在活动中不仅能得到生态体验，还能够理解生态知识的背后原理。

（三）体验式学习环境

1. 互动装置的设计

首先，互动装置的设计在儿童活动场地中具有重要意义。这需要设计师充分考虑儿童的年龄特点和学习需求，以体验式学习为导向，通过各种创新的互动装置激发儿童的好奇心和创造力。一种常见的互动装置是智能游戏设施，如交互式地面投影、智能感应墙等，这些设施可以通过触摸、声音、影像等方式与儿童进行互动，营造出充满趣味和创意的学习氛围。

其次，创新的游戏设施应该具备多样性和趣味性，以提供儿童丰富的学习机会。例如，可以设计集合了数字、科学、艺术等元素的游戏设施，通过参与游戏，儿童可以学到丰富的知识。同时，设计师还可以考虑引入 VR（虚拟现实）技术，为儿童提供沉浸式的学习体验，拓展他们的认知范围。

再次，儿童图书角作为互动学习的一部分，可以设置成一个开放式的空间，让儿童能够随时阅读和参与相关的学习活动。在图书角中，可以摆放与生态、科学、艺术等主题相关的图书，通过互动图书、讲故事等方式，激发儿童对知识的兴趣，培养他们的阅读习惯。

最后，互动装置的设计应该注重与自然环境的融合，创造出既有趣味性又生态友好的学习空间。例如，可以设计与自然元素结合的互动艺术装置，让儿童在互动中感知自然之美。这种设计不仅能够促使儿童在游戏中获得知识，还建立起对自然环境的尊重和热爱。

2.融入生态主题的学习元素

首先，在儿童活动场地的设计中融入生态主题的学习元素，是为了与生态教育理念相契合，使儿童在玩耍的同时能够轻松学到有关自然生态系统、可持续发展等主题的知识。为实现这一目标，可以设计生态实验区，为儿童提供实际操作的机会。这包括设置生态观察点、昆虫捕捉区等，让儿童通过亲身体验，深入了解生态系统的运作规律，培养他们对自然环境的兴趣和保护意识。

其次，小型植物园是另一种融入生态主题学习元素的创新设计。通过在活动场地中设置不同植物的栽培区域，可以为儿童提供观察和学习植物生长的机会。设计师可以考虑引入本地植物，以增强生态系统的本地性，并结合标签或信息板介绍各类植物的特点、生长习性等，让儿童通过与植物互动，了解植物与环境的相互关系。

再次，体验式学习环境应注重互动性和趣味性，以激发儿童对生态学科的学习兴趣。可以设置环保主题的游戏区域，让儿童在游戏中学到节能减排、垃圾分类等生态知识。同时，设计师还可以考虑将可持续发展的概念融入互动游戏中，引导儿童关注未来社会的可持续发展问题，培养他们的环保意识。

最后，生态主题学习元素的引入有助于提高儿童的学科素养，培养他们对环境问题的关注。通过在儿童活动场地中创造一个生态友好的学习环境，设计师可以促使儿童更加主动地参与学习，激发他们对自然和生态的热爱，培养未来环保领域的人才。这种设计理念不仅将使儿童在玩耍中获得乐趣，还能够积累生态学科知识，为其全面发展奠定基础。

四、安全与趣味性的平衡

（一）安全设计原则

1.设施符合安全标准

首先，确保儿童活动场地的设施符合安全标准是设计的首要原则。在设计过程中，应该仔细遵循并整合相关的安全规范和标准，确保所有设施和装置的设计、制造和安装都符合最高的安全标准。这包括但不限于符合儿童玩耍场所的国际安全标准、建筑法规和相关行业标准，以最大限度地保障儿童在活动场地中的安全。

其次，采用安全的材料和构造是确保儿童活动场地安全性的关键因素。在选择材料时，应优先选择无毒、无害、耐用且不易磨损的材质，以减少儿童可能接触到的有害物质。此外，设施的构造也应考虑到儿童的特殊需求，避免出现锐利的边缘或易滑的表面，以降低意外伤害的风险。[1]

再次，定期检查和维护是保障儿童活动场地持续安全运行的关键步骤。设计中应考虑设立定期检查和维护的制度，确保设施在使用过程中不断得到监测和保养。这涉及设施的结构、连接部件、表面材料等方面的维护，以及及时修复或更换任何存在安全隐患的部分。

最后，加强对儿童安全的教育和监督也是设计中应考虑的重要因素。通过在场地设置明确的安全规定和警示标识，引导儿童和家长正确使用场地设施。此外，可以考虑培训相关工作人员，提高其对儿童安全问题的敏感性和处理能力，确保儿童在活动场地中得到及时的救助和照顾。

2. 地面材料的选择

首先，地面材料的选择在儿童活动场地的设计中至关重要。为确保儿童在活动中的安全，应优先考虑使用防滑和减震效果良好的地面材料。软质的地面材料，尤其是橡胶地面，被认为是一种理想的选择，因为它能够有效减缓儿童摔倒时的冲击力，降低潜在的伤害风险。

其次，橡胶地面的减震性质对儿童活动场地的安全至关重要。在设计中，可以采用橡胶地面作为主要地面覆盖材料，以提供柔软的表面，减缓儿童摔倒时的冲击。这有助于保护儿童的关节和骨骼，降低受伤的可能性。此外，橡胶地面还具有防滑的特性，确保儿童在湿润或多雨的天气中也能安全地进行活动。

再次，合理的地面设计应该考虑是否易于清理和维护。儿童活动场地常常会面临各种污染，包括食物残渣、泥土等，因此地面材料应该易于清理，以维持场地的卫生和整洁。选择易于清洁的材料不仅有助于保持场地的美观，还能够预防潜在的卫生问题，确保儿童在清洁的环境中进行活动。

最后，地面材料的选择需要根据儿童活动场地的具体情况和功能来确定。不同区域可能需要不同类型的地面材料，例如，在儿童游乐设施周围可以选择更为柔软的橡胶地面，而在其他区域则可以考虑采用其他防滑、易清理的地面材料。因此，在整体设计中需要综合考虑各方面因素，以确保地面材料的选择既符合安全标准，又满足场地的实际需求。

3. 防护栏杆和警示标识

首先，在儿童活动场地的设计中，合理设置防护栏杆是确保儿童安全的关

[1] 王鹏飞，张莉萌，杨森，等. 郑州市居住区儿童室外活动空间安全性评价体系探析 [J]. 重庆工商大学学报（自然科学版），2016，33（5）：70-77.

键措施之一。特别是在较高的设施周围，如攀爬结构或高架平台，应设置坚固可靠的防护栏杆，以防止儿童意外坠落。防护栏杆的高度和间距应符合相关安全标准，以有效地防范潜在的危险。此外，防护栏杆的设计应考虑儿童的身体特征，以防止他们通过栏杆间的缝隙跌落，确保防护效果的可靠性。

其次，在儿童活动场地的各个关键位置，设置清晰的警示标识是提高场地安全性的重要手段。这些标识应包括有关儿童活动场地规则、注意事项和危险区域的信息。通过明确的警示标识，家长和监护人可以更好地了解场地的安全要求，提醒他们时刻关注儿童的行为，从而降低潜在风险。标识的设计应简洁明了，易于理解，以确保信息的有效传达。

再次，警示标识的内容应涵盖儿童活动场地的各个方面，包括但不限于游戏设施的使用规则、禁止行为的提醒、急救设施的位置等。通过细致入微的标识设计，能够更全面地保障儿童的安全，使家长和监护人在场地中更容易掌握相关信息。此外，标识的设置位置应考虑到能够在不干扰儿童活动的情况下，为家长提供清晰可见的指引。

最后，建立一种安全意识需要儿童和监护人的共同参与。通过儿童活动场地的设计，包括合理设置防护栏杆和设置清晰的警示标识，可以在潜在危险的情况下提醒相关人员，并促使他们更加注重儿童的安全。这种安全意识的建立对保障儿童在活动场地中的健康成长至关重要。

（二）趣味性的设计

1.丰富多彩的游戏设施

首先，儿童活动场地的设计应注重引入丰富多彩的游戏设施，这对吸引儿童、激发其好奇心和积极性至关重要。攀爬架是一种受欢迎的游戏设施，它既能锻炼儿童的身体协调能力，又能提供一种独特的攀爬体验。通过设计不同形状和高度的攀爬架，可以适应不同年龄层次的儿童，为其提供多样性的游戏选择。

其次，滑梯作为另一种常见的游戏设施，不仅能够提供刺激的滑行体验，还能培养儿童的勇气和决策能力。设计中可以采用多种材质和颜色，使滑梯更加吸引人，营造欢快的游戏氛围。此外，滑梯的高度和坡度也是需要合理考虑的因素，以确保儿童在玩耍时的安全。

再次，秋千作为一种具有互动性的游戏设施，有助于培养儿童的社交能力。设计中可以设置不同类型的秋千，如单人秋千和多人秋千，以适应不同的游戏场景。通过选择柔软的橡胶地面作为落地材料，可以降低秋千使用时可能产生的摔倒伤害，增加儿童的安全性。

最后，设计丰富多彩的游戏设施还可以包括其他具有创意和挑战性的元素，如水池、沙池、交互式音乐装置等。这些设施不仅能够满足儿童的娱乐需求，还能够促进其感官和认知的全面发展。在设计过程中，要考虑设施的布局，确保各个设施之间形成协调的整体，提供一个安全、开放、多样的游戏空间。[1]

2. 分区设计满足不同年龄需求

首先，分区设计是儿童活动场地的关键策略之一，旨在满足不同年龄段儿童的发展需求。针对不同年龄层次的儿童，合理划分活动区域可以提供更具针对性的游戏和活动设施，以满足其生理和心理上的特殊需求。这有助于创造一个多样化的游戏环境，使每个年龄段的儿童都能在场地中找到适合自己的活动。

其次，分区设计能够提高设施的利用率。通过将儿童活动场地划分为不同的区域，可以避免不同年龄段儿童在同一区域发生冲突或竞争，从而有效减少场地的混乱和拥挤。每个区域都专注于满足特定年龄段的需求，使得设施得以更好地服务于目标用户，提高整体的活动场地效益。

再次，分区设计需要考虑每个区域的空间布局和设施设置。针对较小的儿童，可以设置安全的攀爬架、沙池等，以促进其感知和基础运动技能的发展。针对较大的儿童，可以引入更具挑战性的游戏设施，如攀岩墙、交互式水池等，以满足其对冒险和探索的需求。分区设计应根据不同年龄段儿童的特点，灵活调整设施和空间布局，以最大限度地发挥场地的功能。

最后，分区设计不仅关注游戏设施的设置，还应考虑提供适宜不同年龄段儿童的教育性活动。例如，在儿童活动场地中设置儿童图书角、生态实验区等，以促进儿童的认知发展和学科素养。这样的设计可以使儿童在玩耍中获得知识，培养其学科兴趣。

3. 亲子共享空间

首先，亲子共享空间的设计是儿童活动场地规划中至关重要的一环。通过充分考虑家庭亲子活动的需求，可以创造一个适合家庭成员共同参与的区域。在这个共享空间中，家庭游乐区和露天阅读角等设施应当具备足够的开放性和灵活性，以满足不同年龄层次的家庭成员的需求。

其次，家庭游乐区是亲子共享空间的核心，应设计各类适合不同年龄段的游戏设施，以促进家庭成员之间的互动和合作。这包括但不限于家庭攀爬架、团体

[1] 徐梦一，蒂姆·吉尔，毛盼，等."儿童友好城市（社区）"的国际认证机制与欧美相关实践及理论发展 [J]. 国际城市规划，2021，36（1）：1-7.

游戏区等，通过这些设施，家庭成员共同参与，可以增进彼此之间的感情，同时也能锻炼孩子的协作能力。

再次，露天阅读角是亲子共享空间中的另一重要元素。通过在场地中设置舒适的阅读空间，为家庭提供一个安静、愉悦的环境，鼓励家长与孩子一同阅读。在这个区域内可以设置阅读亭、休闲座椅等设施，打造出一个既有利于学习又富有亲子互动的场所。

最后，亲子共享空间的设计理念有助于培养儿童的社交能力。通过家庭成员之间的互动和合作，孩子可以在轻松愉快的氛围中学会如何与他人相处，提高社交沟通的能力。此外，亲子共享空间也是家庭休闲娱乐的理想场所，可以提高亲子关系的亲密度。

第六章　健康理念下老年空间环境设计

第一节　老年空间环境设计基础

一、老年人需求与特点分析

衰老是每个人自出生后就在面对的问题，是一种不可避免的现象，伴随着年龄的增长，身体各项机能的衰弱在老年期变得越发明显。生理特征的变化主要包括人体形态和生理机能两方面。

（一）身体形态

身体形态的变化是反映人体衰老的重要标志之一。随着年龄的增长，老年人的身体经历着多方面的变化，其中皮肤、骨骼等方面的变化成为衰老的显著特征。

首先，老年人的皮肤呈现出明显的老化迹象。皮肤变得松弛、皱纹加深、白发逐渐增多。这些变化与皮肤中胶原蛋白和弹力纤维的减少，以及皮肤细胞再生能力的下降密切相关。皮肤老化不仅影响外貌，还可能导致皮肤对外界环境的敏感性增加，需要在设计活动环境时考虑老年人皮肤的特殊需求。

其次，老年人的骨骼系统也发生了明显的变化。随着年龄的增长，骨骼逐渐脱钙，变得更为脆弱。这导致老年人易发生骨折和骨折愈合较慢。身体形态方面，老年人常表现为驼背和佝偻，这与骨密度减少、椎间盘退变等因素有关。此外，临床观察发现，80岁以上的老年人身高会比年轻时下降10～15厘米，出现一定程度的身高萎缩。

因此，身体形态的这些变化对设计适老化的活动环境和设施提出了特殊的需求。在考虑老年人活动空间时，应当充分考虑他们的身体特点，提供合适的座椅、扶手、地面材料等，以支持老年人的活动和行动。此外，需要特别关注老年人身高的变化，确保设计的设施和空间能够适应身高的差异，以提高其活动的舒适性和安全性。

（二）生理机能

1.感知机能

老年人的感官变化，主要体现在视力下降、听觉障碍、嗅觉迟钝、触感灵敏度降低上。

（1）视力下降与老年人感知机能

随着年龄的增长，老年人的视力逐渐下降，主要表现为眼角膜变厚导致视力模糊、色彩判别度降低。在60~70岁阶段，老年人难以识别黄色和青色；70岁后可能无法区分同色系的色彩，如青色与黑色、黄色和白色。此外，老年人对光线变化的感知力减弱，需要更强的光照才能看清物体。因此，在设计活动空间时，明亮宽敞的环境和易于辨别的色彩对老年人的感知至关重要，有助于提高他们对活动环境的适应性。

（2）听觉障碍与老年人感知机能

由于耳蜗病变和中枢认知功能下降，老年人的听觉逐渐减退，导致对语言的识别能力下降。这使得老年人在日常活动中可能难以准确理解他人的交流信息。在活动环境设计中，考虑到老年人的听觉障碍，可以采用声音放大设备、清晰明了的语音提示等措施，以提高老年人对环境信息的感知和理解。

（3）嗅觉迟钝与老年人感知机能

嗅觉迟钝是老年人感官变化的另一方面，导致对气味的分辨能力不准确。老年人对刺激性气味的敏感度相对较低，难以察觉天然气、煤气等泄漏。然而，嗅觉对大脑记忆和情感反应的刺激更为直接。因此，在活动环境设计中，可以考虑引入适量的芳香植物，通过气味来营造活动氛围，增强老年人对环境的感知和体验。

（4）对感知机能的整体考虑

在设计适老化的活动环境时，需要全面考虑老年人的感知机能变化，包括视力、听觉和嗅觉等方面。通过提供明亮、宽敞的环境，易于辨别的色彩，声音放大设备和芳香植物等措施，有助于提升老年人在活动环境中的感知体验，提高其对环境的适应性和舒适度。这种整体性的设计不仅有利于老年人的日常生活，也体现了对老年人感知机能的专业性。

2.神经系统

（1）大脑皮层兴奋度降低与老年人神经系统

随着机体衰老，老年人的神经系统各部分功能受到不良影响，其中大脑皮层兴奋度降低是显著的表现。这导致老年人的学习能力和记忆力下降，认知功能也受到影响。老年人对空间环境的认知变弱，形成环境认知地图的速度较慢，因此更倾向于在熟悉的环境中活动。在设计活动空间时，应考虑提供熟悉且容易理解的环境，以促进老年人更好地适应和参与。

（2）中枢神经管理睡眠的紊乱与老年人神经系统

老年人神经系统受到不良影响的另一个方面是中枢神经管理睡眠的紊乱。这会导致老年人睡眠变浅、容易惊醒，睡眠质量下降，进而影响正常的活动状态。在设计适老化的活动环境时，应考虑提供有助于改善睡眠质量的因素，如安静、舒适的休息区域，以及适当的光照和氛围，从而提升老年人的生活品质。

（3）脑神经功能与年龄的不一致性

尽管神经系统的衰老是机体衰老的一部分，但与体能衰退不同，脑神经功能的减退并非与年龄有绝对的相关性。有研究表明，常用脑、勤思考的人脑部功能退化速度较慢。这意味着对老年人而言，积极参与日常社群活动、保持脑部活动的活跃性对减缓脑神经功能衰退具有积极意义。因此，在设计活动空间时，应提供促进脑部活动的场所和机会，鼓励老年人参与思考、交流和学习。

（4）活动参与对脑部活动的促进

针对时间富余的老年人，积极参与日常社群活动对促进脑部活动至关重要。这可以通过提供多样性的社交活动、认知训练和娱乐活动来实现。在活动空间的设计中，考虑到老年人的需求和兴趣，创造一个鼓励交流、思考和学习的环境，有助于维持老年人脑神经功能的相对健康状态。这种关注神经系统衰老的整体性设计对老年人具有实际意义。

3. 运动系统

衰老使人的机体逐渐衰弱，其活动灵敏度下降，社交范围和活动变小[1]。骨骼、关节、肌肉逐渐老化是导致老年人运动系统退化的主要原因。老年人骨骼脆弱、关节组织间弹性减弱，步履蹒跚易跌倒；肌肉强度及控制能力不断减退，握力、腕力、脚力等肌力明显下降，行走步距变短，甚至依靠辅具出行，行动缓慢而不便，难以维持长时间的活动，出行时空距离也受到限制，社交范围和活动变小。因此，老年人的活动环境更应考虑使用时的安全性、易达性。

4. 免疫系统

免疫系统中的适应免疫系统功能随着年龄增长而逐渐下降，对抗感染的白细胞反应迟钝，导致老人的免疫机能下降。与健康人相比，老人患有疾病后康复所

---

[1]　王建国. 城市设计（第二版）[M]. 南京：东南大学出版社，2004：8-9.

需要的时间变得更长，有些甚至会持续恶化为难以治愈的慢性疾病。

5.其他功能

老年人胃肠蠕动、膀胱收缩功能退化，促使老人有排泄次数增多、频尿漏尿、大小便失禁等问题；参与呼吸相关运动的肌肉肌力变弱，呼吸功能衰退，体内的二氧化碳和氧气的转化速率变慢，容易患有呼吸道相关疾病；随着年龄增长，慢性疾病逐渐表露出病症，其中心脑血管疾病最具有代表性，它使得动脉硬化、心脏跳动变弱，体内供血不足，严重阻碍体内各器官功能发挥。环境虽然无法治愈老年人相关健康问题，但是一个设计得当的环境可以有效降低老年人受到二次伤害的概率，预防跌倒这类事故的发生，大大减少老年人在日常生活、交往活动时的突发风险；另外，有效的环境补偿设计能够帮助老年人利用还具有的生理功能，延缓生理功能的迅速衰退，有利于老年人在生理上、心理上保有尊严。所以环境设计的优劣对老年人的健康生活具有重要影响，适老的环境通过削弱使用时受到的阻碍，促进老年人的生理功能发挥。

二、老年人心理变化特征及环境需求

（一）老年人心理变化特征

1.生理因素对心理健康的影响

老年人的生理变化对心理健康产生显著影响。随着年龄增长，身体机能下降，老年人的安全感降低、失落感增强。这使得老年人对环境的不安全因素更为敏感，导致心理上的恐惧和不安。身体行动力下降也使得独立自理生活变得困难，引发失落和不自信的不良心理情绪。因此，老年人对环境的安全性有着明确的需求，需要一个既安全又舒适的活动环境。

2.精神因素对心理健康的影响

精神因素包括个人的生活经历、收入情况、受教育程度等。这些因素对老年人心理健康产生重要影响，可能表现为抑郁、自卑等不良心理疾病。研究表明，受教育程度更高的老人具有更好的心理健康水平，而积极参与体育锻炼、艺术活动的老人心理健康水平也相对较高。因此，提高老年人的精神素养、促进其参与各种丰富的活动对心理健康至关重要。

3.社会因素对心理健康的影响

社会因素涵盖社会支持、个体参与、医疗卫生服务等方面。由于社会角色转变和生活环境变化，老年人可能面临思想、情绪和人际关系等多方面的不适感。

退休后，老年人可能感到失去了社会价值，社会活动参与减少，导致与社会的逐渐脱离。这种过程可能引发强烈的失落感，甚至演变为抑郁、自闭等精神疾病。因此，创建一个老年友好的社区公共活动环境，让老年人感受到被接纳和平等对待，对其心理健康具有极其重要的意义。

（二）环境需求对老年人心理健康的影响

1. 活动环境的安全舒适性

老年人对活动环境的安全性有着明确的需求。由于生理因素的影响，老年人对环境的安全因素更为敏感。因此，在设计公共活动环境时，必须考虑空间的多功能应用，确保环境的安全舒适性是首要原则。这包括在社区中设置丰富的休闲、运动空间，为老年人提供安全稳定的活动环境。

2. 精神需求的满足

良好的环境设计需要满足老年人的精神需求。通过提供多样化的活动，如继续教育、体育锻炼、艺术活动等，可以丰富老年人的精神世界，减轻精神压力。这对促进老年人的心理健康至关重要，因此，公共活动环境的设计应注重提供多姿多彩的社区生活内容，以满足老年人的精神需求。

3. 社会支持和参与机会

老年人需要社会支持和更多的参与机会，以缓解由社会因素引起的不适感。创造一个老年友好的社区公共活动环境，使老年人感到被接纳和平等对待，可以减轻他们在思想、情绪和人际关系方面的负担。社区环境的建设应该考虑到老年人的社会参与，包括各种社会活动和服务项目，以促进老年人更积极地进行社会交往。

（三）心理健康促进策略

1. 多元化活动和继续教育

为促进老年人的心理健康，可通过提供多元化的活动和继续教育来丰富他们的精神生活。这包括开设各种课程、培训、文体娱乐等活动，以满足老年人的学习和娱乐需求。积极参与这些活动可以激发老年人的兴趣，提高他们的自信心，有益于心理健康的维护。

2. 社会支持网络建设

建立健全的社会支持网络对老年人的心理健康至关重要。社会支持可以通过社区组织、社会团体等形式实现，也可以借助互联网平台提供在线社交。这种支持网络可以帮助老年人更好地融入社会，减轻他们的孤独感和失落感，有助于维护心理健康。

三、老年人社区活动特征及环境需求

社区是老年人日常交往活动的主要空间，老年人也是社区活动空间中的主角。老年人在社区中的活动行为特征包括以下几个方面。

（一）活动时段特征

首先，随着人们步入老年期，生活空间结构经历了显著变化。从原本的忙碌工作生活转变为宁静的退休时光，主要活动环境由办公地转移到社区。这一转变不仅影响了老年人的生活方式，也在一定程度上改变了他们的活动时段特征。老年人在社区内进行的室内外活动，呈现出一定的规律性和高峰时段。

其次，老年人的活动时段受其固定的生活习惯和社区环境的影响，表现出相当明显的规律性。根据万邦伟的研究，老人的每日出行时间主要集中在清晨 6~7 点、上午 9~11 点以及下午 2~5 点。尤其值得注意的是，下午这个时间段成为老年人出行的高峰时段，其出行量最为集中。这意味着下午时段不仅是老年人活动的主要时段，还可能反映出老年人在这个时间段更愿意参与社区活动、进行社交互动。

再次，老年人在活动时段选择上的规律性可能受到不同条件的影响。研究发现，老人的出行意愿和活动特征在不同条件下存在差异。这可能涉及诸如天气、健康状况、社交需求等因素的综合考虑。因此，在制订老年人活动时段规划时，需考虑到这些多方面的因素，以更好地满足老年人的需求。

最后，对社区规划和活动组织者而言，深入了解老年人活动时段特征的规律性对提升社区服务水平至关重要。在老年人活动高峰时段提供更多有针对性的社区活动，如文化娱乐、健康指导等，可以更好地满足老年人的生活需求，促进社区的健康发展。因此，深入研究老年人活动时段特征，对社区规划和社会服务的提升具有积极的学术和实践价值。

（二）活动类型特征

由于生理机能、生活空间、心理状态等变化，老年人群的社区活动类型与其他年龄群体有较大的差异。

1. 依据活动内容分析

有关学者的研究表明，老年人在社区内进行的活动多种多样。依据活动的内容属性，这些社区活动可以分为家庭事务类、休闲交往类、运动健身类和亲子娱乐类。另外，根据活动的状态，可将老年人的社区活动分为集中型、分散型、通过型、滞留型，以及受天气影响在社区室内开展的相关活动。这一分类不仅考虑了活动的性质，还关注了老年人在社区中的参与形式和活动场所。

具体而言，集中型活动可能包括社区集会、聚餐等，强调集体性质，有助于老年人之间的交流和社交。分散型活动则是个体独立进行的，如散步、阅读等，更注重个人的休闲和思考。通过型活动可能涉及互联网平台，如在线学习、社交媒体互动，展现老年人在数字化时代的参与方式。滞留型活动则指老年人在社区内持续时间较长的活动，如园艺、手工制作等，强调持续性和创造性。另外，一些老年人活动可能会受到天气的限制，在不适宜户外活动的情况下选择在社区室内进行，突显了适应气候变化的灵活性。

研究还表明，老年人的社区活动更注重延年益寿的考虑。这些多样化的活动中都强调了健康锻炼、修身养性、活跃思维等长者的偏好。通过参与不同类型的社区活动，老年人能够全面满足身体、心理和社交方面的需求，保持积极的生活态度。表6-1展示了老年人社区活动的内容分类及相关特点，为社区规划和服务提供者提供了指导和参考。

表6-1　依据活动内容划分的社区外老年人活动类型

活动类型	活动内容
休憩交往类	静坐、晒太阳、聊天、看报、下象棋、打麻将、遛鸟、演奏乐器、唱歌、观看他人活动等
运动健身类	散步、使用健身器械锻炼、跑步、打太极、乒乓球、羽毛球、广场舞、舞剑、跳操等
亲子娱乐类	带小孩运动、使用游乐设施等

2. 根据活动所需设施器械分析

根据活动所需设施器械的不同，老年人在社区内的活动可以分为辅助型、灵活型和非辅助型。这一分类考虑了老年人参与活动时是否需要借助器械设施的辅助以及活动的灵活性。

首先，辅助型活动指的是老年人在社区活动中需要依赖特定的器械设施来辅助进行的活动。例如，一些健身活动可能需要使用器械设备来进行锻炼，这需要社区提供相应的健身设施。其次，灵活型活动是指老年人的活动在某些情况下需要器械设施的辅助，但并非必须。这种活动具有一定的灵活性，老年人可以根据自己的需要选择是否使用器械设施。最后，非辅助性活动是指老年人在社区活动中无须借助器械设施的辅助，可以自由开展的活动。这可能包括一些简单的社交活动、散步等，无须特殊的器械支持。

老年人在社区活动中的设施需求对社区规划和建设提出了具体要求。表6-2展示了根据活动所需设施器械的分类及相关特点，为社区提供了指导和规范，确保老年人能够在社区内安全、便利地参与各类活动。

表6-2　根据活动所需设施器械划分的社区外老年人活动类型

活动类型	活动内容
辅助型	静坐、晒太阳、下象棋、打麻将、演奏乐器、打羽毛球、打乒乓球、使用健身器械锻炼、带小孩使用游乐设施等
灵活型	观看他人活动、带小孩运动等
非辅助型	聊天、遛鸟、唱歌、散步、跑步、打太极、跳操等

（三）活动领域特征

领域性是个人或者群体根据需要占有或者控制特定空间，不同人群具备不同特征，而老年人活动领域是指老年群体在活动时对活动空间的占有或控制。老年人群的活动领域意识受到其社会背景、生理特征、心理变化、行为习惯，以及活动环境的制约。不同活动场所中，老年人活动领域可以分为以下几类。

1. 个体活动领域

随着年龄的增长，老年人的生理特征发生变化，包括骨骼萎缩脆化和感官机能衰退等因素。这些生理变化导致老年人的社交尺度和范围受到一定的制约，活动幅度相应减小。同时，在心理层面，老年人可能面临加剧的衰老感、孤独感和抑郁感，因此更倾向于寻求私密、安全的活动环境，展现出一定的排他性和防卫性。

在老年人的个体活动领域中，这种私密性和安全性的需求表现得尤为突出。老年人可能更愿意选择一些独自进行的活动，如独自静坐或闭目养神。这种活动行为不仅反映了对个体空间的需求，还体现了老年人在心理上对独处和自我调适的偏好。这也与生理特征的变化相呼应，因为老年人可能更注重个体活动来满足身体和心理上的需求。

2. 成组活动领域

成组活动领域指的是在多个老年人共同参与同一个活动时所形成的活动交往形态。在这种情境下，老年人通常具有相似的年龄层次、兴趣爱好、社会阶层背景、健康状况，以及参与活动的场所等身心和环境条件。在这些共同条件的影响下，老年人暂时相对减弱了个人防护意识，同时内心的交往与参与需求明显增强。因此，他们往往在较小的空间范围内形成特定的集聚活动，如打麻将、下象棋、打乒乓球等小团体活动。

在成组活动领域中，老年人之间的交往更加突出，因为他们在相似的兴趣爱好和活动中找到了共同点。这种集聚活动不仅提供了老年人社交的平台，还强化了彼此之间的联系。在小团体中，老年人可以分享兴趣、交流经验，共同参与活动也增强了他们的社交网络。

社区规划和设计应当重视成组活动领域的特点，为老年人提供适合集聚的场所和设施。创造有利于小团体活动的环境，如设置专门的活动室、提供合适的桌椅设备，有助于促进老年人在社区内形成更为紧密的社交关系。通过理解和支持老年人在组织活动领域的需求，社区可以更好地满足他们的交往愿望，提升社区的凝聚力和活力。

3. 集成活动领域

集成活动领域是由多个或多种形式的老年集成活动领域构成的，其中的活动具有复合性和相似性，通常发生于公共开放空间中。老年群体在这个领域内可以自由选择，形成一定范围内的娱乐和交流活动，各自分离同时又内聚。在这个阶段，个体的私密性和排他性相对较弱，如打太极、跳广场舞等群体活动。

在集成活动领域，老年人能够参与各种不同形式的活动，这些活动通常具有一定的复合性，结合了不同的元素和形式。这种综合性的活动形式有助于老年人丰富他们的社交和娱乐体验。由于活动发生在公共开放空间，老年人在这个领域内更容易自由选择自己感兴趣的活动，形成了一种共同的娱乐和交流氛围。

基于以上分析，将老年人社区活动的特征及环境需求整理如下（表6-3）。这个整理有助于更好地理解老年人在社区活动中的多样性需求，为社区规划和设计提供有针对性的指导。通过考虑老年人集成活动领域的特点，社区可以更好地满足他们对多元化娱乐和社交的期待，提高社区的活力和吸引力。

表 6-3　老年人社区活动特征及活动环境设计需求

活动特征	具体表现	环境设计需求
规律性	出行时间规律；活动场所固定；出行范围受限	可达性的活动空间：无障碍的步行环境
		空间环境的吸引力：设置老年人喜爱的休闲、运动设施
主动性	积极参与社区活动；活动内容常规；多元活动需要引导	功能复合的环境设计：多样的活动内容；丰富的设施配置
		空间场所多元化，私密性环境设计：合理的空间限定、设施布局
		开放性环境设计：预留围观聚集空间；设施具有灵活性
领域性	不同的活动状态，独坐、三五人或多人聚集围观	提供不同类型的活动场所，空间环境兼具开放性与私密性
		观赏性环境设计：空间环境的质量；视线的交流

续表

活动特征	具体表现	环境设计需求
地域性	活动受地域传统文化影响较大，有很强的地方特性	交往性环境设计：利于老人交往互动的功能布局；设施配置具有传统文化特色的空间环境氛围

四、老年空间设计的理念

（一）老年空间设计的理念

1.舒适性与可达性的考量

老年人空间设计的理念中，舒适性和可达性成为至关重要的考虑因素。在设计中，首要关注的是舒适性，它直接影响老年人在室内活动时的体验。舒适性的体现涵盖了空间布局和设计的多个方面。首先，需要确保老年人在室内活动时有足够的空间，避免拥挤和碰撞，从而提供舒适的行动空间。合理的室内布局不仅有助于老年人的日常生活，还能减少他们在空间中的不适感。

另外，舒适性还与室内环境的温度和采光密切相关。老年人对环境的敏感性较高，因此需要保障室内温度的舒适度。良好的通风和合适的室内采光是确保老年人在室内活动时感到宜人的重要因素。此外，合适的家具配置也是提高室内舒适性的关键，以确保老年人在使用家具时感到轻松、自在。

可达性是另一个关键因素，直接涉及老年人在空间中行动的便利性。为了确保可达性，需要合理规划室内设施的布局，使之便于老年人步行或轮椅移动。通道宽敞、没有障碍物、地面平整是确保老年人行动便利的重要设计考虑。此外，对使用辅助设施的老年人，需要考虑到轮椅通道的合理设置，以提高他们在室内的自主性。

通过综合考虑舒适性和可达性，老年人空间设计可以创造出更为人性化、符合老年人特殊需求的环境。这不仅有助于提升老年人在室内的使用体验，还能有效维护他们的身心健康。在实践中，设计师应当深入了解老年人的需求和习惯，通过巧妙的设计来打造一个既舒适又便利的室内空间，为老年人提供更加宜居的居住环境。

2.安全性的优先原则

在老年人空间设计中，安全性被赋予了最为重要的优先原则。这反映在对室内外潜在安全隐患进行全面评估的实践中。设计师在创建老年人居住环境时，必须细致入微地考虑各种可能导致意外的因素，从而保障老年人在室内活动时的绝对安全。一个综合而有效的安全性设计需要综合考虑多个方面的因素，以创造一个最大限度减少潜在风险的居住环境。

首先，地面的设计是确保老年人安全的关键。采用防滑、抗摔倒的地面材料是保障老年人行走安全的基础。地面的平整和材质选择直接关系到老年人在室内的行走稳定性，防止因为滑倒而导致的意外伤害。在地面设计上，还需要避免使用过于光滑的材料，特别是在潮湿的环境中，以减少滑倒的风险。

其次，辅助设施的设置也是安全性设计中的一项重要任务。扶手和坡道等辅助设施的合理设置可以在老年人行动时提供额外的支持，减少摔倒的可能性。特别是在楼梯、浴室等容易发生意外的区域，需要考虑到老年人的行动能力，采用合适的设计手段，如加装扶手，以确保老年人在这些区域的安全。

最后，易于操作的开关和插座的设置也是安全性设计中的一项重要考虑因素。老年人在操作开关和插座时可能存在手部灵活性下降的情况，因此设计师需要选择易于按压、旋转的开关和插座，以方便老年人的使用。同时，插座的高度设置也需要符合老年人的操作习惯，避免弯腰过度，减少腰椎的负担。

在老年人空间设计中，这些安全性的设计原则不仅是为了防范潜在的意外风险，更是为了提高老年人在室内的安全感。安全性设计的考虑因素应当全面覆盖室内空间的各个方面，从而构建一个确保老年人在居住环境中无忧无虑、安心舒适的场所。这种以安全性为优先原则的设计理念，旨在为老年人提供一个可靠、稳定的生活空间，确保他们能够享有良好的生活品质，免受不必要的伤害和困扰。

3. 自主性与社交性的平衡

在老年人空间设计中，自主性与社交性的平衡被视为关键要素。这一设计理念旨在创造一个既能够满足老年人对独立生活的追求，又能够促进社交互动的居住环境。这种平衡的实现，需要在个人空间和社交空间的规划中进行精心考虑，以确保老年人既能够享受私密、独立的生活，又有机会参与社区活动，建立良好的社交关系。

首先，个人空间的设计需要注重满足老年人的自主性需求。为了提供私密、独立的居住环境，设计师应当考虑到老年人对个人空间的尊重和保护。这可以通过合理规划住宅布局，确保老年人拥有足够的私人空间，使其在居住环境中能够自由决策和独立生活。同时，个人空间的设计还需要考虑到老年人的行动便利性，以适应其可能存在的行动障碍，提高其生活自主性。

其次，社交空间的设计应当注重满足老年人的社交需求。社交空间不仅是提供交流的场所，更应当考虑到老年人的视听需求、座椅的舒适性以及活动的多样性。在社交空间中，可以设置适应老年人视力和听力特点的设施，如合适的照明和音响系统。座椅的设计应当符合老年人的舒适标准，提供良好的支持和便利的使用方式。同时，社交活动的多样性也是设计中的关键，包括文化娱乐活动、健身活动等，以满足老年人多层次的社交需求。

在整个设计过程中，要注重个人空间和社交空间的有机结合，使两者相辅相成。通过灵活的空间布局和巧妙的设计手段，可以创造一个既有利于老年人独立自主生活，又鼓励其积极参与社区生活的居住环境。这种自主性与社交性的平衡不仅有助于老年人的心理健康，还能够提高他们的生活质量，使其在社会中更好地融入和享受晚年生活。

（二）人性化的设计理念

1.个性化需求的关注

人性化的设计理念在老年人空间设计中关键体现的是对个性化需求的关注。老年人群体由于健康状况、兴趣爱好、文化背景等方面存在差异，因此在设计中必须细致入微地考虑这些个性差异。关注个性化需求不仅能够提升老年人的生活质量，还能够更好地满足他们的个性化需求，使居住环境更符合他们的期望和喜好。

首先，个性化需求的关注意味着在空间设计中注重老年人的特殊喜好和兴趣。这可以通过定制化的装饰和家具来实现，根据老年人的个性和喜好来选择合适的设计元素。例如，在装饰方面可以考虑融入老年人钟爱的颜色、图案或艺术品，以营造出一个符合他们审美观念的居住环境。家具的选择也应当考虑到老年人的偏好，保证其舒适性和实用性。

其次，个性化需求的关注还表现在空间功能的灵活性上。老年人的生活习惯和需求可能随着个体差异而有所不同，因此设计中应当考虑到空间功能的可调整性。例如：在厨房设计中可以设置可调节高度的橱柜，以适应老年人的身体状况；在卧室设计中可以考虑到老年人对安全性和舒适性的额外需求，如防滑地板和床边扶手等。

2.创造积极的情感体验

人性化的设计理念进一步延伸至创造积极的情感体验，这在老年人空间设计中显得尤为重要。通过在室内空间引入一系列元素，如温馨的色彩、自然的光线和舒适的家具，设计师可以营造出积极的情感氛围，为老年人创造愉悦的生活体验，有助于提高其整体生活质量。

首先，色彩的运用是创造积极情感体验的重要手段之一。温馨、明亮的色彩可以给老年人带来宽慰和愉悦的感觉，同时也能提升整个室内环境的活力。淡雅的色调如浅蓝、柔和的黄色或温暖的橙色都可以用来打造宜人的居住氛围。在设计中，要考虑老年人的个体差异和喜好，精心选择与其文化背景和审美观念相契合的色彩，以引导积极的情感体验。

其次，自然光线的引入也是关键因素。良好的自然光线不仅有益于老年人的身体健康，还能提升整体的情感体验。通过合理设计窗户的位置和尺寸，使阳光能够充分洒入室内，为老年人创造一个明亮、通透的居住环境。充足的自然光线不仅能够提高室内空间的舒适度，还有助于调节老年人的情绪，营造积极向上的居住氛围。

再次，舒适的家具和布局也是创造积极情感体验的关键。合适的家具设计既要考虑到老年人的舒适性和使用便利性，同时也应当符合其审美标准。在布局方面，要根据老年人的习惯和需求，营造一个宽敞、整洁、有序的居住空间，以增强他们的生活愉悦感。

最后，考虑到老年人的文化背景，可以在设计中融入一些具有情感共鸣的元素。这可以包括一些文化传统的装饰品、艺术品或老年人个人的回忆展示区域。通过这些元素的引入，设计师能够在老年人的生活空间中创造出更具个性化和能够与情感联结的氛围，提升其生活的丰富性和满足感。

3. 关注认知和感知需求

人性化的设计理念在老年人空间设计中需要特别关注其认知和感知需求。在室内空间设计过程中，考虑老年人对空间的认知能力是至关重要的，设计师应当采用清晰简单的标识和引导路线，避免过多的细节和复杂的结构，以降低老年人的认知负担。同时，老年人的感知需求也应该得到充分的重视，通过调整光线、音响、气味等因素，创造一个对老年人感官友好的室内环境，提升其在空间中的舒适感和生活体验。

首先，关注认知需求意味着在设计中应当考虑到老年人的认知能力和特殊需求。老年人可能面临记忆力减退、注意力不集中等认知方面的挑战，因此设计师在布局和标识上需要精心考虑。采用清晰简单的标识，如明确的指示牌、易于理解的图示，可以帮助老年人更容易地识别和理解空间布局。此外，引导路线的设置也是关键，确保老年人能够轻松找到目的地，减轻其在空间中的迷失感。

其次，关注感知需求涉及创造一个对老年人感官友好的室内环境。在光线方面，宜采用柔和的自然光，避免刺眼的强光，以提高老年人对空间的舒适感。音响方面，要避免嘈杂的环境音，提供宁静愉悦的音乐或自然声音，有助于提升老年人的心理舒适度。调整气味也是一个考虑因素，保持空气清新，避免刺激性气味，有助于创造宜人的室内氛围。

通过关注老年人的认知和感知需求，设计师可以创造一个更加贴合其生活习惯和心理状态的室内环境。这不仅有助于降低老年人在空间中的压力和认知负担，提升其对空间的熟悉度，还能够增进其在室内空间中的舒适感和生活体验。

（三）可持续性和环境友好的设计理念

1. 环境友好材料的选用

可持续性和环境友好的设计理念在老年人空间设计中体现为对自然环境的尊重和保护，其中关键的一环是选择使用环保、可再生的建筑材料。这有助于减少对自然资源的消耗，同时提升室内空间的可持续性，为老年人的居住环境创造更加健康、环保的氛围。

在老年人空间设计中，首先要考虑的是选择环保的建筑材料。这包括但不限于可再生材料，如竹木、可再生塑料等，以减缓对森林资源的过度开发。此外，回收再利用的建筑材料也是一个不错的选择，通过降低新材料的生产需求，有助于减少废弃物对环境的负担。设计师可以在材料的选择上注重环保认证，选择得到认证的绿色建材，以确保其符合环保标准，对环境的影响更小。

其次，考虑老年人的健康，选择低污染、低敏感性的材料是至关重要的。这涉及减少室内空气中的有害物质，提高室内空气质量。采用低挥发性有机化合物（VOC）的涂料、地板等材料，有助于降低室内甲醛等有害气体的浓度。此外，选择对老年人肌肤无刺激的纺织品和装饰材料，减少过敏反应的风险，符合环保和健康的双重标准。

通过环境友好材料的选用，设计师不仅可以为老年人创造一个更加可持续、环保的居住环境，同时也有助于提升室内空气质量，减轻老年人对有害物质的敏感性。这种可持续性和环境友好的设计理念，不仅关注老年人的居住体验，还积极响应了社会对可持续发展和环境保护的呼声。

2. 节能与资源的合理利用

可持续性设计理念在老年人空间设计中的体现不仅包括环保材料的选择，还涉及节能与资源的合理利用。通过采用节能设备和合理规划采光与通风系统，设计师可以降低能源消耗，减少对环境的负担。同时，通过合理规划空间布局，充分利用自然光线，减少对人工照明的依赖，进一步提高老年人居住环境的可持续性。

在老年人空间设计中，首先要考虑的是采用节能设备。这包括但不限于能效高的电器设备、LED 照明等。通过采用节能设备，可以有效降低老年人居住环境的能源消耗，减轻对环境的负担。合理规划采光与通风系统也是关键的一环。通过设计合理的窗户位置、采用智能通风系统，可以在不增加能源消耗的前提下，提高室内空气质量，为老年人创造更为舒适的生活环境。

其次，合理规划空间布局、充分利用自然光线、减少对人工照明的依赖，是可持续性设计理念的重要体现。设计师可以通过合理设置窗户、选择透光性良好的材料等方式，最大限度地引入自然光线，减轻老年人在室内的视觉疲劳，提升居住体验。这不仅有助于节约能源，还能够提高老年人在室内的舒适感。

最后，推动老年人社区的可持续性发展也是设计师需要考虑的方面。通过鼓励社区居民参与废弃物分类、能源节约等活动，形成一个环保的社区共同体。这可以通过组织相关活动、提供相关设施等方式实现，推动老年人社区朝着可持续性和环保的方向发展。

3. 智能科技的融入

在可持续性和环境友好的设计理念中，智能科技的融入是至关重要的。通过引入智能化的设备和系统，设计师可以提高老年人室内空间的能源利用效率，实现智能照明、智能温控等功能，为老年人居住环境的可持续性做出积极贡献。

首先，智能科技的融入可以通过智能照明系统来实现。智能照明系统可以根据室内环境光线和老年人的活动习惯，自动调整照明亮度和色温，以提供最适宜的照明环境。这不仅有助于节约能源，还能够满足老年人在不同时间和活动状态下的照明需求，提高居住体验。

其次，智能温控系统也是可持续性设计理念中的一项重要应用。通过智能温控系统，可以实现对室内温度的精准控制，根据老年人的生活习惯和偏好进行智能调节。这不仅有助于提高能源利用效率，还能够营造一个舒适、健康的居住环境，满足老年人对室内温度的个性化需求。

最后，智能科技还可以为老年人提供更便捷的生活服务。智能安防系统可以监测居住环境的安全状况，及时发现异常并采取相应措施，以提高老年人的安全感。健康监测设备可以实时监测老年人的健康指标，及时反馈给医护人员或家庭成员，为老年人提供更全面的健康管理服务。

第二节　老年空间环境设计原则

一、安全舒适原则

（一）安全性的重要性

1.老年人的生理特点

老年人由于肢体不灵活和反应不灵敏等生理特点，对陌生环境的适应能力相对较低。这使得安全性成为老年人选择居住环境时的首要考虑因素。设计师在空间规划中需要充分考虑老年人的生理状况，以提高其在建筑环境中的安全感。

2.建筑空间的设计

建筑空间的设计在确保老年人安全方面具有至关重要的作用。通过合理规划房间布局和走廊设计等手段，可以有效提高建筑空间的可访问性，使老年人能够在室内自由行动，避免狭窄或拥挤的空间给他们带来不便和危险。

首先，房间布局的合理规划是关键。在考虑老年人的安全时，设计者应当注重房间之间的布局，确保空间开敞、通透且易于导航。避免过多的障碍物和复杂的结构，以减少老年人在移动过程中可能遇到的困扰。采用开放式设计理念，打破传统的封闭式结构，为老年人提供更大的活动空间，使其能够更加方便地进行日常活动，如步行、转身等。

其次，走廊设计也是至关重要的一环。走廊作为连接各个空间的通道，其设计直接影响老年人的行动自由。应确保走廊宽敞、通畅，足够容纳轮椅或助行设备的通过。避免使用过于复杂的地面材料，以降低老年人行走时的摩擦力，减少跌倒的风险。在走廊两侧设置适当的支持设施，如扶手或坐凳，以供老年人休息或支撑。

最后，采用合适的照明设计也是建筑空间设计的重要因素之一。明亮而均匀的照明能够提高老年人的空间感知能力，减少视觉上的障碍，降低意外发生的可能性。灯光的设置要考虑到不同功能区域的需求，保证各个空间都有足够的光线，避免阴暗和刺眼的照明情况。

（二）连续性和可视性的影响

1. 方位感的重要性

在设计环境时，特别是针对老年人的需求，良好的连续性和可视性环境设计显得至关重要。老年人往往在陌生的环境中容易迷失方向，因此，设计师应该致力于提高老年人的方位感，以使他们更容易理解和记忆空间布局。

首先，连续性的环境设计可以帮助老年人更好地感知和理解周围的空间。通过在设计中保持连续性，如统一的地板材料、颜色和纹理，可以减少老年人在环境转换时的困扰。这种设计方法有助于创造一个相对一致的空间感，使老年人能够更轻松地辨认不同的区域，并更好地理解整个环境的结构。

其次，可视性的环境设计也是提高老年人方位感的关键。清晰可见的标识、导向元素和视觉引导设施能够为老年人提供重要的空间信息，帮助他们快速而准确地辨认自己所处的位置。在设计中，可以运用对比色、明暗度和形状等视觉元素，强调关键区域和路径，以引导老年人有序地移动，降低他们在空间中迷失方向的可能性。

最后，考虑老年人的认知特点也是方位感设计的重要一环。由于老年人可能面临记忆力减退等问题，设计师可以通过强化空间的独特性和标志性特征，使得环境更易被老年人记忆。这可以包括在设计中引入特殊的地标、装饰元素或者突出的空间特征，以帮助老年人建立对环境的独特认知。

2. 封闭式和半封闭式空间的优势

封闭式和半封闭式空间的设计在满足老年人对安全、稳定和有保障的活动环境需求方面具有显著的优势。这种设计形式为老年人提供了一个相对私密、受控制的空间，有助于增强他们的归属感，使其在室内空间中感到更加安全和舒适。

首先，封闭式和半封闭式空间的设计能够为老年人提供相对私密的活动环境。老年人常常更加注重个人空间的隐私性，封闭式的设计可以有效地减少外部环境的干扰，为老年人提供一个相对独立、安全的居住空间。这种私密性有助于老年人在室内进行个人活动、休息和社交，提升其生活质量。

其次，半封闭式的设计形式在保持一定的私密性的同时，还能够保持一定的联系和开放性。这种设计通过巧妙地利用隔断、屏风等元素，既能保护老年人的私密空间，又使得空间具有一定的通透性和灵活性。老年人可以在相对隐蔽的环境中进行私人活动，同时也能够感知到周围的环境，保持与外界的一定联结。

最后，封闭式和半封闭式空间的设计能够提供更好的环境控制和安全感。老年人对环境的控制和稳定性有着更高的需求，封闭式设计可以更好地控制温度、光线等因素，创造一个更加适宜的居住环境。同时，老年人在相对封闭的环境中更容易感到安全，减少对外界的不确定感，有助于降低焦虑和压力。

（三）安全舒适原则的实现

为增强老年人的方位感，设计师在空间规划中需要精心优化连续性和可视性。这涉及采用一系列设计手段，以创造一个对老年人友好、明亮且容易理解的建筑环境。其中，明亮的自然光和合适的照明设施的运用是关键因素，旨在使空间更加明快，从而有利于老年人清晰地辨认空间结构，提高其在建筑中的安全感。

首先，明亮的自然光的引入对空间的连续性和可视性至关重要。自然光以其柔和而均匀的特性，能够使建筑空间更富有层次感，减少阴影的产生，从而有助于老年人更好地理解空间的结构。通过巧妙地设计窗户、天窗等开口，让充足的自然光进入室内，不仅提升了空间的明亮度，还为老年人提供了更自然的照明环境，有助于降低眼睛疲劳和提高视觉舒适度。

其次，合适的照明设施的选择和布局也是优化可视性的重要环节。在室内空间中，设计师应当考虑到不同功能区域的照明需求，确保每个区域都能得到适当的照明。采用柔和而均匀的光线照明，避免刺眼的强光和过重的阴影，有助于老年人更准确地感知空间的细节和结构。此外，采用可调节的照明设备，使老年人能够根据不同活动需要调整照明强度，提高灵活性和个性化的体验。

总体而言，通过优化连续性和可视性，设计师能够为老年人创造一个更易理解和感知的建筑环境。明亮的自然光和合适的照明设施相互协同，使空间更加明亮、清晰，从而提高老年人在建筑环境中的舒适感和安全感。

二、活力恢复原则

（一）感官与活力的潜能

1.老年人的潜在活力

老年人虽然在身体机能和认知能力上可能经历了一定的退化，然而，这并不意味着他们的活力完全丧失。在设计建筑环境时，设计师需要深刻认识到老年人仍然具有一定的感官和活力潜能。通过巧妙的建筑环境设计，可以唤起老年人的感官体验，激发其内在的活力和积极情感。

首先，老年人的感官体验在建筑设计中应得到充分地重视。视觉、听觉、嗅觉等感官在老年人身上仍然存在且具有潜在的活力。设计师可以通过选择明亮而温暖的色彩，引入自然的光线，以及设计具有音乐、水景等元素的空间，来创造一个更具活力的环境。这样的设计不仅能够满足老年人的感官需求，还能够激发他们的积极情感，提高生活质量。

其次，建筑环境设计应当注重对老年人的运动和社交需求的支持。通过设计宽敞通透的空间，便于老年人自由行动，创造友好的社交区域，鼓励老年人之间的互动，可以有效激发他们的身体活力和社交活动的欲望。这有助于老年人保持积极的生活态度，促进身体健康和提高心理幸福感。

最后，在建筑中引入绿色植物、自然元素和艺术品等，可以为老年人提供更多的感官刺激。自然环境的元素有助于创造一个宜人的氛围，激发老年人对生活的兴趣和热情。艺术品的展示和参与艺术活动也是一种促进老年人情感表达和创造力的方式，使他们在艺术中找到宣泄情感和展示个性的途径。

2. 亲生物环境的创造

养老建筑设计的核心在于创造一个丰富的生物环境，旨在通过充分利用地形的起伏、设置阶梯、规划种植区域等手段，为老年人提供一个多元而连贯的空间，以激发其感官和活力。这种环境设计的目标是在老年人中间引发积极的感受和互动，创造一个有益于身体和心理健康的居住环境。

首先，利用地形的起伏，设计师可以创造出多样化的景观，为老年人提供不同高度的视觉体验和运动空间。起伏的地形设计可以形成具有层次感的场所，打破单调的平面，使整体环境更加丰富有趣。这样的设计有助于老年人在活动中感受到身体的变化，增加空间的趣味性和活力。

其次，设置阶梯和坡道等元素，有助于老年人更轻松地移动和互动。适度的坡度和舒适的台阶设计可以提高老年人行走的安全性，同时创造出可供休憩和社交的空间。这种设计旨在消除老年人在移动中可能遇到的障碍，促使他们更加积极地参与到室外活动中，增强社交互动的机会。

最后，规划种植区域是亲生物环境设计中的重要组成部分。绿化植物、花草树木等自然元素的引入不仅能够提供美丽的景观，还可以改善空气质量，营造出清新宜人的氛围。老年人在自然环境中的感受往往更加宁静和愉悦，这有助于缓解压力、改善心理状态，激发积极的情感体验。

（二）地形设计的影响

1. 巧妙运用地形元素

地形设计在活力恢复原则中具有显著的重要性。通过巧妙运用地形元素，如起伏的地势和设置阶梯等，建筑设计师得以为老年人打造一个富有趣味和多样性的空间。这种设计不仅有助于创造出吸引人的景观，同时也能提高老年人对环境的兴趣，激发其积极的情感体验。

首先，合理运用地形的起伏，设计师能够打破统一的平面，创造出丰富的空间层次。地形的高低差异不仅为老年人提供了视觉上的变化，还为空间增添了动态感。这样的设计有助于老年人感知周围环境的多样性，激发其探索的欲望，从而促进身体的活动和心理的活力。

其次，设置阶梯是一种常见而有效的地形设计元素。合理设置的阶梯既可以为老年人提供行走时的支持和平稳感，又为空间增加了层次感和趣味性。阶梯的设计可以成为观景平台，为老年人提供俯瞰景色的机会，激发他们对周围环境的好奇心。这样的设计既有助于老年人的身体锻炼，又能够创造出令人愉悦的空间体验。

最后，地形设计还可以涵盖水景、绿地等自然元素的规划。水景的引入不仅可以改善空气质量，还为老年人提供了宁静和放松的场所。绿地的规划则为空间增加了自然的色彩，提供了休闲和社交的空间。这样的自然元素有助于创造出具有生机和活力的环境，激发老年人的感官体验和情感互动。

巧妙运用地形元素是活力恢复原则中不可忽视的一部分。通过设计中地形的差异、阶梯设置等手法，设计师可以为老年人创造一个丰富有趣、充满活力的居住环境。

2.植物区域的规划

植物在地形设计中扮演着至关重要的角色，通过精心规划植物区域，引入花草树木，设计师不仅能够增添自然元素，还能为老年人提供愉悦的视觉和嗅觉体验。这样的环境设计在促进老年人的感官互动方面发挥着积极的作用，使他们更积极地融入环境中。

首先，植物的引入为建筑环境注入了自然的生命力。通过合理规划植物区域，设计师可以在养老建筑周围创造出丰富多样的植被景观。不同类型的花卉、树木和草本植物的搭配可以形成有层次感的植被群落，使老年人置身于一个富有生机和活力的自然环境中。这不仅为居住者提供了美丽的景观，同时也为整个建筑增色添彩。

其次，植物区域的规划有助于提升老年人的愉悦感和视觉体验。花卉的色彩、树木的枝叶形态以及植物的布局，都可以在视觉上创造出富有层次感的景观。老年人在这样的环境中可以感受到季节的变化，欣赏到不同植物的花朵开放，从而激发他们的好奇心和对自然的热爱。这样的愉悦视觉体验有助于提高老年人的生活品质和心理健康。

最后，植物区域的规划也考虑到嗅觉体验的重要性。选择具有芳香的花卉和植物，将它们巧妙地布置在养老建筑周围，可以为老年人提供愉悦的嗅觉感受。香气的传播能够营造出宜人的氛围，帮助老年人放松身心、减轻压力、提高幸福感。

（三）健康促进功能的实现

1. 自然环境对心理健康的影响

实现活力恢复原则的核心在于充分发挥自然环境对老年人心理健康的积极影响。通过让老年人感受自然环境的美好和多样性，建筑设计师能够创造一个令人愉悦的空间，从而提高老年人的生活质量。

首先，自然环境的美好景观对老年人的心理健康产生显著的影响。美丽的自然景色，如花园、湖泊、绿树等，不仅为老年人提供了宜人的视觉享受，同时也能够引发他们积极的情感体验。这种美好的景观有助于降低老年人的焦虑和抑郁情绪，促进心理的放松和愉悦感，从而提升整体的心理健康水平。

其次，自然环境的多样性对老年人的心理刺激具有重要作用。通过合理规划自然元素的多样性，如植物的种类、地形的变化等，设计师可以创造出一个富有变化和惊喜的环境。老年人在这样的环境中不仅能够感受到新奇和探索的乐趣，还能够激发他们的好奇心和创造力。这种多样性的设计有助于提高老年人对环境的兴趣，使他们更愿意积极参与到周围的自然景观中。

最后，自然环境的开放性也是影响老年人心理健康的关键因素。开阔的自然空间可以给予老年人一种自由感和舒适感，帮助他们摆脱封闭空间的拘谨感。在开敞的环境中，老年人可以更自由地行走，感受自然的氛围，从而促进身心的放松和愉悦感。

2. 促使积极情感的产生

通过提供令人愉悦的亲生环境，建筑设计师可以促使老年人产生积极的情感，从而改善其心理状态，增强对环境的亲近感。一个有益于心理健康的建筑环境将为老年人提供更多的愉悦体验和积极情感，从而实现活力恢复的目标。

首先，令人愉悦的生物环境包括丰富多彩的植被景观。通过规划花园、绿化区域和树木等自然元素，设计师可以为老年人打造一个富有生机和美感的空间。

花草的绽放、树木的绿意，都能够引发老年人的愉悦感，激发他们对自然的热爱。这样的环境设计有助于降低老年人的紧张和焦虑情绪，提高其整体心理健康水平。

其次，生物环境中的自然光线也是影响老年人情感的重要因素。明亮而温暖的自然光线可以提高环境的明亮度，使空间更加宜人。阳光的照射有助于调节生物钟，提升老年人的活力，促使积极情感的产生。设计师可以通过合理布局窗户、引入天窗等手段，最大限度地利用自然光，为老年人创造一个明亮而温馨的居住环境。

最后，生物环境的舒适氛围也会对老年人的情感产生积极影响。温暖的氛围、柔和的色调、宜人的温度等设计元素都有助于创造一个宜人、舒适的居住环境。老年人在这样的环境中更容易感受到温馨和宁静，从而促进积极的情感体验，提高对环境的满意度。

三、丰富体验原则

（一）多感官系统的刺激和交互

1.综合感官系统的体验

老年人的体验互动在很大程度上依赖于多个感官系统的共同作用。在养老建筑设计中，设计师需要综合考虑视觉、听觉、触觉等感官系统的刺激和交互，以创造一个多元且有深度的环境体验。

首先，视觉系统是老年人感知和理解环境的关键感官之一。通过合理规划建筑的外观和内部布局，设计师可以引导老年人的视线，创造出富有层次和美感的视觉景观。丰富多彩的植被、明亮温馨的光线、有趣的艺术装饰等设计元素都能够为老年人提供愉悦的视觉体验。同时，采用对比明显的色彩和形状，有助于老年人更清晰地辨认和理解空间，提高他们在建筑环境中的舒适感和安全感。

其次，听觉系统的刺激对老年人的体验至关重要。合理的音效设计、环境音乐以及自然声音的引入，能够为老年人创造出宁静、舒缓的听觉环境。这有助于减轻老年人的紧张和焦虑情绪，促进心理的放松。另外，考虑到老年人的听力可能有所下降，设计师还需注意提高声音的清晰度和可辨识性，确保老年人能够准确地感知环境中的声音信息。

触觉系统的体验也是设计中不可忽视的一部分。舒适的材料选择、人体工程学的家具设计以及室内温度的控制，都能够影响老年人的触觉感受。柔软的材质、舒适的座椅、温暖的环境，都有助于提高老年人对建筑环境的触觉满意度。另外，设计师还可以考虑引入触觉互动的元素，如触摸屏、触感反馈设备等，为老年人提供更多参与和探索的机会。

2. 色彩和形式的设计策略

通过布置色彩鲜艳、形式丰富的植物景观或雕塑小品，设计师能够运用巧妙的色彩和形式的设计策略，提供丰富的视觉刺激和交互，为老年人创造一个令人愉悦的环境。这样的设计不仅使空间更具吸引力，同时也增加了老年人的兴趣和参与感。

首先，色彩的运用在养老建筑设计中具有重要的意义。通过选择鲜艳而温和的色彩，设计师可以营造出愉悦、轻松的氛围。在植物景观中，不同花卉的色彩搭配可以形成丰富多彩的花坛，为老年人提供五彩斑斓的视觉感受。此外，建筑物或雕塑小品的外观色彩也可以根据周围环境和主题进行巧妙搭配，使整体空间更具协调性和美感。色彩的运用有助于引导老年人的视线，提高他们对建筑环境的喜好程度，同时也能够在心理层面上产生积极的影响，减轻负面情绪，促进心理的舒适感。

其次，形式的设计同样是创造视觉愉悦的关键。植物景观的形状和雕塑小品的造型都可以通过巧妙的设计，使其与周围环境相融合。合理设置植物的高低层次、雕塑的摆放位置等，可以创造出有层次感和动态感的视觉效果。形式的设计有助于打破空间的单调性，激发老年人的好奇心和探索欲望。通过提供多样化的形式体验，设计师可以引导老年人在环境中自由漫游，感受不同形状的美感，增加其参与感和亲近感。

3. 感官体验与环境互动

多感官系统的刺激在老年人与环境的互动中发挥着重要作用。通过设计引人入胜的景观元素，老年人得以通过观赏、触摸等方式感知环境，从而激发其感官系统的积极反应，增强与空间的连接感。这样的设计策略不仅提升了老年人的感官体验，同时也促进了他们与建筑环境的更深度互动。

首先，视觉的刺激是感官体验中不可或缺的一部分。通过加入引人注目的景观元素，如丰富多彩的花卉、雕塑或水景等，设计师可以创造出吸引老年人目光的场景。视觉上的愉悦感能够促使老年人更主动地探索周围环境，同时也为他们提供了一个欣赏美好景色的机会。这种视觉的刺激有助于提高老年人对环境的喜好，营造出积极的情感体验。

其次，触觉的体验同样重要。设计师可以通过合理设置触摸友好的材质，如柔软的椅垫、温暖的木质桌面等，为老年人提供触觉上的愉悦感。在景观设计中，触摸植物的柔嫩叶片、流水的涟漪等元素也能够激发老年人的触觉感知。这种触觉的体验有助于增加老年人对环境的亲近感，加深他们与空间的情感联结。

最后，听觉的刺激也可以通过巧妙的设计实现。鸟鸣声、水流声等自然音效可以为老年人提供宁静、舒缓的听觉体验。设计师可以合理规划这些声音的来源和传递路径，创造出和谐、宜人的音景，促进老年人身心的放松和愉悦感。这种听觉的刺激有助于打破环境的寂静，为老年人提供一种愉悦的感官享受。

（二）引入自然声音的效果

1.自然声音的舒缓作用

自然声音，如虫鸣、鸟鸣、流水声，具有舒缓和愈合老年人心灵的独特效果。通过在建筑设计中引入这些自然声音，比如在庭院中设置流水装置，设计师可以为老年人打造一个自然、宁静的环境，从而有助于放松情绪、提高心理健康水平。

自然声音的舒缓作用首先体现在其对老年人情绪的积极影响上。虫鸣和鸟鸣等自然声音能够调动人的情感，降低焦虑和紧张感。在建筑环境中引入这些自然声音，尤其是在庭院或休闲区域设置流水装置等，能够为老年人提供一种和谐、安宁的听觉体验，有助于缓解日常生活带来的压力，提高情绪的积极性。

其次，自然声音对老年人的认知和注意力也有积极影响。研究表明，自然声音能够帮助人们更好地集中注意力、提高认知水平。在养老建筑中引入自然声音，特别是与流水等水源相关的声音，有助于老年人保持警觉，增强对周围环境的感知。这对防止认知衰退、提升老年人大脑功能具有一定的促进作用。

最后，自然声音的愈合效果也可以在老年人的睡眠质量上得到体现。流水声、鸟鸣、虫鸣等自然声音常常被用于提高睡眠质量和深度。在养老建筑中引入这些声音，尤其是在睡眠区域，可以为老年人创造一个安宁宜人的环境，有助于改善失眠等问题，提高整体的生活质量。

2.声音元素的巧妙融合

设计师可以通过巧妙融合自然声音元素到建筑环境中，或者通过合理布置声音源，创造出宜人的声音背景。这样的设计不仅能够为老年人提供愉悦的听觉体验，同时也为整体环境增添一份和谐的氛围，体现出对声音元素的巧妙运用。

首先，设计师可以考虑在建筑的庭院或休闲区域设置流水装置、鸟鸣器等自然声音源。这些声音源可以通过合理的位置安排，使其声音在整个环境中形成和谐的音景。流水声，鸟鸣、虫鸣等自然声音在室外环境中能够与大自然的声音融为一体，为老年人提供仿佛置身大自然的愉悦感受。通过巧妙布置声音源，设计师可以在保持环境自然感的同时，创造出舒适宜人的听觉氛围。

其次，设计师还可以在室内空间中引入具有舒缓效果的声音元素。例如，在休息室或起居区域安置音响设备，播放自然的海浪声、雨滴声等。这样的设计可以为老年人提供一个宁静、安详的听觉体验，有助于缓解紧张和焦虑情绪，促进心理的放松。通过室内外声音元素的融合，设计师可以打造声音环境的多样性，为老年人提供丰富的听觉刺激。

最后，声音元素的巧妙融合还可以通过技术手段实现，如使用智能音响系统。设计师可以利用智能技术控制声音的播放和音量，根据老年人的需求和环境的氛围调整声音元素的表现。这种技术手段不仅提高了声音元素的灵活性，也为老年人创造了更个性化、定制化的听觉体验。

（三）触觉体验的重要性

1. 触觉体验对生理健康的影响

触觉体验对老年人的生理健康和心理需求具有至关重要的影响。通过巧妙布置抬升花坛、鹅卵石步道等触觉元素，设计师可以创造出令人愉悦的触觉体验，从而帮助老年人获得身心上的慰藉，促进其健康发展。

首先，触觉体验对老年人的生理健康产生积极影响。抬升花坛等触觉元素的设计可以为老年人提供多样化的触觉刺激，激发他们的触觉感知系统。触觉体验有助于增强老年人的感知能力，提高皮肤的敏感性，促进血液循环。步行在鹅卵石步道上，感受石材的质感和温度，能够锻炼老年人的脚部肌肉，促进关节的灵活性。因此，通过触觉体验的设计，可以在生理层面上促进老年人的健康发展，提高其身体机能。

其次，触觉体验对老年人的心理需求也有着深远的影响。抬升花坛、鹅卵石步道等触觉元素的设计不仅为老年人提供了具有愉悦感的触觉体验，还能够在心理上产生舒缓和慰藉的效果。触觉刺激可以激发身体释放内啡肽等愉悦激素，有助于缓解老年人的焦虑和紧张感。步道的设计使老年人能够通过脚底感受地面的不同质感，为他们提供一种与大自然连接的体验，从而促进身心的平衡与和谐。通过触觉体验的设计，可以为老年人创造一个宜人、温馨的环境，满足他们对触感愉悦的心理需求。

2.触觉体验与自然互动

触觉体验的设计需要注重与自然环境的互动，通过选择舒适的材质和布置具有触感魅力的元素，老年人可以在空间中感受到温暖、柔软等触觉体验，从而增加其对环境的舒适感和归属感。

在养老建筑设计中，与自然环境的互动对提升老年人的触觉体验至关重要。首先，设计师可以选择具有天然触感的材质，如木材、石材等，用于家具、地板、墙面等元素的设计。这些天然材质能够为老年人提供柔软、温暖的触觉感受，营造出自然、亲切的居住环境。通过与这些材质的互动，老年人可以感受到自然之美，增加对环境的亲近感，提高对居住空间的归属感。

其次，设计师还可以通过布置具有触感魅力的元素，如抬升花坛、柔软的座椅等，为老年人创造更加丰富的触觉体验。抬升花坛的设计既能够让老年人感受到植物的质感和生命力，又可以为他们提供轻松的园艺活动。柔软的座椅则为老年人提供了一个舒适的休憩场所，使他们在触觉上感受到温暖和宽松。这样的设计不仅考虑了老年人的舒适需求，也强调了与自然环境的互动，使触觉体验更加丰富和有趣。

（四）多感官交互的设计方法

1.综合感官体验的整合

在养老建筑空间环境设计中，综合考虑多感官系统的刺激和交互是至关重要的。通过整合视觉、听觉、触觉等多个感官元素，设计师可以创造出一个丰富、多层次的环境，从而提升老年人的感官互动体验。

首先，视觉元素的整合是创造综合感官体验的关键。设计师可以通过选择明亮而温暖的色彩，合理配置自然光和照明设施，创造出宜人的视觉环境。引入植物景观、艺术装饰等视觉元素，使空间更加丰富多彩。这样的设计不仅美化了环境，还能够激发老年人的视觉感知，提高对空间的舒适感和愉悦感。

其次，听觉元素的整合也是关键之一。通过布置自然声音源，如流水声、鸟鸣声等，设计师可以为老年人提供愉悦的听觉体验。在室内设置合适的音响设备，播放柔和的音乐或自然音源，营造宁静的氛围。通过整合不同来源的声音元素，设计师可以打造出具有层次感的听觉环境，为老年人提供多样化的听觉刺激。

触觉元素的整合同样不可忽视。选择舒适的材质、布置柔软的家具，如软椅、绒毯等，为老年人创造出温馨、舒适的触觉体验。同时，通过设计抬升花坛、柔软的座椅等触感魅力的元素，增加老年人在空间中的触觉互动。这样的设计既考虑了老年人的生理需求，又通过触觉元素的整合提高了空间的触感愉悦度。

2. 创新设计方法的应用

设计师可以运用创新设计方法，如虚拟现实（VR）、增强现实（AR）等技术，为老年人提供更具交互性和参与感的环境体验。这样的设计方法不仅满足了老年人的多感官需求，还能够创造出独特而有趣的空间氛围。

首先，虚拟现实技术的应用为老年人提供了全新的感官体验。通过戴上 VR 设备，老年人可以沉浸在虚拟的环境中，体验不同的场景和活动，如参观名胜古迹、探索自然风光等。这种技术可以为老年人提供一种全新的感官互动体验，超越传统建筑设计的限制，使他们在虚拟世界中获得愉悦感和满足感。

其次，增强现实技术的运用可以将现实环境与数字信息结合，创造出更加丰富的空间体验。通过 AR 技术，老年人可以通过移动设备或 AR 眼镜，获取与实际环境相关的信息、故事，提升对周围环境的认知和互动。这种创新的设计方法不仅使老年人能够参与到更多层次的感官体验中，还可以增强他们对空间的认同感和参与感。

通过创新设计方法，设计师还可以开发出针对老年人的个性化虚拟体验。通过了解老年人的兴趣、喜好和需求，定制虚拟场景或活动，使其在虚拟世界中找到更多符合个人喜好的体验。这种个性化的设计方法不仅满足老年人的多样化需求，还能够促使他们更积极地参与到环境中，增加社交互动性和生活乐趣。

（五）心理情绪和健康状况的积极效益

1. 积极情感体验的产生

积极情感体验的产生与丰富体验原则的实现密切相关。通过多感官系统的刺激和交互，老年人能够获得更为丰富的环境体验，从而激发积极的情感反应。激发积极情感有助于提升老年人的心理健康状态，改善其情绪体验。

在养老建筑设计中，丰富体验原则强调通过整合多种感官元素，创造出富有层次和深度的环境体验。这种原则的实现可以通过视觉、听觉、触觉等感官的综合刺激，使老年人在空间中感受到更多元的信息，从而引发积极的情感体验。

首先，视觉的丰富体验通过明亮的自然光、多彩的色彩搭配，以及艺术装饰等元素实现。设计师可以选择温暖的色调，利用自然光线打造明亮的空间；同时通过引入艺术品、植物景观等视觉元素，创造出富有层次和趣味的环境。这样的设计能够激发老年人的视觉感知，增加对空间的兴趣，从而培养积极的情感体验。

其次，听觉的丰富体验通过自然声音、音乐等元素的巧妙运用实现。在设计中引入流水声、鸟鸣声等自然声音，或者通过合适的音响设备播放轻柔的音乐，创造出宁静而愉悦的听觉环境。这样的设计能够调节老年人的情绪状态，提升对环境的感知，促进积极的情感体验。

触觉体验的丰富同样不可忽视。通过选择舒适的材质、设计柔软的座椅，以及创造触感魅力的元素，设计师可以为老年人提供温馨、舒适的触觉体验。这样的设计能够增加老年人在空间中的触觉互动，引发积极的情感反应。

2.心理健康状况的提升

丰富体验原则的设计方法在很大程度上有助于老年人的心理健康状况提升。良好的环境体验被认为是减轻老年人抑郁感、提高其生活满意度的关键因素。通过引入具有亲和力的元素，如温馨的色彩、自然的声音、触感愉悦的材质，设计师可以打造出一个令人愉悦、充满积极情感的居住环境。

首先，设计师可以通过采用温馨的色彩方案营造积极的情感氛围。暖色调如橙色、黄色和红色被认为能够激发愉悦感和活力，有助于提高老年人的情绪状态。通过在空间中巧妙运用这些色彩，设计师可以打造出一个充满温暖和舒适感的环境，有助于减轻老年人的沮丧情绪。

其次，自然声音的引入也是提升心理健康的有效手段。流水声、鸟鸣声等自然声音被认为有助于放松情绪、缓解压力，对老年人的心理健康有积极的影响。通过在养老建筑设计中设置合适的自然声音源，设计师可以为老年人创造出一个宁静、舒适的环境，提高其生活满意度。

最后，触觉体验的优化同样重要。选择触感令人愉悦的材质，如设计柔软的家具和座椅，能够增加老年人对环境的舒适感。这种触觉上的愉悦体验有助于改善老年人的心理状态，使他们更愿意参与到社交和活动中，从而提升生活质量。

3.对认知能力的积极影响

良好的环境体验会对老年人的认知能力产生积极影响，通过引导他们与多感官元素互动、促进大脑活动、提升认知能力和专注力，对延缓认知退化、维持老年人的认知功能具有积极的作用。

首先，多感官体验的设计可以激发老年人的感官系统，创造出更为丰富和复杂的感官刺激。通过引入明亮的色彩、自然的声音、柔软的触感等元素，设计师可以引导老年人在空间中进行感官体验。这种丰富的感官体验有助于刺激大脑神经元的活动，提高老年人对外部环境的感知和理解能力。

其次，环境的认知和刺激可以促使老年人保持专注力。通过设计引人入胜的景观、艺术装饰等元素，可以吸引老年人的注意力，使其更专注于周围环境。这种专注力的保持对认知功能的锻炼和维持至关重要，有助于降低认知退化的风险。

最后，多感官体验的设计还可以通过创造有趣和具有挑战性的空间布局，激发老年人的思维活跃度。例如，设计迷宫、花园小径等具有导向性的结构，可以引导老年人进行空间导航，锻炼其空间感知和方向感。这种挑战性的环境设计有助于促进老年人的思维灵活性，对认知能力的积极影响显而易见。

4. 社会交往的促进

丰富体验原则的设计在促进老年人之间的社会交往方面发挥着积极作用。共同体验丰富的环境元素，例如，参与共同的观赏和互动，有助于老年人建立更为紧密的社交关系，增强社区凝聚力，提高其生活质量。

首先，通过共同的感官体验，老年人之间可以分享和交流彼此的感受和印象。设计师可以通过创造引人入胜的景观、艺术品或其他环境元素，激发老年人共同的兴趣点，从而促进社交互动。这种共同体验不仅有助于维护良好的人际关系，还为老年人提供了有趣而有意义的交流内容。

其次，设计中可以包含具有社交功能的空间布局，如休闲区、社交广场等。这些设计元素有助于老年人在舒适的环境中相遇和交流，为老年人打造出一个友好、开放的空间；同时有助于打破老年人的孤独感，促进社会交往的积极发展。

最后，共同参与的活动也是社会交往的重要途径。设计师可以考虑引入集体活动，如园艺、艺术课程、社交活动等，以提供老年人共同参与的机会。这种设计不仅能够促进老年人之间的交往，还可以增强社区的凝聚力，形成一个更加融洽的社交网络。

5. 疗愈效果的实现

通过设计创造积极情感体验，建筑环境能够产生显著的疗愈效果，对老年人的身心健康具有积极影响。良好的情感体验有助于减轻老年人的压力和焦虑，为其提供一种心理慰藉，进而促使疗愈效果的实现。

首先，积极情感体验的设计可以创造出宜人的空间氛围，通过引入自然元素、丰富的色彩和愉悦的视觉景观，进而激发老年人积极的情感反应。这种积极情感可以帮助老年人放松身心、降低紧张和焦虑感，为其打造一个愉悦的居住环境。

其次，通过设计师巧妙运用自然元素，如自然光、植物、流水声等，可以引导老年人融入一个宁静、和谐的环境中。这种环境有助于老年人放松神经系统，降低生理上的紧张感，促进身体的自然疗愈过程。

最后，环境中的积极情感体验可以唤起老年人的愉悦和幸福感，从而促使身体释放更多的愉悦激素，如多巴胺和内啡肽。这些生理反应有助于提升免疫系统的功能，促进身体的自愈力，从而实现对身心健康的积极疗愈效果。

四、情感归属原则

（一）场所认同感的定义

1.定义

场所认同感指的是个体对一个特定地方的情感认知和情感依附，并将这个地方纳入自我感知的范畴中。在养老建筑设计中，老年人的场所认同感关系到他们对居住环境的情感态度和对社区的参与度。

场所认同感在老年人的生活中扮演着重要的角色，因为它涉及对居住地的情感联系和依附感。老年人往往会在特定的地方建立长时间的生活历程，这使得他们对居住地产生深厚的情感认知。通过对场所的认同，老年人将其居住地融入个体的身份认同之中，形成一种亲近感和情感依附。

在养老建筑设计中，理解和关注老年人的场所认同感对创造一个愉悦、舒适的居住环境至关重要。设计师可以通过考虑老年人对特定地点的情感依附和认知，打造更具亲切感的建筑空间。这可能包括考虑老年人对家庭、社区和公共区域的认同感，以及如何通过建筑元素和景观设计来强化这种认同感。

老年人的场所认同感还直接影响他们对社区的参与度。当老年人感到与居住地产生深厚的情感联系时，他们更有可能积极参与社区活动、建立社交关系，从而提高社区的凝聚力和活力。因此，在养老建筑设计中，注重创造有利于提升老年人场所认同感的环境，有助于促进他们更好地融入社区生活，提升生活质量。

2.影响因素

场所认同感的形成受到多方面因素的影响，其中包括建筑环境的设计、社区氛围，以及地域文化等多个方面。老年人在居住环境中的体验和感知直接塑造了他们对场所的认同感，而这一认同感的建构是一个复杂而多层次的过程。

首先，建筑环境的设计是场所认同感形成的重要因素之一。建筑的布局、空间设计、景观规划等都会对老年人的情感产生深远的影响。一个温馨、舒适、易于导航的建筑环境有助于老年人建立对居住地的积极认同感。合理规划的社区空间、便利的设施，以及老年人友好型的设计，都是建筑环境对场所认同感产生影响的重要方面。

其次，社区氛围也对老年人的场所认同感起到关键性作用。社区的互动、邻里关系的和谐，以及社区文化的传承，都能够影响老年人对居住地的情感依附。一个充满关爱和支持网络的社区，能够增强老年人对社区的认同感，使其更愿意参与社区生活，提高社区凝聚力。

最后，地域文化也是影响场所认同感的重要因素。老年人通常对所处地域的文化和历史有着深厚的情感，这些因素使其对场所的认同感产生深刻的影响。保留和弘扬地方文化、开展传统活动，以及培育社区文化氛围，都有助于增强老年人对所在地区的情感认同。

（二）结合地域文化与环境特点

1. 地域文化元素的引入

情感归属原则要求设计师在养老建筑设计中结合当地的风俗文化和环境特点，将这些元素巧妙地融入空间设计中。这一原则的核心理念是通过引入具有地方特色的符号、图案或装饰，创造出富有地域性的空间环境，从而增强居住者对建筑的情感认同感。

在养老建筑设计中引入地域文化元素的目的是使建筑更贴近当地的文脉，与周围环境形成有机的融合，以营造出一种具有独特地域性的氛围。这可以通过选择具有当地代表性的色彩、图案、建筑风格等来实现。例如，在设计中融入当地传统的建筑元素、民俗图案或地方性的装饰，使建筑与周边环境更加和谐统一。

一种常见的做法是采用当地的建筑风格作为设计灵感，将传统元素巧妙地融入现代建筑中。这不仅能够传承当地的建筑文化，同时也能够满足老年居住者对熟悉和亲切感的需求。通过在建筑外观、内部装饰和景观设计中引入地域文化元素，设计师可以创造出一个充满故乡记忆和归属感的居住环境。

地域文化元素的引入还可以通过艺术品、雕塑等形式进行。在建筑的公共区域或庭院中设置具有当地文化特色的艺术品，为老年居住者提供一个可以欣赏和参与的空间，使他们感受到当地文化的魅力。

2.唤起老年人的共鸣

地域文化元素的巧妙引入在养老建筑设计中充满着深刻的意义，因为它不仅能够丰富建筑的文化内涵，更重要的是能够唤起老年人对本地文化的共鸣。通过感知和体验这些文化元素，老年人更容易产生对所在地区的认同感，从而加深其对居住环境的情感融合。

老年人作为社区的一部分，其对本地文化的情感依附不仅是一种认同，更是一种对过去时光和传统的深深怀念。在养老建筑中引入地域文化元素，如当地的传统手工艺品、民俗文化符号等，能够为建筑注入浓厚的地域特色，激发老年人对家乡的记忆。

这些地域文化元素并非简单的装饰，而是承载着历史、故事和传承的符号。通过建筑的布局、装饰和景观的设计，设计师能够将这些文化元素巧妙地融入老年人的居住空间，构建一个充满故事性和传统氛围的生活场所。老年人在这样的环境中，不仅能够感受到家乡的独特韵味，还能够在回忆中找到对过去美好时光的共鸣。

通过参与文化元素的感知和体验，老年人更容易建立对所在地区的认同感。这种认同感并非仅限于空间上的情感联结，更包含了对社区的深厚参与和归属感。老年人通过与周围环境中的文化元素互动，不仅能够在认知上更好地融入社区，还能够促进社交活动，增强与他人的交流和合作。

（三）心理情绪和健康状况的改善

1.情感融合对心理健康的影响

实践情感归属原则对老年人的心理健康产生着显著的影响。当老年人感受到居住环境与自身情感相契合时，这种正面的情感体验不仅能够缓解抑郁感，还有助于提高其生活满意度。

情感融合是一种深层次的认同感，它涉及老年人对居住环境的情感认知和依附。通过建筑、景观和文化元素的设计，使居住环境与老年人的情感产生共鸣，形成一种融洽的情感关系。当老年人在环境中感受到温馨、熟悉和愉悦的情感时，这种情感融合将积极地影响其心理健康。

心理健康与情感体验密切相关，而情感融合的实现可以在多个方面对老年人产生积极效果。首先，正面的情感体验有助于减轻老年人可能面临的抑郁感。在具有愉悦和温暖情感的环境中，老年人更容易感到放松和安心，从而减轻心理压力，改善情绪状态。

其次，情感融合有助于提高老年人的生活满意度。当老年人对居住环境产生积极的情感联结时，他们更有可能对生活有积极的评价。当感受到家的温暖和舒适时，老年人会更愿意参与社交活动，增加对生活的满足感。

最后，情感融合还可以在老年人的社交关系中发挥积极作用。共享情感体验的相似性使老年人更容易建立紧密的社交联系，促进社区凝聚力的形成。通过与他人分享对居住环境的共同喜好和情感认同，老年人更容易形成友谊和互相支持的社交网络。

2. 认知提高

实践情感归属原则可以对老年人的认知提高产生积极影响。通过深度认知和积极肯定养老建筑所创造的空间环境，老年人更愿意积极参与社区生活，提升对环境的认知水平。

实践情感归属原则强调创造与老年人情感契合的居住环境，使其感到温馨、熟悉和愉悦。这种认知与情感的融合使老年人更容易对居住环境进行深度认知。首先，老年人在积极体验与居住环境相关的愉悦情感时，会更加关注周围的空间布局、建筑设计和景观元素。这种积极情感体验激发了老年人对环境的主动探索欲望，使其更深入地认知居住环境的细节和特色。

其次，实践情感归属原则注重创造具有独特地方特色和文化元素的环境，这激发了老年人对文化历史的兴趣。老年人在愉悦的情感氛围中更容易对地域文化元素产生认知，并通过参与社区文化活动等方式进一步加深对环境的认知水平。

最后，实践情感归属原则还能够通过社交互动促使认知提高。老年人在共享情感体验的过程中，通过交流和互动可以更全面地了解和认知其他社区成员以及整个社区环境。社交互动有助于拓宽认知范围，使老年人更全面地理解和融入居住环境。

（四）本地文化与环境的融合

1. 文化符号的引入

通过引入本地文化符号与内涵，如"泉"文化，设计师能够在养老建筑中创造更加具有情感共鸣的环境。这些文化符号不仅是设计的元素，更是情感归属的纽带，架起老年人与所在社区的情感桥梁。

在设计中融入"泉"文化等本地符号，通过艺术性的呈现方式，可以使老年人在情感上更好地融入本地文化和环境中。这些文化符号常常承载着深厚的历史和传统内涵，通过对其合理运用，设计师能够激发老年人对文化的认同感和归属感。例如，在庭院或公共区域设置具有"泉"文化象征的装置或景观，老年人在欣赏和互动中能够感受到本地文化的独特魅力，从而建立起情感上的联系。

这些文化符号在养老建筑中具有更深层次的意义，不仅是装饰元素，更是情感和认知的桥梁。老年人通过与这些文化符号互动，不仅能够产生情感上的认同感，还能够增进对本地文化的理解和尊重。这种情感的共鸣使得老年人更加融入社区，形成一种稳固的情感关系。

这些文化符号的引入也有助于构建老年人与环境之间的情感联结。老年人通过对这些符号的感知和理解，将其纳入自我认知的范畴中，形成对养老建筑环境的情感依附。这种情感联结不仅停留在视觉的感知上，更延伸至情感和认知的深层次，促进老年人对居住环境的情感归属。

2.归属感的增强

情感归属原则的贯彻加强了老年人对居住地的归属感，为其提供了更深层次的社区融入和情感依附。通过有效实践情感归属原则，老年人得以更深刻地融入社区生活，形成对居住地的深厚情感依附，从而显著提高了其生活满意度。

情感归属原则的核心在于创造一个令老年人产生情感共鸣和认同感的居住环境。通过在设计中引入本地文化符号、地域特色元素等，老年人在这样的环境中更容易找到与自身经历和价值观相契合的元素，建立情感联结。这种深度的情感联结使老年人不再只是简单地居住于某一地点，而是真正地将其纳入自我认知的范畴中，形成了对居住地的情感认同。

实践情感归属原则还包括对社区氛围的创造。设计师通过打造友善、温馨的社区氛围，为老年人提供了一个共享体验的平台。共同的社区活动、互动空间的设置等都有助于老年人在社区中建立起深厚的情感联系。这种情感联系不仅局限于个体与环境之间的关系，还涉及社交、互助等方面，从而强化了老年人对社区的情感依附。

这种强化的归属感将对老年人的生活满意度产生积极影响。因为情感归属原则的实践，老年人在日常生活中感受到更多的关爱、支持和社交互动。这些正面体验在心理和情感上提高了老年人的幸福感，使其更愿意积极参与社区生活，形成了良好的生活满意度循环。

第三节　健康理念下老年人活动空间设计策略

一、活动空间的类型与功能分析

（一）多功能活动空间

在健康理念的指导下，多功能活动空间应当被设计为灵活且适应老年人多样需求的场所。这包括康复运动区域、文化娱乐区域和认知训练区域，以满足老年人身体、心理和认知方面的不同需求。

1. 康复运动区域

康复运动区域的设计应当着重于提供丰富多样的运动设施，旨在全面促进老年人的身体健康。这一区域不仅限于一般的锻炼空间，更应包括专业的康复设备，为老年人提供全面而个性化的康复方案。在此运动区域内，应当涵盖多种运动形式，包括力量训练、柔韧性锻炼和有氧运动，以确保老年人能够进行全面的身体活动。

为了达到最佳效果，康复运动区域的设备选择应当兼顾先进性和实用性。先进的康复设备不仅能够提供高效的锻炼效果，还能够根据老年人的个体差异进行调整，实现个性化的运动需求。这需要结合专业的康复指导，以确保老年人在运动过程中得到适当的引导和支持，最大限度地减少运动风险，提升锻炼效果。

除了设备的先进性，康复运动区域的布局和设计也应当注重细节。舒适而安全的运动环境是老年人积极参与康复活动的重要保障。因此，考虑到老年人可能存在的身体限制，康复运动区域的地面应当采用合适的材质，避免滑倒和其他意外事件。此外，充足的自然光线和通风系统也是很重要的，旨在为老年人提供舒适的锻炼环境。

2. 文化娱乐区域

文化娱乐区域的设计应当以创造一个开放、温馨的场所为目标，旨在为老年人提供多样化的文艺、手工艺和娱乐活动，从而实现全面的身心健康促进，提升生活品质。该区域的规划与设计需要结合健康理念，引入多元化的元素，如瑜伽角和艺术创作室，以满足老年人的多层次需求。

在文化娱乐区域内，可以设置开放式的文艺空间，为老年人提供参与各类文学、音乐、舞蹈等艺术活动的机会。这不仅有助于促进社交互动，还能够激发老年人的创造力和艺术表达欲望。此外，引入瑜伽角可为老年人提供身体和心灵的平衡，促进身心健康的全面发展。

在手工艺方面，文化娱乐区域可以设立专门的手工艺工作室，提供老年人参与手工艺制作的机会。手工艺活动不仅有助于培养老年人的手眼协调能力，还可以作为一种放松的方式，减轻日常生活中的压力。这样的活动既能够丰富老年人的生活，又能够促进社交和群体凝聚。

娱乐活动也是文化娱乐区域不可或缺的一部分。设立休闲区域，提供棋牌、电影观赏等多样化的娱乐选择，能够满足老年人的不同兴趣和娱乐需求。这不仅有助于消磨时间，还能够促进社区内老年人之间的友谊和互动。

3. 认知训练区域

认知训练区域的设计旨在创造一个安静、专注的空间，以支持老年人参与认知训练和脑健康活动。为了实现这一目标，该区域需要引入智能化辅助工具，提供专业的认知训练课程和游戏式学习，以帮助老年人保持大脑活力，延缓认知衰退的进程。

在认知训练区域内，首先需要考虑的是空间的安静和专注性。这意味着需要采用合适的布局和材质，以最大限度地减少外界干扰，为老年人提供一个有利于深度思考和学习的环境。此外，良好的照明和通风也是必不可少的，以确保老年人在认知训练过程中保持良好的注意力和舒适感。

智能化辅助工具是认知训练区域的关键组成部分。通过引入先进的技术，如虚拟现实、智能化学习系统等，老年人可以体验更加丰富和个性化的认知训练。这些工具可以根据老年人的个体差异和学习进度进行调整，提供更精准的认知刺激，从而达到最佳的训练效果。

专业的认知训练课程是认知训练区域的核心内容之一。这些课程可以涵盖各个认知领域，包括记忆力、注意力、语言能力等。通过系统的训练，老年人能够激活其大脑的不同区域，增强认知功能，提高问题解决和决策能力。同时，采用游戏式学习方法可以使认知训练更具趣味性，增加老年人的参与度。

在认知训练区域内，还可以设置社交互动的元素。组织认知训练小组或比赛，鼓励老年人之间的交流和合作，不仅可以提供认知刺激，还能够促进社交互动，增强心理健康。

（二）绿色活动空间

在健康理念下，绿色活动空间的设计应注重提供与自然互动的机会。这包括室外庭院、花园和步行道，为老年人提供身临其境的自然体验。

1. 室外庭院

室外庭院的设计应当着眼于创造一个有益于老年人心理健康的空间，注重植物的选择和布局。植物元素在庭院设计中具有重要的作用，不仅可以增加绿意，还能够为老年人提供自然的视觉愉悦和心灵放松。因此，合理而精心选择植物种类，以符合老年人的审美和兴趣，是室外庭院设计的首要考虑因素。

在庭院中设置休息座椅是为老年人提供一个舒适的休憩环境的有效方式。这些座椅的布置应当考虑到老年人的身体特点，确保其稳固、舒适，以便老年人能够在庭院中感到安心、放松。同时，通过巧妙的座椅布局，可以营造出不同的休息角落，满足老年人对私密性和社交性的不同需求，进一步促进社交互动。

除了休息座椅，庭院设计还应当考虑到老年人的户外活动需求。为此，可以设置步行小径，以引导老年人进行轻松的散步。这些小径不仅能够提供适度的锻炼，还有助于老年人与大自然亲近，感受季节的变化。为了增加趣味性，可以在小径沿途设置各种植物和景观元素，使老年人在步行的过程中能够体验到丰富的自然景色。

最后，考虑到老年人可能存在的健康状况，庭院设计还应当关注安全性和无障碍性。确保庭院的地面平整、不易滑倒，并考虑到轮椅等辅助工具的使用，以便老年人能够方便自如地在庭院中活动。

2. 花园

花园设计的目标在于将美学与功能性巧妙结合，打造一个既宜人又实用的景观。在设计花园时，注重引入易于打理的花草，以创造出富有层次感的植被景观。选择适应当地气候和土壤条件的植物，既能够提高花园的美感，同时也降低花园的维护难度，符合老年人的实际需求。

为了在花园中为老年人提供理想的户外休憩场所，设计中可以考虑搭建凉亭等遮阳设施。凉亭不仅提供了舒适的纳凉空间，也成为花园中的独特景点。其设计应当兼顾实用性和美学，为老年人创造一个清凉、宜人的休息环境。合理的凉亭布局还可以考虑与花园中其他元素的协调，形成和谐的整体景观。

在花园美学的追求上，可以通过植物的色彩搭配和布局设计来营造丰富的视觉效果。引入多彩的花卉和叶片，创造出季节性的花海，使花园在不同季节呈现出变幻多姿的景色。同时，考虑到老年人可能对植物的触感和香气有敏感的反应，可选择具有触感愉悦和香气宜人的植物品种，提升花园的感官体验。

除了植物的选择，花园设计还可以考虑自然石材、木质结构等材料的运用，以增加花园的质感和自然氛围。这些材料的运用应当符合老年人的安全需求，避免尖锐边角和易滑表面，保障老年人在花园中安全行走。

3. 步行道

步行道的设计旨在为老年人提供一个平整、无障碍的环境，方便他们进行舒适的散步和轻度锻炼。在步行道的平面设计上，应注重道路的平整度，修复不平整的地面，以确保老年人在行走时稳定且舒适。此外，无障碍设计的考虑十分重要，确保步行道的通行不受任何身体能力限制，为老年人创造一个安全、便利的行走环境。

为了提升老年人在步行过程中的体验，步行道的设计可以考虑设置座椅和观景点。布置合理的座椅可以为老年人提供休息的机会，尤其在较长的步行过程中，对减轻疲劳、促进血液循环非常有益。观景点的设置则可以使步行道沿途呈现出各种各样的自然景观，为老年人提供欣赏和沉浸在自然环境中的机会，增强他们的愉悦感。

步行道的环境设计还应关注植被的选择，以营造愉悦的自然氛围。引入适宜的植物景观，不仅能够提供阴凉之处，还能为老年人提供美丽的视觉享受。植被的选择应当考虑四季变化，以确保步行道在不同季节都能呈现出迷人的景色。

在步行道的规划中，需要考虑到老年人的行走习惯和身体状况。可以设置不同长度和难度的步道，以满足老年人的不同锻炼需求。此外，通过设置适当的路标和导向标识，可以帮助老年人更方便地找到步行道的入口和出口，提高他们的步行体验。

二、促进老年人社交的空间设计

（一）社交活动室

社交活动室的设计要以温馨、亲切为基调，提供舒适的座椅和合适的灯光。通过合理布置社交空间，鼓励老年人进行小组活动、交流和互动，以增进社交关系。

1. 小组活动区域

小组活动区域的设计旨在为老年人提供一个共同参与的场所，促进社交互动和群体凝聚。在这一区域中，可以设置桌游区和图书阅览角，为老年人提供多样的活动选择。

桌游区是小组活动区域的一个重要组成部分，为老年人提供参与各类桌游的机会。桌游不仅有助于锻炼智力，还能促进老年人之间的合作和竞争，增强社交关系。通过合理设置桌椅、提供舒适的游戏环境，使老年人能够在轻松愉快的氛围中共同参与，享受游戏的乐趣。

图书阅览角是小组活动区域的另一重要元素，为老年人提供一个安静、舒适的阅读环境。通过引入丰富多样的图书，包括文学、历史、艺术等各个领域，满足老年人的不同兴趣和需求。这不仅有助于扩展老年人的知识面，还为他们提供了沉浸式的学习体验。

为了促进社交互动，小组活动区域还可以定期组织各类小组活动，如读书会、手工艺制作等。这些活动可以由专业人员或感兴趣的老年人担任导师，组织讨论、分享和合作。通过这样的小组活动，老年人能够建立更紧密的社交网络，分享彼此的经验和兴趣，增强社群感和个体的幸福感。

在小组活动区域的设计中，还应当考虑到老年人可能存在的身体限制。为此，需要提供舒适的座椅、设置易于进出的场地布局，确保老年人能够方便参与各类小组活动。

2. 咖啡休闲区

咖啡休闲区的设计旨在打造轻松、宜人的环境，为老年人提供一个愉快的休闲场所。在这一区域中，舒适的座椅、柔和的音乐和丰富的饮品选择是关键元素，能够促进社交活动的开展，增进老年人之间的友谊。

首先，舒适的座椅是咖啡休闲区的核心。选择符合人体工程学的座椅设计，确保老年人在咖啡休闲区的停留过程中能够得到最大限度的舒适感。可考虑采用软质沙发搭配柔软的靠垫，让他们能够在轻松的氛围中畅享咖啡时光。

柔和的音乐也是咖啡休闲区的重要元素。通过选择轻缓、愉悦的音乐，营造一个宁静而和谐的氛围，有助于老年人在咖啡休闲区感受到轻松和愉快的氛围。音乐的选择应当考虑老年人的听觉需求，避免过于嘈杂或刺耳的音乐，以确保老年人在休闲区内的愉悦感。

丰富的饮品选择是咖啡休闲区的又一特色。通过提供各类咖啡、茶和其他饮品选择，以满足老年人的口味和健康需求。同时，可以考虑引入一些轻食或甜点，增加咖啡休闲区的吸引力，使老年人在品尝美味的同时，也能够更好地促进社交活动的展开。

　　咖啡休闲区的布局和设计还应当考虑到老年人可能存在的行动不便等特点。合理的场地布局、易于进出的设计，以及贴心的服务，都是为了确保老年人能够方便地在咖啡休闲区内活动，享受轻松的时光。

　　3.社交活动日历

　　在设计社交活动室时，引入社交活动日历是一项具有前瞻性和组织性的重要措施。社交活动日历可以明确不同时间段内的社交活动安排，为老年人提供一个清晰而便利的社交活动指南。这一设计不仅有助于促进社交互动，还能够提高老年人的社交参与度和生活质量。

　　社交活动日历的制订应当充分考虑老年人的兴趣和需求。不同的时间段可以安排各类社交活动，涵盖文艺、健身、手工艺等多个方面，以满足老年人多样化的兴趣爱好。例如，在早晨可以安排健身操或晨间瑜伽活动，促进身体的活跃；下午时段可以安排读书会、手工艺制作等文艺活动，满足老年人对知识和艺术的追求。通过细致而多元的活动安排，社交活动日历可以更好地满足老年人的多层次需求，提供有针对性的社交体验。

　　为了提高社交活动的吸引力，社交活动日历中的活动内容可以定期更新和丰富。这不仅能够激发老年人的兴趣，也为他们提供了尝试新事物的机会。例如，可以定期邀请专业人员举办讲座或工作坊，引入新颖的社交活动形式，丰富老年人的社交体验。

　　社交活动日历的传达方式也至关重要。可以通过社交媒体、社区公告板、纸质传单等多种渠道向老年人宣传社交活动日历，并提供详细的活动信息。为了方便老年人的了解和选择，可以采用清晰的图表和简洁的文字说明，使社交活动日历更具可读性和操作性。

　　考虑到老年人可能存在的身体状况和行动不便，社交活动日历中的活动应当注重场地的无障碍性和便利性。确保活动场地的易进出性，提供舒适的座椅和适应不同身体状况的设施，使老年人能够更便捷地参与社交活动。

（二）多功能社区中心

　　多功能社区中心应当成为老年人集聚的核心场所。在健康理念的指导下，社区中心的设计应以服务老年人的多样需求为出发点。

　　1.信息咨询台

　　信息咨询台的设立是社区设计中的一项关键举措，旨在为老年人提供关于社区活动、健康讲座、文化演出等方面的详尽信息。这一设计不仅能够促进老年人对社区生活的了解，还有助于提高他们的社交参与度和生活质量。

信息咨询台作为社区信息传递的中心，可以集中发布社区内各类重要活动的信息。老年人通过咨询台可以获取到社区内丰富多彩的活动信息，涵盖健康、文化、娱乐等多个方面。例如，社区活动的时间、地点、内容等详细信息都可以通过信息咨询台直观而便捷地获取，使老年人能够更好地了解社区生活的方方面面。

除了社区活动的信息，信息咨询台还可以提供健康讲座和文化演出等方面的内容。这有助于老年人获取健康知识、拓宽文化视野，进一步提高他们的生活品质。例如，定期安排专业医生或健康专家开展健康讲座，为老年人提供科学、实用的健康建议。同时，通过介绍社区内的文化演出、艺术展览等信息，激发老年人对文化活动的兴趣，促使他们积极参与。

信息咨询台的设置应当注重信息的清晰传达。通过使用明了的布局和图文并茂的展示手段，老年人能够轻松地浏览和获取所需信息。另外，可以培训工作人员，使其具备良好的沟通和信息传递技巧，为老年人提供亲切、耐心的咨询服务，确保信息的准确传递。

为了满足老年人的多样化需求，信息咨询台的信息发布形式可以多样化，包括传统的纸质宣传册、电子屏幕展示以及社交媒体等。这样不仅能够照顾到不同老年人的信息获取偏好，还提高了信息传递的灵活性和时效性。

2.健康咨询角

健康咨询角是社区设计中的一项关键元素，旨在为老年人提供专业的健康服务。这一区域不仅包括健康讲座和体检服务，更引入专业医疗人员，为老年人提供个性化的健康咨询，从而增强他们对健康的认知，提升生活质量。

首先，健康咨询角可以定期举办健康讲座，邀请专业医生或健康专家分享关于健康生活的知识。这些讲座可以涵盖多个方面，包括饮食营养、常见疾病防治、心理健康等内容。通过专业医疗人员的讲解，老年人可以获取科学、实用的健康信息，提高对健康的认知水平。

其次，健康咨询角还可以提供体检服务，为老年人进行全面的身体健康评估。专业医疗人员可以根据老年人的健康状况，制订个性化的体检计划，包括测量生理指标、进行慢性病筛查等。这有助于及时发现潜在的健康问题，为老年人提供有效的健康干预措施。

最为重要的是引入专业医疗人员，他们能够为老年人提供个性化的健康咨询服务。通过与老年人面对面地交流，医疗人员可以深入了解他们的身体状况、生活习惯和健康需求，从而制订有针对性的健康管理方案。这可能包括定期的健康咨询会谈、为老年人提供实用的健康建议，以及制订个性化的饮食和运动计划，帮助他们更好地管理自己的健康。

为了提高老年人对健康咨询角的利用率，可以通过社区内的通告等方式进行宣传推广。此外，可以设立预约系统，方便老年人提前预约专业医疗人员的服务，确保服务的及时性和高效性。

3. 多功能活动厅

多功能活动厅作为社区设计的重要组成部分，具有举办各类大型活动的功能，如文艺演出、讲座、康复活动等。通过提供丰富多彩的活动，社区中心旨在成为老年人共同参与、互动的场所，从而促进社交互动、身心康复和文化享受。

在多功能活动厅中，文艺演出是一项极具吸引力的活动。社区可以定期组织音乐会、舞蹈表演、戏剧演出等文艺活动，为老年人提供欣赏和参与的机会。这不仅能够满足老年人对艺术的追求，还营造了欢快、愉悦的氛围，促进社区内的积极情绪和乐观心态。

讲座是另一项重要的活动形式，多功能活动厅可以定期邀请专业人士，包括医生、健康专家、文学家等进行专题讲座。这些讲座的内容可以涵盖健康知识、文化艺术、历史人文等多个方面，旨在为老年人提供知识更新和思想交流的平台。通过讲座活动，社区中心能够成为老年人获取新知识的场所，满足他们对学习和思考的需求。

最后，多功能活动厅还可用于举办康复活动。社区可以组织各类康复训练课程、瑜伽活动、体能锻炼等，以促进老年人身体健康。这样的康复活动不仅有助于老年人维持良好的身体状态，还为他们提供了交流的机会，增进了社区的凝聚力。

在设计多功能活动厅时，应当考虑场地的多样性和灵活性，以适应不同活动类型的需求。合理的舞台设置、音响设备、座椅布局等都能够为各类活动的顺利举行提供支持。同时，考虑到老年人可能存在的身体特点，活动厅的设计还应增设无障碍设施，确保老年人能够方便、舒适地参与各类活动。

第七章　社区服务项目设计

第一节　社区未成年人服务项目设计

一、未成年人服务项目的重要性

（一）服务项目背景

1. 未成年人在社区中的角色

未成年人服务项目在社区中扮演着不可或缺的重要角色。社区的未成年人群体是社会的未来，其健康成长和全面发展对社区和整个社会的可持续发展至关重要。这一群体的重要性不仅体现在其个体的发展需求上，更涉及社区的整体繁荣和社会的长远进步。

社区作为未成年人成长的主要环境，对其提供良好的服务和支持至关重要。未成年人服务项目旨在创造一个安全、有益于未成年人成长的社区环境。通过专门设计的服务，社区致力于培养未成年人的全面素养，包括但不限于知识水平、道德品质、社会交往能力等方面。这样的服务不仅关乎个体的发展，更关系到整个社区的文明程度和社会的可持续建设。

为了更好地满足未成年人的需求，社区需进行深入的调查与分析。这种调查不仅涉及教育方面的需求，还包括娱乐、社交等多个方面的综合了解。通过采用多种手段，如社会调查、问卷调查、参与式观察等，社区可以全面掌握未成年人的真实需求，为项目设计提供科学依据。

在项目设计中，应当融入教育与娱乐元素，使服务项目更具吸引力和趣味性。教育元素的融入可以通过设置专业的辅导课程和培训活动，为未成年人提供有益的学习机会。同时，娱乐元素如游戏、艺术表演等也应该被纳入，以保证服务项目的多样性，引导未成年人积极参与社区活动。

2. 未成年人的全面发展需求

社区服务项目背景中着重关注未成年人的全面发展需求，这包括身体健康、心理健康、学业发展，以及社交技能等多个方面。未成年人正处于身心快速发展的阶段，其全面成长对社区和社会的可持续发展至关重要。

首先，身体健康是未成年人全面发展的基石。社区服务项目旨在通过提供体育锻炼、健康教育等服务，提高未成年人的身体素质，降低慢性病风险，培养健康的生活习惯。一个强壮健康的身体为其他方面的发展提供了坚实的基础。

其次，心理健康同样至关重要。社区服务项目应注重提供心理健康辅导、心理健康教育等服务，关注未成年人的情绪和心理状态，帮助他们建立积极的心态、处理压力和情感问题。心理健康的稳固发展对个体的整体成熟至关重要。

学业发展是未成年人成长过程中的重要组成部分。服务项目可以通过设置辅导课程、学科辅导等方式，促进未成年人在学业上的全面发展，提高他们的学术水平和学科技能。

社交技能的培养也是服务项目关注的重点。通过组织社交活动、团队合作等服务，社区致力于帮助未成年人建立良好的人际关系、提高沟通技能、培养团队协作精神，从而更好地适应社会环境。

（二）社区服务的使命

1. 创造安全有益的成长环境

服务项目的核心使命在于创造一个安全、有益于未成年人成长的社区环境。社区通过提供专门的服务，旨在构建一个对未成年人全面发展有益的生活空间，为他们提供安全可靠的成长环境。

首先，服务项目关注安全性，致力于建立一个没有潜在危险和威胁的社区环境。这包括安全的场所设计、合理的安全设备配置，以及培训有关人员以应对紧急情况。通过降低各类安全风险，社区创造了一个让未成年人和其家庭感到安心的生活空间。

其次，服务项目追求对未成年人的全面发展有益。通过提供针对身体、心理、学业和社交等多方面的服务，社区旨在满足未成年人多层次、多领域的成长需求。这种全面性的服务设计有助于塑造未成年人积极向上的成长态势，为他们的未来奠定坚实基础。

最后，服务项目注重环境的积极性和教育性。社区通过举办有益于未成年人学习和锻炼的活动，培养他们对社会的责任感和参与感。通过设置激励机制和鼓励机制，社区激发未成年人的学习动力，助力他们积极成长。

2. 培养未成年人的全面素养

服务项目的重要目标之一是培养未成年人的全面素养，在智力、情感、社交等多个层面上促进他们的全面发展。这一全面素养的培养旨在为未成年人提供更好的未来发展基础，使他们能够更好地适应和应对未来社会的复杂挑战。

首先，智力层面的培养是服务项目关注的重要方面。通过提供富有启发性和挑战性的学科知识、技能培养和实践机会，社区服务项目致力于激发未成年人的学习兴趣和创造力。这种智力培养有助于拓展未成年人的认知边界，使他们具备更为全面的知识结构。

其次，情感层面的培养也是服务项目的重要任务。通过提供情感支持、心理辅导等服务，社区致力于培养未成年人积极的情感态度、健康的情感表达方式，帮助他们建立稳定的情感基础。这对塑造积极的人际关系、增强自我认知和情商的提升都具有积极作用。

最后，社交层面的培养也不可忽视。通过组织各类社交活动、团队合作项目，旨在培养未成年人的社交能力、合作精神和团队协作意识。这种社交培养有助于他们更好地适应社会环境、增进人际关系。

3. 促进社区的稳定与可持续发展

服务项目的意义不仅在于关注未成年人的成长，更体现在促进社区的稳定与可持续发展。通过关注社区中的未成年人，服务项目为社区创造了一个更加和谐、稳定的社会基础，为未来社会建设奠定了坚实的基础。

首先，服务项目通过提供全面的教育、娱乐、社交等服务，帮助未成年人在积极健康的环境中成长。这种关注不仅有益于个体未成年人的全面发展，同时也有助于社区形成积极向上的文化氛围，促进社区居民之间的相互理解和合作。

其次，通过服务项目的实施，社区可以更好地满足居民的各类需求，提高社区居民的生活质量。通过关注未成年人，服务项目也会间接关注其家庭和亲属，从而影响整个社区的生活状态。这有助于提升社区的整体居住体验，增强居民对社区的认同感。

最后，服务项目还可以激发社区居民的社会责任感和参与意识。通过参与服务项目，居民更容易形成社区共同体意识，积极参与社区事务，推动社区的自我管理和发展。这种社区参与度的提高，有助于社区的自我调节和可持续发展。

二、社区中未成年人服务需求的调查与分析

（一）调查方法

1. 多种手段的采用

在调查未成年人服务需求时，采用多种手段是至关重要的。首先，社会调查是一种广泛应用的方法，通过对社区的整体情况进行观察和研究，可以获取未成年人在不同领域的服务需求的宏观信息。社会调查可以涵盖广泛的范围，从而为后续的项目设计提供全面的背景资料。

其次，问卷调查是一种有效的数据收集手段。通过设计有针对性的问卷，可以直接向未成年人群体了解其个体需求、兴趣爱好、学业压力等方面的具体信息。问卷调查的结果能够量化未成年人的需求，为项目设计提供具体的数据支持。

再次，参与式观察是一种深入了解未成年人需求的方法。通过亲身参与未成年人的日常活动、课堂、娱乐等场景，研究者可以更直观地感受和理解他们的真实需求。这种方法有助于捕捉一些问卷难以涵盖的细微差异，提供更为贴近实际的研究数据。

最后，面对面的访谈也是一种重要的调查手段。通过与未成年人直接交流，研究者可以深入了解他们的想法、感受和期望。面对面访谈可以帮助建立更紧密的研究关系，使研究者更好地理解未成年人的内心世界。

2. 社会调查

首先，社会调查作为一种基础性的研究手段，是了解社区中未成年人基本信息和整体需求趋势的有效途径。通过首次展开社会调查，我们可以获取关于未成年人群体的一般性背景信息，包括年龄分布、学业水平、家庭结构等方面的数据。这种全面的社区横向调查将为后续的纵向研究提供必要的基础。

其次，在进行社会调查时，与学校、家庭、社区组织等合作是非常关键的。通过与学校合作，我们可以深入了解未成年人的学业状况、学科偏好、学习压力等方面的情况。与家庭合作可以获取更为详细的个体信息，包括家庭环境、亲子关系等因素。而与社区组织的合作可以使社会调查更加贴近实际需求，获取未成年人在社区中的社交活动、参与组织等方面的数据。

再次，社会调查的数据收集可以通过多种方式进行，包括面对面访谈、在线问卷、电话调查等。这样的多元化调查方式有助于克服一些传统调查方法的局限，同时更好地适应不同年龄层或不同成长背景的未成年人的特点。

最后，社会调查不仅有助于获取未成年人的当前需求，还能够探索未来趋势。通过对社区中未成年人的长期追踪和调查，我们可以识别出社会变迁和发展趋势，从而更好地为未成年人服务项目的设计提供前瞻性的参考。

3.问卷调查

首先，问卷调查是一项有力的研究工具，其设计需要有针对性，以全面覆盖未成年人各个方面的需求。在设计问卷时，需要考虑包括但不限于教育、娱乐、社交、心理健康等方面的问题，以确保获取的数据涵盖未成年人生活的多个层面。

其次，问卷设计应该注重问题的准确性和清晰度，确保受访者能够理解并准确回答。问题的选择要与服务项目的目标紧密相关，关注未成年人的核心需求，以获取具体而有针对性的数据。同时，设计中可以引入开放性问题，让受访者有机会表达个人看法和建议，从而获得更丰富的信息。

再次，问卷调查可以通过多种途径进行，包括线上和线下方式。线上问卷可以通过社交媒体、学校平台等途径进行分发，提高覆盖面；而线下问卷可以在学校、社区中进行，确保覆盖面更加广泛。同时，考虑到未成年人的特殊性，可以采用图文并茂的方式，使问卷更具吸引力，增加回收率。

最后，问卷调查的结果分析和总结是非常重要的环节。通过对数据的科学分析，可以挖掘未成年人的主要需求和关注点，为项目设计提供具体的数据支持。在总结中，要注重发现潜在的模式和趋势，以便更好地满足未成年人的需求，并为项目的长期发展提供指导。

4.参与式观察

首先，参与式观察是一种深度了解未成年人日常生活需求的重要方法。通过亲身参与或长时间观察，研究人员能够置身于未成年人的日常实际环境中，更加直观地感知他们的生活状态、需求和行为特点。这种方法不仅能够获取客观数据，还能够捕捉到一些难以通过传统调查手段获取的细微变化和情感体验。

其次，参与式观察的设计需要明确定义观察的目标和范围，以确保研究人员可以有针对性地融入未成年人的日常生活。这可能涉及学校、社区、家庭等多个层面，从而全面了解未成年人在不同场景下的需求。观察过程中，研究人员应当保持中立、客观，避免主观偏见影响观察结果。

再次，参与式观察的数据采集可以通过记录、日志、访谈等方式进行。研究人员可以记录未成年人的日常活动、互动情况，并通过深入访谈获取他们的主观感受和看法。这些数据可以在后续的分析中提供更加全面和立体的视角，为项目设计提供更为准确的依据。

最后，参与式观察不仅关注表层现象，还注重挖掘背后的深层原因和动因。通过对未成年人生活方式、交往模式、情感体验的深入观察，可以发现一些潜在的需求和问题，为项目设计提供更深层次的启示。

（二）数据分析与总结

1. 数据收集

首先，通过社会调查，我们能够获取社区中未成年人的基本信息、家庭状况、学校情况等综合性数据。这包括他们所在的社区背景、家庭结构、经济状况等因素，为深入了解未成年人的整体生活背景提供了基础资料。

其次，通过问卷调查，我们能够系统地了解未成年人在诸如兴趣爱好、学业压力、社交习惯等方面的具体信息。问卷设计可以覆盖多个维度，包括但不限于学科喜好、课外活动参与情况、家庭关系、社交圈子等，从而深入挖掘未成年人的需求和期望。

再次，采用参与式观察方法，我们能够在实际情境中直观地捕捉到未成年人的行为和互动模式。这种方法有助于获取更为贴近实际的数据，如他们在学校、社区中的互动情况、表达情感的方式等，从而更全面地了解他们的社交行为和情感需求。

最后，数据收集的过程中需要注重保护未成年人的隐私和权益，可采用匿名方式进行调查，确保获得的数据合法、可靠。此外，对数据的分析和解读需要基于专业的统计方法和心理学理论，以确保研究的科学性和可信度。

2. 数据分析

首先，在数据分析阶段，我们需采用统计学方法对收集到的大量数据进行系统性处理。这包括对未成年人的兴趣爱好、学业压力、社交习惯等方面的信息进行整理和分类，建立相应的数据库。

其次，我们可以通过对不同年龄段、性别、家庭背景等因素进行分层分析，深入挖掘这些数据之间的潜在关联性和规律性。例如，可以对不同年龄段的未成年人在学科喜好、课外活动参与等方面进行比较，以揭示不同年龄段的需求差异。

再次，通过对性别、家庭背景等因素的综合分析，我们能够更全面地了解未成年人的多样性需求。性别因素可能影响到他们在兴趣爱好、学科选择等方面的差异，而家庭背景可能对其社交习惯和学业压力有所影响，因此需要进行深入研究。

最后，利用数据分析的结果，我们能够为项目设计提供更为具体和有针对性的建议。例如，根据分析结果可以推出针对不同年龄段的特定服务方案，或者根据性别差异设计差异化的教育和娱乐项目，以更好地满足未成年人的多元需求。

3. 需求总结

首先，通过深入的数据分析，我们可以总结未成年人在教育方面的主要需求。这可能涵盖学科学习、学业规划、辅导和培训等方面。对不同年龄段和性别的未成年人，其学科兴趣和学业压力可能存在差异。因此，教育项目的设计应更具差异化，以满足他们个性化的学业需求。

其次，娱乐方面是未成年人关注的重要领域。在娱乐需求的总结中，我们要考虑到他们的兴趣爱好、文化活动参与等。这可能包括游戏、艺术表演、文学阅读等多样的娱乐活动。针对不同文化背景和兴趣特点，设计富有创意和吸引力的娱乐项目，以促使未成年人更积极地参与社区活动。

再次，社交方面是未成年人成长过程中不可或缺的一部分。通过数据分析，我们能够了解他们在社交圈、团队协作等方面的需求。社交项目的设计应当鼓励未成年人建立积极的社会关系，培养团队协作和沟通技能，有助于他们更好地适应社会环境。

最后，根据数据分析的综合结果，我们能够为服务项目设计提供有针对性的指导。在教育、娱乐和社交方面的需求总结中，我们明确了各方面的重点和优先级，为项目设计提供了具体的方向。例如，可以推出针对特定年龄段的教育课程、多样化的娱乐活动和社交培训项目等，以便更好地满足未成年人的多元需求。

三、项目设计中融入教育与娱乐元素

（一）教育元素的融入

1. 专业辅导课程

首先，专业辅导课程在项目设计中被视为一项关键措施，以满足未成年人在学科知识方面的深层需求。这包括但不限于数学、科学、文学、语言等多个学科领域的教育内容。通过设计富有挑战性和启发性的学科课程，旨在激发未成年人对知识的兴趣，引导他们深入学习，建立坚实的学科基础。

其次，专业辅导课程的内容还将覆盖科技技能的培养。随着科技的迅速发展，未成年人在科技领域的学习和技能培养变得至关重要。项目设计将引入与时俱进的科技课程，包括计算机编程、科技创新等内容，以提高未成年人在科技领域的竞争力，使其更好地适应未来社会的科技进步。

再次，人文素养也是专业辅导课程的重要组成部分。通过引入文学、历史、艺术等人文领域的课程，培养未成年人的综合素养。这不仅包括对人文知识的理解，还强调道德观念、社会责任感的培养，使未成年人在成长过程中具备更为全面的人文素养。

最后，专业辅导课程的设计将采用创新性的教学方法，包括项目式学习、实践性任务等。通过这些创新性的教学手段，提高未成年人的学科应用能力、解决问题的能力，进而培养他们的创新精神和团队协作能力。

2. 培训活动

首先，项目将设计职业技能培训活动，旨在提升未成年人的职业素养和实际操作能力。通过引入不同领域的职业技能培训，如手工艺、电子商务、人际沟通等，帮助未成年人了解不同职业的基本技能和就业要求。这有助于拓宽他们的职业视野、提高职场适应力，为未来的职业发展奠定基础。

其次，社会实践活动将是项目中的重要组成部分。通过组织参与式实践，如社区服务、义工活动等，未成年人将有机会亲身体验社会生活，培养实际操作和团队协作的能力。这有助于拓宽他们的社会视野，加深对社会责任的认识，同时锻炼其解决问题、沟通合作的实际能力。

再次，项目还将包括创业培训活动，为有创业意向的未成年人提供相关支持。通过引导他们了解创业的基本知识、经验分享、创业案例研究等，旨在激发未成年人的创新潜能，培养其创业精神和实际操作能力。

最后，项目将通过制订详细的培训计划，结合实际情况和未成年人的需求，灵活安排培训活动。这有助于确保培训内容与未成年人的兴趣和实际需求相契合，提高培训的实际效果。

（二）娱乐元素的融入

1. 游戏活动

首先，项目将设计益智类游戏活动，旨在通过不同形式的游戏提高未成年人的逻辑思维和问题解决能力。这些游戏可以涵盖数学、科学、语言等多个领域，使未成年人在娱乐中培养学科知识和认知能力。益智游戏的设计将注重挑战性和趣味性的结合，以激发未成年人对学科的兴趣，培养其主动学习的习惯。

其次，团队合作游戏将成为项目的重要组成部分。通过引入各类团队合作游戏，如模拟社会场景、解谜游戏等，旨在培养未成年人的团队协作和沟通能力。这有助于提高他们在团队中的角色认知、解决问题的实际能力，进而培养团队协作的精神。同时，游戏的趣味性将激发未成年人的参与积极性，使学习更加生动、有趣。

再次，社区互动游戏将被纳入项目设计。通过与社区居民一起参与的游戏活动，未成年人将有机会与不同年龄层次的人进行互动，促进社区成员之间的交流。这种社区互动游戏旨在建立更紧密的社区群体，提高未成年人的社交技能和情感交流能力。

最后，项目将根据未成年人的兴趣和需求，灵活设计游戏活动的内容和形式。这有助于确保游戏活动与未成年人的实际情况相契合，更好地实现教育和娱乐的有机结合。

2.艺术表演

首先，艺术表演将涵盖多个领域，包括音乐、舞蹈、戏剧等形式。通过音乐表演，未成年人可以施展音乐才能，培养乐感和演奏技巧；舞蹈表演则有助于锻炼身体协调性和艺术表达能力，提升他们的身体素质；戏剧表演则为他们提供了表演、演讲和角色扮演的机会，培养其表达欲望和沟通技能。

其次，艺术表演项目将注重个性发展。通过鼓励未成年人选择自己感兴趣的表演形式，服务项目旨在促进他们个性的多样性。这有助于发现和培养个体的独特才能，激发其创造力和自信心。

再次，项目将提供专业导师的指导。艺术表演不仅仅是娱乐，更是一种专业领域的学习和发展。引入经验丰富的导师将帮助未成年人更好地理解艺术表演的技术和理论知识，提高其表演水平。

最后，社区展演将成为项目设计的一部分。通过在社区举办艺术表演活动，未成年人将有机会展示他们的才艺，并得到社区居民的认可和鼓励。这有助于建立更紧密的社区联系，培养未成年人的社交技能和社区责任感。

3.社区活动互动

首先，社区娱乐活动的设计将以主题派对和庆典为主。这样的活动不仅可以为未成年人提供娱乐和放松的机会，还能通过主题设置激发他们的创造力和想象力。主题派对和庆典将成为社区互动的突出亮点，为社区创造欢乐和轻松的氛围。

其次，活动将注重参与度和社交技能的培养。社区活动的组织将鼓励未成年人积极参与，通过互动游戏、合作任务等方式，培养他们的团队协作精神和沟通技能。这有助于拓展他们的社交圈子、提高社交技能，为未来社会交往打下坚实基础。

再次，社区活动将强调多样性。通过设计不同主题和形式的活动，服务项目旨在满足不同兴趣和喜好的未成年人需求。这有助于促进社区多元文化，让每个个体都能找到适合自己的娱乐方式，从而增强社区的凝聚力和活力。

最后，社区活动将成为社区居民互相了解的桥梁。通过参与共同的娱乐活动，未成年人能够更好地了解社区其他成员，建立更紧密的社区关系。这将为社区创造一个更加和谐、互助的生活环境。

第二节　社区残疾人服务项目设计

一、社区残疾人服务项目的必要性

（一）社区平等权益的保障

1.平等的社会权益

首先，社区残疾人服务项目的建设是社会对平等权益的积极回应。通过创建服务项目，社会致力于消除残疾人在教育、就业、文化娱乐等方面的不平等待遇，以确保他们能够充分享有社会资源和权益。这旨在建立一个更加包容和平等的社会环境，让残疾人能够在各个领域享受与其他人相等的权利。

其次，服务项目的设计强调提供平等的教育机会。通过提供专业的辅导课程和培训活动，项目致力于帮助残疾人建立坚实的知识基础，提升其学科知识和技能水平。这不仅有助于促进残疾人在学业上的平等发展，还为他们更好地适应社会提供了必要的支持。

再次，项目设计注重平等的就业机会。通过推动职业技能培训和就业支持，服务项目旨在帮助残疾人融入职场，实现平等的就业机会。这有助于改变社会对残疾人就业的刻板印象，使其能够充分展示自己的专业能力和价值。

最后，文化娱乐方面的平等待遇也是服务项目的关注焦点。通过推动无障碍文化娱乐活动，项目努力消除因残疾而受到的文化娱乐上的障碍，使残疾人能够与其他社区成员一同享受多样化的文化和娱乐活动。这有助于打破文化活动中的身体和认知差异，实现文化娱乐的平等参与。

2.提升残疾人的社会参与度

首先，社区服务项目的目标是提升残疾人的基本社交参与度。通过组织社交活动、庆典等，项目致力于创造一个包容性的社会环境，使残疾人有更多机会参与各类社区活动，建立更广泛的社交网络。这有助于打破社交障碍，提高残疾人与社区其他成员之间的互动，增进社会融合感。

其次，文化参与是服务项目的重要组成部分。通过推动艺术表演、文艺展览等文化活动，项目旨在提升残疾人在文化领域的参与度。这不仅有助于激发残疾人的创造力和表达欲望，还为社区呈现出更多元、更包容的文化面貌，促进了文化的多样性和共融性。

再次，教育参与是服务项目的一个重要目标。通过引入专业辅导课程和培训活动，项目致力于提高残疾人的学科知识和技能水平。这不仅有助于他们更好地适应社会生活，还为其提供了更多参与社区发展的机会，使其在教育领域中可以获得更高的社会参与度。

最后，项目注重提升残疾人在公共事务中的参与度。通过培训活动、社区活动互动等手段，服务项目旨在培养残疾人的领导力和社会参与能力，使其能够更积极地参与社区决策、规划和管理。这有助于建立一个更加包容和民主的社会环境，提高残疾人在社区中的整体参与度。

（二）社会包容和共融的重要性

1.实现社会包容

首先，社区残疾人服务项目通过提供个性化、定制化的服务，充分考虑残疾人的不同需求和特殊情况，展现了社区对残疾人群体的深切关爱。通过制订多样化的服务计划，项目致力于满足残疾人在生活、教育、就业等方面的个性化需求，确保服务的针对性和实效性，从而建立一个更加关爱和体贴的社区环境。

其次，服务项目的建设体现了社区对残疾人的尊重和理解。通过开展相关培训，提高了社区居民对残疾人的认知水平，项目旨在消除对残疾人的歧视和偏见，促使社会更加理解残疾人的需求和潜力。这有助于打破社会对残疾人的观念束缚，推动形成更加包容、和谐的社会氛围。

再次，服务项目的实施对促进社会各界对残疾人的包容至关重要。通过倡导平等权益、推动无障碍环境建设等措施，项目旨在引领社会对残疾人群体进行全面的包容。通过社区服务项目的推广和实践，社区向外界传递了积极的信息，加强了社会对残疾人的理解和接纳，从而为实现社会的整体包容奠定了基础。

最后，社区残疾人服务项目的建设是社会包容理念在实际行动中的具体体现。通过为残疾人提供平等的服务和机会，项目推动社会在法律、文化、经济等多个领域的包容性发展。社区通过积极倡导残疾人的权益，促进残疾人融入社会生活，为构建一个真正包容的社会环境贡献力量。

2. 构建共融社区

首先，社区服务项目的目标是构建一个共融社区，通过特定服务的提供，促使残疾人与非残疾人在社区中共同参与生活。这一目标的实现不仅会带来社区内部的凝聚力和团结感，同时也将为整个社会创造一个更为平等和友好的环境。在这个共融的社区中，每个成员都能够享受平等的权益。

其次，通过制定包容性的服务计划，社区服务项目旨在消除残疾人在社区中可能面临的障碍，推动残疾人能够更积极、更全面地参与社区活动。通过提供无障碍设施、智能化辅助工具等，项目致力于打破残疾人在社会交往和参与中的局限，使其能够更好地融入社区生活。

再次，共融社区的建设将激发社区内部的凝聚力和团结感。通过促使残疾人与非残疾人共同参与各类社区活动，如文化体育活动、志愿服务等，社区成员之间的相互了解和合作将得到增强。这将有助于消除对残疾人的偏见和歧视，促使整个社区形成更加紧密的社群关系和更加和谐的社会氛围。

最后，社区服务项目的共融理念将为整个社会创造一个更为平等和友好的环境。通过在社区内推动共融，项目为社会呈现了一个展示平等和尊重的榜样。这将有助于改变社会对残疾人的认知，促进社会在法律、文化、经济等多个层面的包容性发展，为构建一个更为平等和友好的社会环境奠定了坚实基础。

二、设计中考虑残疾人的无障碍需求

（一）建筑设施的设计

1. 无障碍通道设计

首先，在社区服务项目的设计中，特别注重无障碍通道的规划与设计，以确保残疾人能够在社区内方便、安全地进出各个场所。这是为了消除由于建筑环境带来的行动障碍，使残疾人能够更加独立、便捷地参与社区生活。其中，地面平整是设计无障碍通道的基础，确保行走表面平坦、无障碍，以方便残疾人推动轮椅或使用助行设备。

其次，专注于无障碍坡道的设置，以确保残疾人能够轻松进出楼梯、高差场所等。无障碍坡道的合理设计包括坡度适中、宽度足够、边缘护栏设置等，以保障残疾人在行动过程中的稳定和安全。这不仅提高了社区环境的无障碍性，也为残疾人提供了更为贴心的服务。

再次，关注无障碍电梯等设施的布置，以满足不同场所的需求。在多层建筑中，无障碍电梯的设置对残疾人的上下楼变得至关重要。确保电梯的设计符合相关无障碍标准，包括开门宽度、按键高度、语音提示等，以保障残疾人的安全和便利。

最后，在社区服务项目设计中，通过引入先进的智能化技术，如智能电梯调度系统、无障碍导航设备等，以提升无障碍通行的便捷性和效能。智能化辅助工具的引入将进一步优化残疾人在社区中的出行体验，使其更加独立自主。

2.坡道设计

首先，在坡道设计中，对轮椅使用者的需求应成为首要考虑因素。坡道的合理设置对残疾人的行动自由至关重要。坡道的坡度是设计的核心之一，必须确保坡度既足够平缓，以方便轮椅的推动，又不至于过于陡峭，影响残疾人的上行或下行体验。通过科学的坡度设计，可以提高坡道的可通行性，使其更符合残疾人的实际需求。

其次，坡道的宽度也需要得到充分考虑。宽度不仅影响轮椅的通行，还可能涉及多个残疾人同时使用坡道的情况。因此，在设计中应确保坡道宽度足够，以适应不同尺寸的轮椅和行动辅助设备，保障残疾人在坡道上能够自如行走。

再次，防滑措施是坡道设计中不可忽视的部分。残疾人的行动可能受到外界环境的制约，为了保障其在坡道上的安全，应采取适当的防滑措施，如在坡道表面采用防滑材料或纹理设计，以增加地面摩擦力，减少滑倒的风险。

最后，在坡道的末端和起点位置，应进行合理的过渡设计。通过渐变坡道连接处的设计，能够减缓残疾人使用坡道的过渡感，使其更加平稳地进出。这种设计不仅提高了坡道的人性化体验，也有助于降低残疾人在使用过程中的不适感。

（二）交通流线的规划

1.低地板公交车的引入

首先，社区交通流线规划中的一项重要考虑是引入低地板公交车，以满足残疾人的出行需求。低地板公交车设计底盘较低，车厢与站台之间无高差，可方便残疾人轮椅使用和上下车。这种设计能够有效提高残疾人的出行便利性，使他们更加独立地参与社区活动。在规划中，应明确低地板公交车的运营线路，覆盖社区主要区域，确保残疾人在社区范围内能够轻松快捷地乘坐公共交通工具。

其次，低地板公交车的引入不仅有益于残疾人，也对整个社区的交通可访问性产生积极影响。这种公交车型的推广可以提高公共交通系统的包容性，使得更多人能够选择搭乘公共交通工具，从而减少私人车辆的使用，减缓交通拥堵，降低环境污染。

2.专用停车位的设置

首先，在社区交通流线规划中，专用停车位的设置是关注残疾人出行的另一方面。专用停车位应位于社区重要场所，如社区中心、医院、商业区等，确保残疾人在这些场所能够轻松停车并进入建筑物。专用停车位应具备宽敞的空间，以适应残疾人使用轮椅或其他辅助工具的需求。

其次，专用停车位的标识和标线设计也是至关重要的。在规划中，应当明确专用停车位的标准，包括标识的大小、颜色以及标线的清晰度，以方便驾驶员正确辨认并遵守交规。此外，可采用地面标明残疾人标志的方式，提醒其他车辆不占用这些专用停车位，确保残疾人的停车权益得到有效保障。

3.交通设施设计原则

首先，在社区交通流线规划中，要确保交通设施符合残疾人的实际出行情况。这包括道路设计、人行道设置等方面。道路设计中应考虑轮椅的通行需求，设置无障碍通行区域，保证道路平坦，便于残疾人的行走和轮椅推动。

其次，人行道的设置也需符合残疾人的出行要求。在规划中，人行道的宽度、坡度、材质等因素都应综合考虑，以确保残疾人能够安全、顺利地行走。同时，应设置盲道、无障碍过街等设施，方便视觉障碍者的出行。

通过以上交通流线规划的专业设计，社区将更好地满足残疾人的出行需求，提高整体社区的可访问性，为残疾人创造更为便捷和安全的出行环境。

（三）信息传递的方式

1.语音播报系统的运用

首先，在信息传递的方式中，语音播报系统是一种重要的手段，特别适用于视觉障碍者。社区可在公共场所、交通站点等设置语音播报系统，通过语音方式传递各类信息，包括公告、交通信息、社区活动通知等。语音播报系统应考虑语音合成技术的应用，以保证信息传递的自然、清晰，同时能够满足残疾人对实时信息的需求。

其次，语音播报系统还可以采用智能化技术，如语音识别系统，让残疾人能够通过语音指令获取所需信息。这样的设计不仅提高了信息获取的效率，也增加了残疾人的参与感和自主性。

2. 视觉提示设施的设置

首先，对听觉障碍者，社区信息传递需要通过视觉提示设施来实现。这包括设置 LED 屏幕、液晶显示屏等，用于显示文字信息、图标以及各类通告。这些设施应当考虑字体大小、颜色对比度等因素，确保信息对听觉障碍者可见，并提供清晰易懂的视觉提示。

其次，社区还可以采用图形符号和标识，用于指示不同场所、服务设施等。这对认知障碍者或语言沟通有困难的残疾人群体尤为重要。通过清晰明了的图形标识，社区可以有效传递信息，帮助残疾人更好地理解和利用社区资源。

3. 盲文资料的提供

首先，在信息传递的方式中，盲文资料的提供是对视觉障碍者的关键支持。社区可以在公共场所、社区服务中心等地点设置盲文资料区域，提供各类资料的盲文版本。这包括社区地图、活动通知、服务指南等，以确保视觉障碍者能够获取与社区相关的信息。

其次，社区还可通过推广盲文阅读培训，提升残疾人的盲文阅读能力，使他们能够更加独立地获取信息。这项措施不仅是信息传递的方式，更是一种对残疾人能力培养的长期投资。

（四）智能化辅助工具和专业人员的引入

1. 智能化辅助工具

（1）语音识别系统的应用

首先，在智能化辅助工具中，语音识别系统是一项重要的技术。社区可以引入语音识别系统，通过语音指令实现对设备的控制、信息检索等功能。这对肢体残疾人、视觉障碍者等群体具有显著的帮助，使他们能够更轻松地与社区环境互动。

其次，语音识别系统可以整合社区服务平台，为残疾人提供更便捷的服务。通过语音识别，残疾人可以直接向系统查询社区活动信息、公共交通信息等，从而更好地规划自己的生活和参与社区活动。

（2）智能导盲设备的支持

首先，对视觉障碍者，社区可以引入智能导盲设备，如智能导盲杖、智能导盲犬等。这些设备通过激光、声波等技术，可以帮助视觉障碍者感知周围环境，避开障碍物，提高他们在社区中的行动自由度。

其次，社区可以提供培训和支持，帮助视觉障碍者更好地使用智能导盲设备。这包括设备使用技能的培训、定期维护和更新设备软件，以确保残疾人能够充分发挥这些智能化辅助工具的功能。

（3）虚拟现实技术的整合

首先，社区可以整合虚拟现实技术，为残疾人提供更具沉浸感的体验。通过虚拟现实眼镜等设备，残疾人可以参与虚拟社区活动、体验虚拟旅行等，以弥补由于残疾导致的实际社交和出行的限制。

其次，虚拟现实技术还可用于提供远程支持和娱乐。社区可以通过虚拟社交平台组织线上活动，为残疾人创造更广泛的社交机会，同时提供虚拟旅游、虚拟文化体验等活动，为他们的生活增添更多乐趣。

2.专业人员的支持

（1）导盲人员的角色与服务

首先，社区可以聘请专业的导盲人员，为视觉障碍者提供导引和支持。导盲人员不仅具备专业的导盲技能，还能够了解残疾人的个性需求，提供个性化的导引服务。他们在社区中充当着重要的引导者角色，帮助残疾人更安全、便捷地行动。

其次，导盲人员还可开展培训工作，教授残疾人使用导盲工具，提高他们的导航能力。通过定期的培训课程，社区能够帮助残疾人更好地适应社区环境，提高其独立生活的能力。

（2）辅助人员的职责与服务

首先，社区可以配备专业的辅助人员，为残疾人提供各方面的支持。辅助人员可以协助行动不便的残疾人完成日常生活中的活动，如购物、就医等，提高他们的生活自理能力。

其次，辅助人员还可以提供心理支持和咨询服务，关注残疾人的心理健康。面对生活中的困难和挑战，残疾人可能面临心理压力，专业的辅助人员可以通过心理咨询帮助他们更好地面对困境，提升其心理韧性。

（3）康复专业人员的介入与服务

首先，社区可以邀请康复专业人员，为残疾人提供康复评估和制订康复计划。康复专业人员通过评估残疾人的身体状况和康复需求，为其制订个性化的康复方案，帮助他们更好地适应社区生活。

其次，康复专业人员还可以进行康复训练，帮助残疾人提高肢体功能和生活技能。通过系统的康复训练，残疾人能够增强自身的运动能力，提高生活质量，更好地参与社区活动。

第三节　社区文化体育服务项目设计

一、文化体育服务项目的社区价值

（一）提供娱乐和休闲活动

1. 项目的社会价值

文化体育服务项目在社区中扮演着至关重要的社交角色。通过精心策划和举办各类文艺演出、体育锻炼等多元活动，社区为居民提供了一个丰富多彩的社交平台。这种社交价值的体现不仅在于提供娱乐和休闲活动，更在于促进社区居民之间的深度交流和情感共鸣。

文化体育服务项目成为社区居民聚集的中心，通过参与各类文艺活动，社区居民得以更好地了解和认识彼此。这种交流不仅局限于一时的活动，更为重要的是在长期参与中，社区建立了一种紧密的群体感和认同感。社区成为一个大家庭，居民之间的情感联系得以增强，为社区的和谐共处奠定了坚实的基础。

最后，文化体育服务项目通过提供多样化的社交场合，促使社区居民形成更为紧密的社交网络。在文艺演出、体育锻炼等活动中，居民们得以结识新朋友，拓展社交圈子，加深彼此之间的了解。这有助于打破社交壁垒，减少社区中的孤独感，使每个居民都能够在这个大家庭中找到归属感。

2. 提高生活质量

娱乐和休闲活动在提高社区居民生活质量方面起到了重要的作用。文化体育项目通过创造欢乐的氛围，为社区居民提供了丰富多彩的生活体验，从而有效地改善了他们的生活质量。这种改善不仅体现在单一的娱乐活动上，更是通过整个文化体育服务项目为社区注入了一种积极向上的生活态度。

首先，文化体育项目为社区居民提供了愉悦和放松的机会。在繁忙的现代生活中，人们常常面临工作和生活压力，而娱乐和休闲活动为他们提供了一种释放压力的方式。文艺演出、体育锻炼等项目创造了轻松、愉快的氛围，使社区居民能够在其中得到心灵上的宽慰和愉悦。

其次，文化体育服务项目为社区居民带来了丰富多彩的生活体验。通过参与各类文艺活动和体育锻炼，居民们能够享受到不同领域的精彩体验。这不仅满足了个体的娱乐需求，也促使社区居民在生活中追求更加充实、多元化的体验，提升了整体的生活品质。

娱乐和休闲活动通过文化体育项目为社区居民提供了独特的生活方式。这种方式不仅让他们从繁忙的工作和生活中得以抽身，还丰富了他们的日常体验，提高了整体的生活质量。

（二）促进文化交流

1.拓宽文化视野

娱乐和休闲活动在提高社区居民的生活质量方面具有显著的作用。文化体育项目通过创造欢乐的氛围，为社区居民提供了更为丰富多彩的生活体验，使他们能够在繁忙的日常生活中获得愉悦和放松。

这种提高生活质量的效应首先体现在娱乐和休闲活动为社区创造了积极的社交场合。文化体育项目不仅提供了各类文艺演出和体育锻炼的机会，还为居民之间建立起更为亲密的关系奠定了基础。社区居民在欢笑和互动中建立起更加紧密的联系，形成一个充满活力和凝聚力的社区环境。

其次，文化体育项目为居民提供了更为多样的生活体验。通过参与不同类型的文艺演出、体育锻炼等活动，社区居民能够享受到各种精彩纷呈的文化享受和娱乐乐趣。这不仅满足了个体的娱乐需求，还为居民创造了更为多元、充实的生活，从而提升了整体的生活质量。

在繁忙的现代社会中，人们往往面临各种压力和挑战。娱乐和休闲活动通过文化体育项目为社区居民提供了一种积极的心理调节途径，使他们在体验和参与过程中得以放松身心。这种愉悦感和轻松感的积累有助于提高居民的生活质量，使他们更加积极、乐观地面对生活中的各种困难和挑战。

2.加深社交关系

文化交流在社交关系中扮演着不可或缺的角色，而参与文化体育服务项目则为社区居民提供了重要的平台，促进了文化交流的深度和广度。通过这些项目，社区居民能够更好地了解彼此的文化背景，进而在交流中建立更为深厚的社交关系，形成更为紧密的社区群体。

首先，文化体育服务项目为社区居民提供了共同的参与体验，成为他们沟通和交流的共同话题。在参与文艺演出、体育锻炼等项目的过程中，居民们可以一起分享欢笑、挑战和收获，这种共同体验促使了彼此之间更加真诚和开放地沟通。通过共同参与文化活动，社区居民能够更加深入地了解对方的兴趣爱好、价值观念，从而在交流中建立起更为亲密的社交关系。

其次，文化体育服务项目提供了一个开放的平台，鼓励社区居民主动参与并展示个人才艺。通过艺术表演、文化展示等形式，居民们有机会展示自己独特的文化特长，从而引发他人的兴趣和好奇心。这种展示个性和特长的机会不仅促进了居民之间的互动，也为社区建立了一个更加多元和包容的文化氛围，加深了社交关系的紧密程度。

最后，文化体育服务项目通过创造轻松愉悦的氛围，为社区居民提供了放松心情的场所，有助于打破社交僵局，促进更加自由流畅地交流。在丰富的文化活动中，社区居民更容易展现真实的自我，促使彼此之间建立更为真挚的友谊。这种轻松而自然的社交环境使社区成为一个更加融洽、和谐的大家庭。

（三）促进身体健康

1. 多样化的体育锻炼机会

文化体育服务项目中的体育活动为社区居民提供了丰富多样的锻炼机会，从而成为促进身体健康的重要途径。这些体育活动的多样性涵盖了团队运动和个体锻炼，为不同居民提供了灵活而多元的选择，旨在降低慢性病风险并提高身体素质。

首先，文化体育服务项目中的团队运动为社区居民提供了协同合作的机会。通过参与团队体育项目，如篮球、足球、排球等，居民能够在集体活动中培养合作精神、团队协作能力和沟通技巧。这不仅促进了社区居民之间的友谊和互动，也在锻炼的过程中增进了身体的协调性和灵活性。

其次，个体锻炼在文化体育服务项目中同样得到了重视。社区提供的多样化的健身活动，如瑜伽、健身操、跑步等，为那些更喜欢独立锻炼的居民提供了理想的选择。这些个体锻炼活动有助于提高居民的耐力、柔韧性和心肺功能，对降低慢性病的发病风险具有积极的影响。

最后，文化体育服务项目还鼓励居民积极参与各种户外活动，如徒步、骑行等。这些活动不仅提供了丰富的锻炼机会，还使居民能够在自然环境中放松身心，促进身体健康和心理健康的双重收益。

2.健康生活方式的倡导

文化体育服务项目积极倡导健康的生活方式，通过推动体育活动的开展，致力于培养社区居民良好的锻炼习惯，从而促使他们建立积极向上的生活方式，提高整体的身体健康水平。

首先，文化体育服务项目通过定期组织各类体育活动，如健身课程、户外运动等，为社区居民提供了多元丰富的锻炼选择。这种丰富性不仅满足了不同居民的兴趣和需求，也使锻炼变得更加有趣和多样化。通过参与这些活动，社区居民逐渐养成了积极主动参与体育锻炼的习惯。

其次，文化体育服务项目倡导健康生活方式的理念贯穿于各个方面。项目组织的健康讲座、康复培训等活动，不仅提供了专业的健康知识，也引导居民养成良好的生活习惯，包括合理的饮食、充足的睡眠和科学的休息。通过这些综合性的健康教育，社区居民逐渐认识到健康生活方式对身体健康的积极影响，并主动调整自己的生活方式。

最后，文化体育服务项目强调社区居民之间的互动和支持。通过组织团队体育比赛、健康挑战等活动，项目促使居民在锻炼中形成社交圈，互相激励和支持。这种社区的互助氛围有助于个体坚持健康生活方式，形成相互监督和共同进步的氛围。

二、设计中考虑不同文化和体育需求

（一）考虑年龄差异

1.针对不同年龄层的活动

在文化体育服务项目的设计中，对社区成员的年龄差异进行充分考虑是至关重要的。项目应通过巧妙的策划，确保活动的多样性能够满足不同年龄层的需求，为社区居民提供丰富而个性化的文化和体育体验。

首先，针对青少年群体，项目可以设计富有活力和创造性的文艺表演。举办青少年文化节、艺术展览等活动，为他们提供展示才华的舞台。此外，青少年体育赛事也是关注点之一，通过足球比赛、篮球赛等项目，激发他们对体育的兴趣，促进其身心健康的全面发展。

其次，对老年人群体，项目可以设计轻松愉悦的文化活动，如老年合唱团、书法绘画课程等。这些活动不仅满足了老年人对文化的热爱，也提供了一个和谐的社交平台。另外，健身操课程也是关注的焦点，通过设计适合老年人的健身计划，促进他们保持良好的身体状态，从而提高生活质量。

通过精心策划和细致安排，文化和体育项目在社区中形成了面向不同年龄层的丰富活动内容。这种差异化设计不仅使得社区成员可以选择适合自己兴趣和需求的项目，还促进了不同年龄层之间的交流与互动。

2.综合利用社区资源

在考虑社区居民年龄差异时，综合利用社区内已有的资源是一种极具效益的策略。这种综合利用可以通过巧妙而灵活的方式，最大化地发挥社区资源的作用，为不同年龄层次的居民提供更加个性化和富有创意的文体服务。

首先，针对老年人群体，可以充分利用社区场地，开展健康舞蹈班等活动。社区内可能存在一些公共场所，如活动中心、康复设施等，这些场地可以成为开展老年人健康活动的理想场所。通过与专业的健康舞蹈团队或教练合作，举办定期的老年舞蹈班，既可以为老年人提供锻炼的机会，又可以为他们创造社交的平台，促进社区老年居民之间的互动。

其次，对青少年群体，可以在社区内的青少年活动室组织文学沙龙等文化活动。通过利用已有的青少年资源，如学校图书馆、社区学习中心等，组织文学沙龙、读书分享会等文化交流活动。这有助于激发青少年对文学和艺术的兴趣，培养他们的创造力和思维能力，同时提供一个积极向上的社交空间。

通过这种综合利用社区资源的方式，社区文化和体育项目能够更好地满足不同年龄层居民的需求，强化社区内部的联系，提高社区居民的生活质量。这种创新性的设计不仅充分发挥了社区资源的潜力，还为社区文化建设注入了更多的活力和多样性。

（二）考虑文化背景

1.引入多元文化活动

社区居民具有丰富多样的文化背景，因此，在项目设计中应采用灵活多样的方式，充分考虑不同文化群体的兴趣和需求。引入多元文化活动是一个重要的策略，如国际风情日、文化交流展览等，旨在促进社区内不同文化之间的交流与融合，从而为社区居民提供丰富多彩的文化和体育体验，进一步丰富社区文化生活。

首先，通过国际风情日等活动，社区可以为居民提供一个了解和体验不同文化的平台。在这一活动中，可以邀请来自不同国家或地区的居民分享他们的文化传统、美食、艺术表演等，通过展示多元文化的特色，激发社区居民对其他文化的兴趣，促进跨文化的理解与交流。

其次，文化交流展览是另一种引入多元文化活动的方式。社区可以组织各类文化展览，包括传统手工艺品展、绘画摄影展等，展示不同文化的独特之处。通过这些展览，社区居民可以更深入地了解其他文化的历史、艺术和生活方式，促使文化之间的融合和交流。

引入多元文化活动不仅有助于拓宽社区居民的文化视野，还可以创造更加包容和开放的社区氛围。这种文化多样性的体验能够激发社区居民的文化参与意识，加深彼此之间的联系，为社区打造一个更具活力和丰富性的文化环境。通过这样的设计，社区文体项目将更好地满足居民的多元需求，促进社区的整体发展。

2. 提供多语言服务

为了更好地满足社区居民的文化需求，项目设计中应当考虑提供多语言服务，以创造一个尊重并包容各种文化的社区空间。这一策略可以通过设置多语言导览、多语种文化活动宣传等方式来实现，从而促进社区内多元文化的共融与发展。

首先，引入多语言导览服务是提供多语言支持的有效途径。社区可以设置导览系统，提供多种语言的信息导览，使居民能够更便捷地了解社区内的各类文体项目、活动以及资源。这样的设计有助于打破语言障碍，使社区居民更容易参与并享受到项目所提供的服务。

其次，采用多语种文化活动宣传是另一个关键措施。社区可以设计宣传资料、广告海报等，采用多种语言进行信息传递，以确保不同语言背景的居民都能够充分理解并融入文体活动。这样的宣传策略不仅能够提高项目的可见度，还有助于促进社区居民之间的文化交流与理解。

通过提供多语言服务，社区项目能够更好地迎合多元文化的现实，为居民提供更为包容和友好的服务环境。这有助于加强社区内不同文化群体之间的联系，提升整体社区的文化氛围。

三、项目设计中的可持续性与社区认同

（一）可持续资源利用

1. 制订资源管理计划

在文化和体育服务项目设计中，制订可持续资源管理计划是确保项目长期

有效性的关键步骤。该计划旨在充分利用和合理分配项目所需的各种资源，包括场地、器材、人力等，以满足社区居民的文体需求。通过建立定期的资源审查机制，可以及时调整和优化资源配置，确保项目在不断变化的环境中保持可持续发展。

首先，场地资源是文化体育服务项目的基础。项目管理团队应当仔细评估社区内可用的场地，确保其能够满足不同类型文体活动的需求。这可能涉及与学校、社区中心等合作，以获取适当的场地资源。定期的场地资源普查将有助于及时发现并解决场地利用方面的问题，保证项目的顺利进行。

其次，器材资源的充分利用也是关键因素。项目设计阶段需要明确所需器材，并建立健全的器材管理体系。这包括维护、更新、储存等方面的考虑。通过建立器材清单和定期的器材审查机制，可以确保项目所使用的器材始终处于良好状态，满足居民参与文体活动的需求。

人力资源是文化和体育服务项目不可或缺的一部分。项目管理团队需要拥有足够的专业人员，包括教练、导游、组织者等，以确保项目的顺利运行。建立培训机制和定期的人力资源审查，有助于提高团队的专业水平，更好地满足社区居民的服务需求。

2. 引入环保理念

在文化体育服务项目设计中，引入环保理念是一项重要的策略，通过采用可再生能源、环保材料等方式，旨在降低项目对环境的影响。通过建设绿色、低碳的文化体育场馆，不仅符合社区可持续发展的要求，还能提升居民对项目的认同感。

首先，可再生能源的应用是实现环保理念的一项关键举措。在文化体育场馆的能源供应中，可以引入太阳能、风能等可再生能源，以减少对传统能源的依赖，降低温室气体排放，实现能源的可持续利用。这不仅有益于环境保护，也为社区提供了一个可持续的能源解决方案。

其次，在场馆建设中采用环保材料也是一项重要的考虑因素。选择可回收利用的建筑材料，减少对自然资源的消耗，同时注意材料的环境友好性，降低对环境的负面影响。这有助于打造绿色的文体场馆，提高整个项目的环保水平。

最后，对废弃物的管理和处理也应该考虑环保理念。建立科学的废弃物分类和回收体系，最大限度地减少对环境的污染。通过社区居民的参与，形成环保的文化氛围，共同致力于减少废弃物的产生。

引入环保理念不仅有助于项目的可持续发展，还能提升居民对项目的认同感。居民在环保意识的引导下，更愿意积极参与文体活动，形成良好的社区氛围。

（二）社区居民积极参与

1.鼓励居民主动参与

项目设计中应设立居民参与的平台，以鼓励居民积极提出建议和意见，参与项目决策的过程。建立良好的居民与项目管理方之间的互动机制，可以通过组织座谈会、征集意见等形式，促使居民更加主动关注和参与项目，从而增进社区的凝聚力和项目的可持续性。

首先，建立居民参与的平台是实现社区治理的有效手段。通过设立座谈会、居民代表选举等形式，使居民能够表达自己的需求和期望。项目管理方应当积极倾听居民的声音，将其纳入项目决策的过程中，形成共同的项目目标和规划，使项目更贴近居民的实际需求。

其次，通过征集居民建议和意见，可以建立起一种良好的互动机制。定期组织征集意见的活动，使居民有机会提出关于项目设计、服务内容等方面的建议。项目管理方要认真对待每一份意见，充分考虑居民的诉求，通过与居民的密切互动，提高项目的适应性和社会影响力。

最后，建立透明的决策机制，确保居民在项目决策中的权益。明确居民在项目中的参与权利，向居民公开项目决策的过程和结果，建立透明的信息传递机制。这有助于建立信任，提高居民对项目决策的认可度，从而推动项目更好地满足社区的需求。

2.建立反馈机制

在项目设计中，建立完善的反馈机制是保障项目服务质量和社区满意度的重要手段。通过及时收集居民的反馈意见，项目管理方能够更全面地了解居民对项目的期望和评价，从而进一步优化和改进项目服务。积极采纳居民的建议，使项目更贴近居民需求，提高项目的社区认同感。

首先，建立用户调查是收集居民反馈的有效方式之一。通过设计有针对性的调查问卷，包括项目服务、设施设备、活动内容等方面的问题，以获取居民对项目的满意度和建议。用户调查可以定期进行，确保项目管理方能够及时了解居民的需求和期望，为项目改进提供有利的依据。

其次，实施满意度调查是评估项目服务质量的重要手段。通过定期进行满意度调查，可以了解居民对项目各个方面的满意程度，并及时发现存在的问题。通过分析调查结果，项目管理方可以有针对性地进行改进，提升项目服务的质量和社区认同感。

同时，建立在线反馈平台也是收集居民意见的有效途径。通过建设项目官方网站、社交媒体平台等渠道，居民可以方便地提出意见和建议。项目管理方应当设立专门的团队负责处理反馈信息，及时回应和解决居民的问题，以保持良好的互动关系。

最后，积极采纳居民的建议是建立反馈机制的核心。项目管理方要认真对待每一份反馈意见，将其作为项目改进的重要参考。通过定期的反馈沟通会议，与居民保持紧密联系，确保项目的服务内容和形式能够与社区居民的期望保持一致。

（三）与社区文化紧密结合

1. 挖掘社区文化元素

在项目设计中，深入挖掘社区的文化元素是确保项目与社区生活相契合的关键。通过了解社区的历史、传统和特色，项目可以更好地融入社区文化，激发居民的文化认同感。这一过程涉及引入本地传统文化、特色活动等元素，以打造具有浓厚地方特色的文化和体育服务项目。

首先，了解社区历史和传统是深挖文化元素的出发点。通过研究社区的历史文献、口述历史和相关资料，项目管理方可以了解社区的渊源和发展历程。探讨社区的传统活动、节庆和习俗，从而挖掘出具有独特文化价值的元素。

其次，引入本地传统文化是使项目更贴近社区文化的关键举措。可以通过举办传统文化展览、手工艺品制作活动等方式，让社区居民亲身体验和参与传统文化的传承。此外，结合社区的特色景点、古迹等，设计与之相关的文化体育项目，提升项目的地方文化内涵。

再次，特色活动的引入也是深挖社区文化元素的有效手段。可以通过举办社区特色活动、传统庆典、民俗表演等，为居民提供更具文化底蕴的社区生活体验。这些活动可以是某个传统节日的庆祝，也可以是社区独有的文艺演出，旨在唤起居民对本地文化的认同感和骄傲感。

最后，项目管理方应注重与社区居民的沟通和互动。定期组织文化座谈会、文化沙龙等形式，邀请居民分享他们对社区文化的看法和建议。通过与社区居民的深度互动，项目可以更准确地捕捉到社区文化的本质，为项目的文化元素挖掘提供更丰富的信息。

2.举办文化活动

在文化和体育服务项目设计中，定期举办与社区文化相关的活动是一项重要举措。这些活动包括但不限于文艺展览、传统文化体验等，旨在通过文化的方式拉近项目与社区的距离，促进社区居民更深层次地参与项目，提升对项目的认同感。

首先，定期举办文艺展览是一个有效的文化活动。通过举办绘画、摄影、手工艺等各类艺术展览，可以为社区居民提供欣赏艺术作品的机会，同时展示社区居民的艺术才华。这种文艺展览不仅能够丰富社区文化生活，还能够为艺术家提供展示平台，促进文化的传承与创新。

其次，传统文化体验活动也是增进项目与社区联系的有力方式。通过组织传统文化体验活动，如传统手工艺制作、传统节庆仪式模拟等，社区居民可以参与其中，亲身体验并传承传统文化的精髓。这不仅加深了居民对本地传统文化的理解，还促进了社区居民之间的文化交流。

再次，主题文化讲座、座谈会也是促进社区文化互动的途径。通过邀请专业人士、学者进行文化讲座，或组织社区居民座谈会，可以就社区的历史、传统、文化进行深入探讨。这种活动形式有助于激发居民对文化话题的兴趣，增强居民对项目的认同感。

最后，注重文化活动的社区参与性。项目设计应着眼于社区居民的兴趣和需求，结合社区的文化特色，精心策划文化活动，确保其具有吸引力和参与性。可以通过开展文化调查、征集居民意见等方式，了解社区居民的文化偏好，更好地满足他们的文化需求。

第四节　社区公共安全服务项目设计

一、公共安全服务项目的紧迫性

（一）社区作为生活场所的重要性

社区作为居民日常生活的核心场所，其重要性不可忽视。在社区中，居民居住、工作、学习，形成了一个紧密相联的生活网络，社区的安全关系到每个居民的生命和财产安全。因此，公共安全服务项目的紧迫性在于确保社区居民能够在安全的环境中生活和工作。

1. 社区作为生活场所的核心

社区不仅是居民的居住场所，更是生活的核心和基础。居民在社区中建立家庭，社区的安全直接关系到每户家庭的和谐与稳定。社区作为生活场所的核心，不仅提供了居民的基本生活需求，也承载着他们的情感和社交互动。

社区的安全问题不仅是个体问题，还直接影响到社区的整体发展。当社区安全得到有效保障时，居民更愿意投身社区事务、参与社区建设，从而促进社区的繁荣和进步。社区的安全问题不仅关系到个人家庭，还涉及整个社会的和谐与稳定。

社区作为人际交往的平台，居民之间形成了密切的关系网。不论是邻里之间的互助、合作，还是社区的社交活动，都需要在一个安全的环境中展开。因此，社区的安全性直接关系到居民之间的信任感和团结力，为社区的共同发展奠定了基础。

2. 社区的安全关系到工作和学业的正常进行

社区是居民工作的地方，商业、办公等场所在社区中汇聚。社区的安全状况直接影响到居民的工作环境。一个安全的社区能够保障商业的正常运营，办公场所的安全，为居民提供安心的工作环境。

学校作为社区中重要的教育场所，其安全问题直接关系到学生和教职工的正常学习和工作。社区安全的保障不仅关系到学校内部的秩序，也牵涉学生的家庭和整个社区的教育环境。

社区的安全问题与居民的学业和工作密切相关。一个安全的社区环境能够为工作和学业提供有力的支持，促进社区的经济繁荣和知识传播。

3. 社区作为人际交往的平台，关系到整个社会的和谐与稳定

社区不仅是个体生活的空间，更是人际交往的平台。居民之间在社区中建立起紧密的社交关系，社区的安全问题直接影响到这种关系的质量。一个安全的社区能够促进邻里之间和谐相处，加强社区凝聚力。

社区的和谐与稳定是整个社会的一个组成部分。社区的安全问题不仅关系到居民个体，还涉及整个社会的和谐与稳定。社区作为人际交往的平台，其安全性直接关系到社会的整体和谐。

社区的安全关系到整个社会的和谐与稳定，这不仅是一个局部问题，更是社会发展的一个重要方面。通过建设安全的社区环境，可以为整个社会的和谐与稳

定提供积极的支持。

（二）提高居民的安全感和生活质量

通过有针对性的安全服务项目设计，社区可以提高居民的安全感，从而增进其对社区的信任，使他们更加积极地参与社区活动，从而提高整体的生活质量。

1.提高居民的安全感是社区服务的基础

（1）安全感的重要性

安全感是居民对社区依赖和认同的基础。社区作为居民日常生活的核心场所，其安全环境直接关系到居民的生命和财产安全。通过有针对性的安全服务项目设计，社区能够提供高效的安全保障，从而增强居民的安全感。

（2）公共安全服务项目的必要性

为了提高居民的安全感，社区需要制定并实施公共安全服务项目。这些项目可以包括先进的技术手段如视频监控和智能报警系统，以及人性化的安全措施如增加巡逻人员、建立邻里守望制度等。通过综合运用技术和人性化手段，社区能够更全面地保障居民的安全。

（3）安全感与社区认同的关系

居民的安全感与对社区的认同密切相关。当居民感到社区是一个安全的环境时，他们更愿意投身社区事务，积极参与社区活动，这进一步加深了对社区的认同。因此，提高安全感是社区服务的基础，也是社区发展的关键因素。

2.安全感的提升促进社区社交活动

（1）安全感作用于社交活动

提高居民的安全感将积极促进社区的社交活动。一个安全的社区环境使居民更加愿意参与社区组织的各类活动，如社区聚会、文艺演出等。安全感的提升为社区居民提供了更加宽松和愉悦的社交场合。

（2）社区活动对居民联系的促进

社交活动的增加有助于居民之间更深层次地交流和联系。通过参与各类社区活动，居民建立了更为紧密的关系，增进了邻里之间的友谊。这种联系的加深进一步强化了社区的凝聚力。

（3）安全感提升与社交活动的正反馈

提高安全感与促进社交活动形成了一种正反馈的关系。当居民感受到社区是一个安全的环境时，将更愿意积极参与社区的各种社交活动。这种正反馈效应使得社区的社交活动更加繁荣，为整体社区氛围的提升做出了积极贡献。

3.公共安全服务项目的实施对社区治安的改善

（1）项目实施与整体治安环境

公共安全服务项目的实施对社区的整体治安环境产生积极的影响。通过引入先进技术手段和人性化安全措施，社区能够降低不法行为的发生率，改善整体治安状况，为居民提供更为安全的生活环境。

（2）安全环境与居民生活质量

改善社区的整体治安环境有助于提升居民的生活质量。当居民感受到社区是一个相对安全的地方时，他们在日常生活中更加放心，更能享受到社区提供的各种服务和便利。

（3）安全服务项目的可持续发展

公共安全服务项目的实施不仅对当前社区治安有积极影响，更对社区的可持续发展产生深远作用。通过建立完善的社区危机管理计划，可以提高社区对突发事件的抵抗能力，确保社区在面临挑战时能够迅速、有序地应对，维护社区的稳定和安全。

二、设计中整合技术与人性化安全措施

（一）先进技术手段的应用

先进技术手段在公共安全服务项目中的应用是确保社区安全的重要一环。视频监控系统能够全方位监测社区的动态，及时发现异常情况。智能报警系统则通过数据分析和算法识别，能够提前预警潜在的安全威胁，实现快速响应。

1.视频监控系统的实时监测功能

在公共安全服务项目的设计中，视频监控系统扮演着至关重要的角色。通过布设摄像头覆盖社区的各个区域，可以实现对社区的实时监测。这项技术手段不仅提高了社区的安全管理水平，还有效防范了一系列潜在的安全威胁。

视频监控系统能够全方位监测社区的动态，包括街道、公共场所、居民区等。其实时监测功能使得社区管理人员能够随时关注社区内的情况，及时发现任何异常行为或紧急事件。这种快速响应的机制有助于防范入侵、盗窃等犯罪行为，确保社区居民的生命和财产安全。

视频监控系统的应用不仅在于发现突发事件，还可以用于调查事发过程，提供有力的证据支持。这种技术手段为社区提供了一种主动管理的手段，有助于加强社区的治安防范工作。因此，先进的视频监控系统在公共安全服务项目中的应

用，不仅提高了社区的实时监测能力，也为社区的整体安全管理提供了有力支持。

2.智能报警系统的运用

智能报警系统作为先进技术手段之一，通过数据分析和算法识别，实现了对潜在安全威胁的预警。这种系统不局限于传统的手动报警方式，而是通过先进的技术手段主动感知和判断社区内的异常情况。

智能报警系统可以通过各类传感器、监测设备获取社区内的数据，并通过先进的算法进行分析。一旦系统检测到异常行为或潜在风险，会立即触发报警，通知相关人员进行处理。这种自动化的报警系统大幅缩短了反应时间，提高了对潜在威胁的预防能力。

该系统的应用不局限于安防领域，还可扩展至火灾预警、自然灾害监测等方面。通过智能化的手段，社区可以更全面地了解其面临的各类风险，有针对性地进行预警和预防工作。

3.信息分析与改进

先进技术手段的应用不仅在实时监测和预警上有所体现，同时也为信息的分析和改进提供了有力的支持。视频监控和智能报警系统生成的大量数据可以被用于深度分析，从而更好地理解社区的安全状况。

通过对历史数据的分析，可以发现一些安全事件发生的规律和趋势，为社区提供更科学的安全管理决策。例如，某一特定区域或时间段发生较多犯罪事件，系统可以通过数据分析提供相应的建议，帮助社区采取更有针对性的防范措施。

信息分析还可以用于改进公共安全服务项目本身。通过收集居民的反馈意见、安全事件的处理过程等信息，可以不断优化项目的设计和执行，提高服务质量和效果。这种循环的信息反馈和改进机制有助于公共安全服务项目的持续发展和提升。

（二）人性化安全措施的重要性

人性化安全措施在公共安全服务项目中同样具有关键作用。技术手段虽然高效，但人性化的安全防护更能增进居民的安全感和社区凝聚力。

1.增加巡逻人员

在公共安全服务项目的设计中，人性化安全措施的重要性体现在对社区巡逻人员的增加上。通过在社区内设置巡逻路线，并增加巡逻人员的数量，可以加强对社区的实地监管，提高社区的安全水平。这种人性化的安全措施不仅是对技术手段的补充，更是通过人的直接参与来强化社区的安全防范体系。

巡逻人员的存在能够实现更加主动的安全防范。他们可以巡查社区的各个角落，发现潜在的安全隐患，及时进行处置。与技术手段相比，巡逻人员的角色更具灵活性，能够快速适应不同情况，为居民提供更加个性化、实时的安全保护。

最后，巡逻人员与居民之间的互动也有助于建立更加紧密的社区关系。居民能够直接看到、认识到为他们提供安全服务的人，增强了对社区的信任感。这种面对面的交流方式有助于消除居民对安全问题的担忧，增进社区内部的凝聚力。

2.邻里守望制度

在人性化安全措施中，邻里守望制度是一种有效的方式，能够加强社区居民之间的互助合作，共同维护社区的安全环境。通过建立居民之间的信息共享机制，邻里守望制度有助于更好地发现和应对潜在的安全隐患。

邻里守望制度建立在居民之间的信任基础上。居民可以通过社区平台或邻里群组分享关于社区安全的信息，如可疑人物、异常情况等。这种信息的共享使得社区居民能够更及时地了解社区内的动态，共同参与到社区安全管理中。

最后，邻里守望制度还有助于形成社区内部的团结合作氛围。通过共同关心社区安全问题，居民之间的沟通得以增加，社区凝聚力也逐渐增强。邻里守望制度的实施不仅是对安全问题的一种有效应对，也是社区居民共同建设安全家园的过程。

3.社区宣传和培训活动

人性化安全措施还包括通过社区宣传和培训活动增强居民的安全意识。通过举办培训课程、制作宣传资料等方式，社区能够加强居民对安全问题的认知，提高其对安全事务的参与度。社区宣传活动可以通过多种渠道进行，包括社区广播、社区报纸、社交媒体等。通过这些宣传手段，社区可以向居民传递安全知识、预防措施等信息，提高他们对潜在安全威胁的认知水平。

（三）社区危机管理计划

社区危机管理计划是在面临紧急情况时的重要指导。建立完善的社区危机管理计划，包括明确的处理流程、责任分工、紧急联系方式等，能够提高社区对各类突发事件的抵抗和危机响应能力。

1.社区危机管理计划的全面考虑

社区危机管理计划的建设首先需要全面考虑各种潜在的紧急情况，以确保在面临突发事件时能够迅速、有序地应对。这包括但不限于自然灾害、社区安全事件等多种可能发生的情况。针对每一类情况，社区危机管理计划应设定明确的处理步骤和具体的应对措施。

自然灾害是社区面临的一种常见紧急情况。在面对地震、洪水、风暴等自然灾害时，危机管理计划应包括居民疏散、紧急救援、医疗服务等相关步骤。社区管理方需要与相关机构建立紧密的合作关系，确保在灾害发生时能够迅速获取支持和资源。

最后，社区安全事件的应对也是危机管理计划考虑的重要方面。这包括但不限于火灾、恐怖袭击、犯罪事件等。危机管理计划需要明确社区内的安全疏散通道、紧急报警程序、与执法机构的协作等关键步骤，以确保在安全事件发生时能够迅速有效地采取措施。

2.危机管理计划的定期演练和评估

危机管理计划的有效性还需通过定期演练和评估来检验。这包括社区居民和管理人员的培训，以确保在危机时能够迅速而有序地应对。定期的演练活动可以模拟各种紧急情况，让社区居民熟悉危机管理计划中的应对步骤，并提高他们的应急反应能力。

社区管理方需要组织紧急演练，包括模拟火灾疏散、医疗救援等场景，以检验危机管理计划的可行性和实用性。通过演练，可以及时发现计划中存在的不足之处，进而进行修订和完善。

最后，危机管理计划的评估也需要考虑社区居民和管理人员的反馈。定期收集他们在演练中的体验和建议，以不断改进危机管理计划，提高其适应各种紧急情况的能力。

3.危机管理计划的社区整体意义

社区危机管理计划的实施不仅关系到居民的生命安全，同时对社区整体稳定和可持续发展具有重要意义。通过建立完善的危机管理计划，社区能够更好地应对各类紧急情况，减轻可能产生的损失，保障社区居民的基本安全。

危机管理计划的实施还有助于提高社区的整体抵抗能力。社区在面对灾害、安全事件等危机时，能够更有序地组织居民、调动资源，减缓危机带来的冲击，有利于社区的快速恢复。

总体而言，社区危机管理计划不仅是一份应对紧急情况的文件，更是社区安全体系的关键组成部分。它需要全面考虑各种潜在的风险，并通过定期演练和评估不断优化，以确保社区在面临危机时能够保持高效、有序的应对能力。

参考文献

[1] 王建国 .21 世纪初中国城市设计发展再探 [J]. 城市规划学刊，2012（1）：1-8.

[2] 王建国 . 城市设计（第二版）[M]. 南京：东南大学出版社，2004：8-9.

[3] 吴良镛 . 历史文化名城的规划结构、旧城更新与城市设计 [J]. 城市设计，1983（6）：1-12.

[4] 王世福 . 面向实施的城市设计 [M]. 北京：建筑工业出版社，2005：2-3.

[5] 贾铠针 . 生态文明建设视野下城市设计中绿色基础设施策略探讨 [A]// 中国城市规划学会、沈阳市人民政府 . 规划 60 年：成就与挑战——2016 中国城市规划年会论文集（06 城市设计与详细规划）[C]// 中国城市规划学会、沈阳市人民政府：中国城市规划学会，2016：12-14.

[6] 住建部 . 海绵城市建设技术指南——低影响开发雨水系统构建（试行）[S]. 北京：住房城乡建设部，2014.

[7] 操小晋 . 基于城市文脉的城市设计研究 [J]. 城市，2018（4）：28-33.

[8] 胡雪飞，李倚可 . 新时代背景下关于城市双修的相关研究 [J]. 城市建设理论研究（电子版），2018（20）：21.

[9]C. 亚历山大 . 城市设计新理论 [M]. 黄瑞茂，译 . 台北：六合出版社，1997：2-3.

[10] 吴志强 . 人工智能辅助城市规划 [J]. 时代建筑，2018（1）：6-11.

[11] 王建国 . 基于人机互动的数字化城市设计——城市设计第四代范型刍议（1）[J]. 国际城市规划，2018（1）：1-6

[12] 卓健，孙源铎 . 社区共治视角下公共空间更新的现实困境与路径 [J]. 规划师，2019，35（3）：5-10，50.

[13] 陈彦渊 . 小区植物景观设计方法与植物绿化景观风格分析 [J]. 山西建筑，2017，43（11）：195-196.

[14] 雷璇 . 全民健身背景下高校体育与社区体育融合发展研究 [J]. 体育风尚，

2020（4）.

[15] 徐苗，龚批，张莉媛.住房市场化背景下我国社区儿童游戏场营建模式及其问题初探[J].上海城市规划，2020（3）：54-62.

[16] 蔡琦.寒地住区儿童户外活动空间环境研究[D].长春：吉林大学建筑工程学院，2010.

[17] 陈天，王佳煜，石川淼.儿童友好导向的生态社区公共空间设计策略研究——以中新天津生态城为例[J].上海城市规划，2020（3）：20-28.

[18] 曲琛，韩西丽.城市邻里环境在儿童户外体力活动方面的可供性研究——以北京市燕东园社区为例[J].北京大学学报（自然科学版），2015，51（3）：531-538.

[19] 王鹏飞，张莉萌，杨森，等.郑州市居住区儿童室外活动空间安全性评价体系探析[J].重庆工商大学学报（自然科学版），2016，33（5）：70-77.

[20] 徐梦一，蒂姆·吉尔，毛盼，等."儿童友好城市（社区）"的国际认证机制与欧美相关实践及理论发展[J].国际城市规划，2021，36（01）：1-7.

附　录

附录一　居住者需求调查问卷

（一）个人信息

1.1　姓名：＿＿＿＿＿＿＿

1.2　性别：（　）男（　）女

1.3　年龄：＿＿＿＿＿＿＿岁

1.4　职业：＿＿＿＿＿＿＿

1.5　家庭成员：＿＿＿＿＿＿＿人

（二）居住环境

2.1　您对当前居住环境的满意度如何？（　）非常满意（　）满意（　）一般（　）不满意（　）非常不满意

2.2　您认为社区的安全性如何？（　）非常安全（　）安全（　）一般安全（　）不安全（　）非常不安全

2.3　是否希望增加社区的绿化面积？（　）是（　）否

2.4　对社区的噪音水平，您有何期望？＿＿＿＿＿＿＿

（三）生活方式

3.1　您每周参与户外活动的频率是多少次？＿＿＿＿＿＿＿

3.2　健身是否是您的日常生活的一部分？（　）是（　）否

如果是，请说明您的健身习惯。

3.3　您是否有宠物？（　）是（　）否

如果是，请说明种类和数量。

（四）社交需求

4.1　您是否希望社区有更多的社交活动？（　）是（　）否

如果是，请说明您期望的社交活动类型。

4.2　对社区共享空间（如休息区、活动场所等），您有何建议？

_____

（五）公共服务需求

对社区的公共服务设施（如学校、医院、购物中心等），您有何期望或建议？

_____

_____

（六）未来期望

您对未来社区发展有何期望？请提出您认为可以改善社区居住环境的建议。

_____

_____

（七）其他建议

请提供其他关于社区居住环境的建议或意见。

_____

_____

感谢您参与本次调查！您的意见对我们的设计工作非常重要。

附录二　社区居民健身需求调查问卷

尊敬的社区居民：

感谢您参与我们社区居民健身需求调查，您的意见和建议对我们设计更好的健身设施至关重要。请您认真填写以下问卷，您的个人信息将被保密处理，只用于统计分析，不会被用于其他用途。

1.个人信息：

（1）姓名（可匿名填写）：＿＿＿

（2）年龄：＿＿＿

（3）性别：男□女□

（4）居住年限：＿＿＿

（5）健身习惯与需求：＿＿＿

2.您每周进行健身活动的频率是：

（1）每天□

（2）每周1~2次□

（3）每周3~4次□

（4）每周5次以上□

3.您主要进行的健身活动类型有哪些？（可多选）

（1）有氧运动（如跑步、骑行）□

（2）力量训练□

（3）瑜伽□

（4）柔韧性锻炼□

（5）其他，请注明：＿＿＿

4.您更偏好哪种健身环境？

（1）室内健身房□

（2）户外健身场所□

（3）二者都可以□

5.您是否有特殊的健身需求或健康状况需要考虑？请详细说明：

———————————————————————————————————

6.对现有健身设施的反馈：

_____

7.您认为社区现有的健身设施是否满足您的需求？（1分表示不满意，5分表示非常满意）

评分：1□ 2□ 3□ 4□ 5□

您对现有健身设施有哪些建议或改进建议？

_____

8.对新健身设施的期望：

如果有新的健身设施，您希望包含哪些类型的健身设备或活动？

_____

9.您是否希望新的健身设施引入一些创新科技，如虚拟现实或智能设备？

_____

感谢您的参与和宝贵意见！我们将根据您的反馈，努力设计更符合社区居民需求的健身设施。